普通高等教育"十四五"规划教材

冶金工业出版社

矿物加工生产实习教程

主　编　赵通林
副主编　林春丽　柳晓明

U0318879

北　京

冶金工业出版社

2022

内 容 提 要

本书围绕矿物加工专业应用型高级人才的培养要求，结合矿物加工工程专业的特点，以铁矿山选矿厂生产为主线，系统讲述了选矿厂的生产工艺与设备，经营与管理等内容。全书共分为4章，第1章为实习任务与要求；第2章为黑色金属矿选矿厂概况，讲述选矿厂车间构成与功能，各车间关系；第3章为岗位实习，讲述破碎与筛分、磨矿与分级、磁选、浮选、重选、产品处理等工艺岗位的生产实践，主要介绍各岗位工艺要求、设备结构与作用、生产操作及事故处理等；第4章为流程考查的基本知识，讲述流程考查的工作内容，数据处理及分析方法。

本书可作为高等院校矿物加工工程专业教学用书，也可供从事选矿专业的工程技术人员和研究人员参考。

图书在版编目(CIP)数据

矿物加工生产实习教程/赵通林主编. —北京：冶金工业出版社，2022.7
普通高等教育"十四五"规划教材
ISBN 978-7-5024-9177-2

Ⅰ.①矿…　Ⅱ.①赵…　Ⅲ.①选矿—生产实习—高等学校—教材
Ⅳ.①TD9-45

中国版本图书馆 CIP 数据核字(2022)第 091457 号

矿物加工生产实习教程

出版发行 冶金工业出版社		**电　话**	(010)64027926
地　　址 北京市东城区嵩祝院北巷 39 号		**邮　编**	100009
网　　址 www.mip1953.com		**电子信箱**	service@mip1953.com

责任编辑　郭冬艳　美术编辑　彭子赫　版式设计　郑小利
责任校对　范天娇　责任印制　禹　蕊
三河市双峰印刷装订有限公司印刷
2022 年 7 月第 1 版，2022 年 7 月第 1 次印刷
787mm×1092mm　1/16；16.75 印张；408 千字；260 页
定价 43.00 元

投稿电话　(010)64027932　投稿信箱　tougao@cnmip.com.cn
营销中心电话　(010)64044283
冶金工业出版社天猫旗舰店　yjgycbs.tmall.com
(本书如有印装质量问题，本社营销中心负责退换)

前　　言

矿物加工工程专业是实践性很强的一门学科，因此各高校对矿物加工专业的实习环节一直很重视，学生通过接触实际、参加实践，可增强劳动观点、端正专业思想，获得专业生产技术与管理的实际知识，培养初步实际工作能力和专业技能，锻炼分析问题与解决问题的能力，为深入学习和理解理论知识打下实践基础。

为落实面向成果产出的学生培养导向，更好地提升学生专业应用能力，使学生较为系统地学习选矿厂的经营管理；选矿厂的破碎与磨矿、筛分与分级、磁选、浮选、重选等工艺的生产实践过程；产品处理过程；以及流程考查的基本知识，掌握典型铁矿石选别工艺特点；熟悉设备结构、作用，生产操作规程；参与现场科研工作，解决实际问题，特编写此生产实习教程。希望能对实习指导教师及学生提供帮助和参考，同时希望学生努力学习，勇于实践和探索，在理论与实践的结合上取得好成绩。

全书共分为4章，第1章为实习任务与要求；第2章为以黑色金属矿选矿厂生产实践为例，介绍黑色金属矿选矿厂概况；第3章为岗位实习；第4章为流程考查。其中第3章和第4章是实践学习的核心内容。书中引用的文献资料来自不同年代的公开文献，及不同选矿厂，前后可能存在数据等资料的不一致性，不能作为选矿厂的整套生产工艺及参数来使用。为完整体现一个选矿厂的实习环节，需注意收集实习厂当前系统的生产技术材料，保证实习报告前后一致性。

本书在编写过程中，参阅和引用了部分有关矿山企业选矿生产实践方面的文献资料，在此向文献作者表示感谢。

本书的编写是在辽宁科技大学矿物加工工程专业历年不断完善的实习指导书基础上完成的，向老一辈教师们的辛苦付出表示诚挚的感谢！同时，在编写过程中得到了辽宁科技大学路增祥教授、郭小飞教授、段风梅高级工程师、侯英副教授、李钊副教授等教师的帮助，在此表示感谢！

　　感谢辽宁科技大学教材建设基金对本书编写和出版工作给予的支持与资助。

　　由于编者水平所限，书中不妥之处，敬请广大读者批评指正。

编　者

2021 年 12 月

于辽宁科技大学

目　　录

1　专业实习任务与要求 ··· 1

1.1　实习的目的 ·· 1

1.2　实习的任务 ·· 1

1.3　纪律要求 ·· 2

1.3.1　学习纪律 ··· 2

1.3.2　安全纪律 ··· 2

1.4　组织形式 ·· 3

1.5　实习总结 ·· 3

1.6　实习考核内容 ·· 3

1.7　实习日程安排 ·· 4

2　选矿及选矿厂概况 ··· 5

2.1　选矿基本常识 ·· 5

2.1.1　相关术语 ··· 5

2.1.2　矿石性质 ··· 6

2.1.3　选矿基本过程 ··· 8

2.1.4　主要技术经济指标 ··· 8

2.1.5　我国矿产资源特点 ··· 9

2.1.6　选矿厂生产经营与管理 ······································ 10

2.1.7　选矿厂车间构成 ·· 12

2.2　选矿厂概况 ··· 12

2.2.1　地理位置 ·· 12

2.2.2　发展简史 ·· 13

2.2.3　水电供应 ·· 13

2.2.4　主要技术经济指标 ·· 14

2.3　选矿厂矿石性质 ··· 14

2.3.1　矿床成因 ·· 14

2.3.2　矿石性质 ·· 15

2.3.3　矿石可磨度 ·· 17

2.3.4　矿物单体解离度 ·· 18

2.4　线流程与设备形象联系图 ··· 19

2.5　破碎车间概况 ··· 22

2.6 磨选车间概况 …………………………………………… 25
　　2.6.1 磨磁车间概况 ………………………………………… 25
　　2.6.2 浮选车间概况 ………………………………………… 29
2.7 焙烧车间 ………………………………………………… 30
　　2.7.1 磁化焙烧原理 ………………………………………… 30
　　2.7.2 竖炉焙烧 ……………………………………………… 31
　　2.7.3 沸腾炉焙烧 …………………………………………… 35
2.8 精尾车间 ………………………………………………… 38
　　2.8.1 精矿浓缩与过滤 ……………………………………… 38
　　2.8.2 尾矿处理 ……………………………………………… 39
2.9 设备检修 ………………………………………………… 41
2.10 生产报表 ……………………………………………… 43

3 岗位实习 …………………………………………………… 45

3.1 破碎与筛分 ……………………………………………… 45
　　3.1.1 破碎车间工艺 ………………………………………… 46
　　3.1.2 破碎设备 ……………………………………………… 47
　　3.1.3 带式输送机基础知识 ………………………………… 54
　　3.1.4 矿仓与给矿机 ………………………………………… 61
　　3.1.5 矿量实测与计算 ……………………………………… 64
　　3.1.6 筛分作业影响因素 …………………………………… 65
　　3.1.7 筛分设备 ……………………………………………… 67
　　3.1.8 破碎岗位操作 ………………………………………… 68
　　3.1.9 筛分岗位操作 ………………………………………… 77
　　3.1.10 岗位操作规程 ……………………………………… 78
3.2 磨矿与分级 ……………………………………………… 80
　　3.2.1 磨矿分级概述 ………………………………………… 80
　　3.2.2 球磨机 ………………………………………………… 82
　　3.2.3 分级机 ………………………………………………… 84
　　3.2.4 阶段磨矿的流程结构及作用 ………………………… 89
　　3.2.5 磨矿与分级操作 ……………………………………… 91
　　3.2.6 影响磨矿分级的因素 ………………………………… 93
　　3.2.7 球磨岗位的设备开停及维护 ………………………… 95
　　3.2.8 磨矿分级操作中的故障及处理 ……………………… 97
3.3 磁选 ……………………………………………………… 99
　　3.3.1 磁选概述 ……………………………………………… 99
　　3.3.2 常用磁选设备简介 …………………………………… 100
　　3.3.3 磁选在流程中作用 …………………………………… 104
　　3.3.4 影响磁选效果的因素 ………………………………… 105

3.3.5 磁选岗位操作 ·· 106

3.3.6 磁选设备开停及维护 ·· 109

3.4 重选 ··· 111

3.4.1 重选概述 ·· 111

3.4.2 螺旋溜槽 ·· 112

3.4.3 影响螺旋溜槽选别效果的因素 ··························· 113

3.4.4 重选作业的操作 ·· 115

3.4.5 螺旋溜槽开停车顺序及正常维护 ························ 116

3.5 浮选 ··· 116

3.5.1 浮选过程的理论基础 ·· 116

3.5.2 铁矿石浮选性质 ·· 119

3.5.3 浮选机械 ·· 121

3.5.4 铁矿石浮选影响因素 ·· 124

3.5.5 浮选操作 ·· 128

3.5.6 浮选设备开停与维护 ·· 130

3.6 产品处理 ··· 134

3.6.1 产品脱水 ·· 134

3.6.2 浓缩机 ·· 134

3.6.3 过滤 ··· 137

3.6.4 尾矿库 ·· 140

3.7 辅助设备 ··· 144

3.7.1 砂泵 ··· 144

3.7.2 配药与加药 ·· 145

3.8 选矿实验室岗位 ·· 147

3.8.1 密度测定 ·· 147

3.8.2 粒度测定 ·· 152

3.8.3 浓度测定 ·· 156

3.8.4 铁品位测定 ·· 157

3.8.5 大型仪器简介 ··· 159

3.9 烧结与球团 ·· 164

3.9.1 烧结 ··· 164

3.9.2 球团 ··· 168

3.10 选矿厂自动化 ··· 172

3.10.1 选矿厂自动化控制概述 ····································· 172

3.10.2 选矿厂自动化控制内容 ····································· 173

3.10.3 选矿自动化控制的发展趋势 ······························ 175

3.11 通风除尘 ··· 175

3.11.1 粉尘的产生与危害 ·· 175

3.11.2 防尘方法 ··· 176

3.11.3　通风机与除尘器 ·· 176

4　流程考查 ·· 181

4.1　流程考查的目的意义 ·· 181
4.2　流程考查的内容和分类 ·· 181
　4.2.1　流程考查内容 ·· 181
　4.2.2　流程考查分类 ·· 182
　4.2.3　流程考查步骤 ·· 183
　4.2.4　流程考查前的准备工作 ·· 183
4.3　流程考查工作内容 ·· 184
　4.3.1　试样种类和取样点的确定 ······································ 184
　4.3.2　试样处理 ··· 188
4.4　数质量流程计算 ··· 188
　4.4.1　作业计算 ··· 189
　4.4.2　数质量流程计算 ··· 194
4.5　矿浆流程计算 ·· 198
　4.5.1　原始指标的确定 ··· 199
　4.5.2　作业或产物浓度的测定方法 ··································· 199
　4.5.3　矿浆流程计算步骤 ··· 202
　4.5.4　计算实例 ··· 204
4.6　作业（设备）考查 ·· 208
　4.6.1　破碎与筛分 ··· 208
　4.6.2　磨矿与分级 ··· 211
　4.6.3　选别设备考查 ·· 215
　4.6.4　各选别作业选别效果的检查 ··································· 219
4.7　产品分析 ·· 222
　4.7.1　粒度分析 ··· 223
　4.7.2　磁性分析 ··· 223
　4.7.3　显微镜分析 ··· 233
4.8　流程考查报告内容 ·· 234

附录 ·· 236

参考文献 ·· 258

1　专业实习任务与要求

1.1　实习的目的

掌握铁矿选矿厂破碎、磨矿及分选的生产实践过程、产品处理过程、典型铁矿的选别工艺特点。熟悉选矿厂设备结构、作用、生产操作及常见事故判断与处理。熟悉流程考查方法，参与现场科研工作，锻炼解决实际工程问题能力。了解选矿厂管理内容与执业规范等。

通过生产实习使学生接触实际、参加实践、了解现场生产、增强劳动观点、端正专业思想、增强专业责任感和职业操守意识，也通过完成专题任务，锻炼沟通、交流、团队协作和项目管理能力。获得专业生产技术与管理的实际知识，培养初步实际工作能力和专业技能，巩固所学理论知识，锻炼分析问题与解决问题的能力，为深入学习打下实践基础。

1.2　实习的任务

专业实习一般有三类：一是认识实习，目的是对选矿有初步的认识了解，可以顺利开展专业学习；二是生产实习，目的在于掌握企业的生产经营细节，对所学的理论知识加深理解和再巩固，获得专业生产技术与管理的实际知识；三是毕业实习，主要目的是学习建厂技能，学习厂区、厂房布置、设备配置，以及技术经济指标、工艺指标、设备参数等设计资料的收集。

上述三类实习学习内容各有侧重，生产实习的学习任务主要为：

掌握破碎与筛分、磨矿与分级、磁选、浮选、重选等工艺的生产实践过程；掌握产品处理过程；掌握几种矿石的选别工艺特点；熟悉设备结构、作用，生产操作规程；参与现场流程考查及其他科研攻关工作，锻炼解决实际问题能力；同时开展社会调查，撰写调研报告。具体学习任务包括：

（1）选矿厂基本概况。掌握实习单位的总体情况，厂区地形、道路布置、车间布置，设备及构筑物作用、功能、合理性、先进性。掌握加工工艺流程，工艺特点及其历史沿革，目前存在问题与改进途径；生产规模、原料性质、技术经济指标（产品质量、产率、回收率、处理成本）等基本概况。

（2）车间生产概况。掌握各个生产车间加工矿石的工艺流程及其特点、各段作业的作用，工艺参数，主要设备，了解现场技术研究、技术改造等情况。

（3）岗位生产管理与操作。通过岗位实习初步掌握日常维护与管理知识，学习现场工人师傅、工程技术人员的优秀技能与优良品质。掌握岗位的各阶段工艺流程，工艺基本原理，设备规格、型号、性能。掌握主要工艺参数、操作因素、影响因素，操作技能及管理制度；掌握产物性质、能耗或物耗等技术经济指标。学习异常问题的分析判断与排除方法，以及卫生与安全（环保）等工作。

（4）实验与科研攻关。了解选矿厂实验室构成，工作程序，开展实验的准备等工作，现场正在进行的科研攻关项目，参与流程考查，作业（设备）分析，产品分析，难选矿石攻关，设备改进维护研究等工作。进行分析检测技能训练，学习浓度、粒度、品位、元素含量等检测技术。

（5）管理工作。了解生产计划、技术管理等工作，能看懂选矿厂生产中的各类报表。实习期间就生产、科研、管理等方面，自拟题目进行社会调查，撰写专题调研报告。

1.3　纪　律　要　求

1.3.1　学习纪律

（1）统一行动，服从指挥，服从现场指导员调度。进入现场要做到安全第一（人身安全，现场生产安全），一切行动听指挥，不得私自从事与实习无关活动；实习期间不得擅自离开实习单位和住宿地（含离开宿舍外出各种活动），如有特殊情况，严格履行请销假制度。

（2）严格遵守纪律，不得无故缺席旷课。按规定的时间集合，不得拖拉；遵守实习单位各项规章制度，尤其是安全规则；团结互助，举止文明。

（3）学生在岗跟班实习时应勤看、多问；积极与现场工人，技术人员交流，掌握第一手材料，学到最实用技术。

（4）保证学习时间，保证学习效果。充分利用学习时间，积极主动学习，保证完成教学任务要求；认真做好实习笔记，内容充实完整，便于整理，进行必要的数据处理统计，注意积累资料。对实习单位的情况进行分析、归纳、总结，提出自己的独立看法和评价，按时完成实习报告。

（5）了解现场存在的问题，科学研究项目，结合一定的任务，学习查阅资料、动手实践、锻炼分析问题、解决问题的能力。

1.3.2　安全纪律

（1）进入实习岗位前，需签订好各项协议及购买商业保险。

（2）必须经过学校、企业、车间、岗位四级安全教育，遵守实习基地安全规程、纪律要求和岗位各种规章制度，严格执行各种安全制度和规定。

要特别注意，生产车间实习应穿工作服，戴安全帽，穿胶鞋或运动鞋，不能穿拖鞋、高跟鞋。消除袖口、鞋带、衣服上的挂件及"带"状物，女同学长发应盘好放在安全帽里面，防止绞入运转机械。

严禁私自动手操作设备开关、按钮和其他可能影响安全生产行为；严禁在危险场所和非安全通道位置通过或停留；严禁高空抛落任何物体；严禁跨越带式输送机等运转设备等；不要靠近高速运转的设备部件，尤其不要站在该部件运转的同一平面内。

（3）以组为单位集体行动，组内成员安全互保。不允许个人单独进入生产现场，或在厂区单独行动，组长必须做好安全监护工作，阻止同学进入预判有危险的场合，确认安全的场合也要安排一人进行安全监护方可进入。

（4）车间内实习时，注意力一定要集中，不得做与学习无关的事情，严禁嬉戏打闹、推搡等危险行为。

（5）遇有突发事故，坚持自救的同时，迅速启动应急预案，组长或同学在施救时要确认自己安全和不产生二次伤害，要在第一时间通知教师和厂矿，伤害较重时第一时间联系120救护。

1.4　组　织　形　式

带队教师组织实施实习工作，全面负责学生的安全与学习。制定安全预案，制定实习任务、计划和学习内容，布置任务，指导学生，听取汇报和日常管理。

学生一般采用分组实习方式，一个班级分成若干小组，以岗位数为参考标准，一组一个岗位，岗位轮换实习。每组3~5人，组长负责对接现场指导员，组织纪律监督、学习内容具体安排与安全管理等事务。组长需现场负责人员协商，结合教师给的任务制定本岗位学习内容、学习形式。

1.5　实　习　总　结

每个岗位实习结束后，组织总结汇报会。由教师组织，组长汇报，组员补充，教师点评。并进行阶段考核，以巩固本岗位学习内容，同时其他岗位同学通过听取汇报，完成预习未去岗位的学习内容。

（1）阶段总结。各阶段实习结束，应留出半天时间进行实习总结，总结形式以班级大会形式进行，学生自我总结为主，老师进行点评、补充指导。一般每组学生负责一个岗位的总结汇报工作，组长与组员共同撰写总结稿，由组长发言，组员补充。也可以就实习内容组织一些专题辩论会。

（2）实习考核与撰写报告。实习结束后，应组织考核，笔试或口试方式。学生应提交实习记录、实习报告（含专题调研报告）。

1.6　实习考核内容

实习成绩以实习期间表现成绩（学校与企业指导教师综合评定）、实习考核、实习日记及报告等分项成绩综合评定，百分制或五级分制。各分项评分内容：

（1）实习期间的表现，包括出勤率、组织纪律性、学习态度、现场表现、日常记录、平时对老师提问的回答情况、总结演讲能力、实习单位的评语等。

（2）实习考核成绩，以卷面成绩、辩论与汇报或口试成绩为依据。

（3）实习日记及报告以完成质量评定成绩，包括内容的丰富性、准确性、撰写的规范性等。

1.7　实习日程安排

实习日程是根据实习任务、内容、时间来合理安排整个实习期间的活动计划，让学生每天带着任务进行实习。主要包括动员、安全教育、技术报告、岗位实习、科研任务参与、总结与考核等内容与时间的安排。根据现场具体条件，力求实习项目全面，学习内容深入。

2 选矿及选矿厂概况

学习内容：

（1）基本概况。厂区地理位置、地形，矿山及厂区交通运输状况，水、电来源，处理规模，车间组成等；

（2）原料性质。矿床成因，矿石的来源，物理性质及化学成分，矿物组成，结构构造等工艺矿物学性质。

（3）工艺流程。掌握处理工艺，数质量、矿浆流程图，工艺特点及其历史沿革，目前存在问题与改进途径。能看懂并学会绘制工艺流程（线流程与设备形象联系图）。

（4）经济技术。掌握生产规模、主要工艺设备、原矿品位、精矿品位、精矿中金属回收率、选矿比、原矿加工成本、精矿生产成本、劳动定员等技术经济指标。

2.1 选矿基本常识

2.1.1 相关术语

（1）矿物：在地壳中由于自然的物理化学作用或生物作用所生成的自然元素和自然化合物。在一定地质条件下，它们具有相对稳定的化学成分和物理性质。

能为国民经济利用的矿物，即选矿所要选出的目的矿物，称为有用矿物；当前国民经济尚不能利用的矿物，叫做脉石矿物。

（2）岩石与矿石：岩石是在地质作用下形成的矿物集合体。其中在现代技术经济条件下，可以开采、加工、利用的矿物集合体叫做矿石。

比矿石更宽泛的概念为矿产资源（矿物资源），是指经过地质成矿作用而形成的，天然赋存于地壳内部或地表，埋藏于地下或出露于地表，呈固态、液态或气态的，并具有开发利用价值的矿物或有用元素的集合体。截至 2018 年底，我国已知的矿产有 173 种，其中 80 多种应用较广泛。按其特点，通常分为四类：

1）能源矿产 13 种（煤、石油、地热、天然气、油页岩等）；

2）金属矿产 59 种（铁、锰、铜、铅、锌、锡等）；

3）非金属矿产 95 种（金刚石、石灰岩、菱镁矿、石墨、滑石、萤石等）；

4）水气矿产 6 种（地下水、矿泉水、二氧化碳气等）。

（3）矿体与矿床：矿石在开采之前是地质构造中的矿体，矿体是含有足够数量矿石、具有开采价值的地质体。具有若干矿体的地质构造为矿床，一个矿床至少由一个矿体组成，也可以由两个或多个，甚至十几个乃至上百个矿体组成。矿体由边界品位（也叫边际品位）进行圈定，是区分矿石与围岩或夹石的有用组分含量界限，随着高品位矿的耗竭，边界品位也在不断变化，呈现逐渐降低的趋势。边界品位是圈定矿体的主要依据，是计算矿产储量的主要指标。

（4）围岩与废石：矿体周围的岩石为围岩。开采后混入矿石中的岩石为废石，包括围岩混入和矿体中的夹石混入。矿床中区分矿石与废石的临界品位也是边界品位，高于边界品位的块段为矿石，低于边界品位的块段为废石。

（5）原矿：开采的矿石送给选矿厂还未经选别作业处理时叫原矿。

（6）精矿与尾矿：选矿厂最终的产品，选矿后得到分离富集和提纯到一定程度，适合于工业应用的以有用矿物为主的产品叫精矿，一般以某种单一有用矿物为主，选矿过程中也有含多种有用矿物的混合精矿。原矿经过选别之后抛弃的，品位降低，以脉石矿物集合为主，目前的经济技术水平不适合再做处理的产品叫尾矿。对于选矿厂的某个作业而言，作业精矿是有用矿物相对得到富集的产品，尾矿是直接抛弃的以脉石矿物为主的产品。

（7）中矿：在选矿过程中，含有一定量的有用矿物不能作为精矿也不能作为尾矿的中间产品，需通过循环返回分选流程或单独处理的产品。

2.1.2　矿石性质

矿石性质指矿石的化学成分、矿物组成、结构构造、有价元素的赋存状态、物理性质及化学性质等。

化学成分利用多元素分析技术查明矿石中各种化学元素含量。矿物组成利用物相分析技术查明矿石中各种矿物的种类、含量和分布情况。

除了化学成分和矿物组成，还有矿石结构、构造等与选矿相关的矿物性质。

2.1.2.1　矿石结构

指组成矿石的矿物结晶程度、颗粒的形状、大小及其空间上的相互关系，亦即一种或多种矿物晶粒之间或单个晶粒与矿物集合体之间的形态特征。利用光片或薄片在显微镜下进行对矿石结构的研究，可以帮助查明和解决矿物共生关系、矿床生成的物理化学条件和矿床成因等问题，以及合理地选择矿石的加工技术和选矿方法。

（1）结晶结构：主要类型有自形晶粒状结构、半自形晶粒状结构、他形晶粒状结构、海绵陨铁（陨石状）结构、斑状结构、包含结构等。

（2）交代结构：由早期生成晶体的矿物，被较晚生成的矿物交代溶蚀而成。发生交代变质作用时，原岩中的矿物被取代、消失，与此同时形成新生的矿物。常见交代结构的主要类型有：交代溶（浸）蚀结构、交代假象结构、交代残余结构、交代条纹结构、交代蠕虫结构、交代斑状结构、交代骸晶结构、交代净边结构等。

（3）固溶体分离结构：固溶体是在较高的温度和压力条件下，由离子（或原子）半径、离子电荷、离子类型、晶格类型及键型等相同或相近的两种或两种以上的元素或化合物，共同组成均匀的固相晶体。自然界有不少金属矿物是固溶体。固溶体分离结构的主要类型有乳滴状结构、叶片状（板状）结构、格状结构、结状结构、文象结构等。

（4）胶体和结晶物质再结晶结构：在某种地质作用（如变质、成岩、后生及表生作用等）下，固态的胶体物质和较细粒的结晶物质，由于温度、压力的增高等而获得能量，或随时间的增长，都会发生各种情况的再结晶作用形成结晶物质，有时还可形成较粗粒的结晶颗粒。以此降低其表面能和内能，使其处于最稳定状态，因而形成了各种再结晶结构。胶体和结晶物质再结晶结构主要有放射状结构和放射球粒状结构、花岗变晶结构、斑状变晶结构、包含状变晶结构等。

（5）沉积结构：指矿物碎屑或生物遗体等，在地表水体中经沉积作用所形成的结构。常见沉积结构有砾状/砂状/泥状碎屑结构、胶结结构、生物结构等。

（6）压力结构：矿石中已结晶形成的矿物，受动力作用和其他作用后，产生机械形变而形成压力结构。变形的程度决定于压力的大小及矿物的特性，而动力作用的强度和持续的时间长短，也是很重要的因素。压力结构主要类型有花岗状压碎结构、斑状压碎结构、揉皱结构、鳞片变晶结构等。

2.1.2.2 矿石构造

矿石构造是指组成矿石的矿物集合体的特点，包括矿物集合体的形状、大小及空间相互结合关系。矿石构造的基本组成单位是矿物集合体，矿物集合体可以由一种或多种矿物组成，相对于矿石结构来讲矿石构造是一个宏观概念。因而研究矿石构造主要是肉眼观察，特别强调在现场（采场、坑道、掌子面、钻孔岩芯等）观察，当然也有少数显微构造，需要在显微镜下进行研究。

矿石的构造形态及其相对可选性可以大致划分如下：

（1）块状构造。有用矿物集合体在矿石中占80%左右，呈无空洞的致密状，矿物排列无方向性者，即为块状构造。其颗粒有粗大、细小、隐晶质几种，若为隐晶质则称为致密块状。

此种矿石如不含有伴生的有价成分或有害杂质（或含量甚低），即可不经选别，直接送冶炼或化学处理；反之，则需经选别处理。选别此种矿石的磨矿细度及可得到的选别指标取决于矿石中有用矿物的嵌布粒度特性。

（2）浸染状构造。有用矿物颗粒或其细小脉状集合体相互不结合的、孤立的、疏散的分布在脉石矿物构成的基质中。

（3）条带状构造。有用矿物颗粒或矿物集合体在一个方向上延伸，以条带相间出现，当有用矿物条带不含有其他矿物（纯净的条带），脉石矿物条带也较纯净时，矿石易于选别。条带不纯净的情况下其选矿工艺特征与浸染状构造矿石相类似。

（4）角砾状构造。指一种或多种矿物集合体不规则地胶结。如果有用矿物成破碎角砾被脉石矿物所胶结，则在粗磨的情况下即可得到粗精矿和废弃尾矿，粗精矿再磨再选。

（5）鲕状构造。根据鲕粒和胶结物的性质可大致分为两种：第一种鲕粒为单一有用矿物组成，胶结物为脉石矿物，此时磨矿粒度取决于鲕粒的粒度，精矿质量也决定于鲕粒中有用成分的含量；第二种鲕粒为多种矿物（有用矿物和脉石矿物）组成的同心环带状构造。若鲕粒核心大部分为一种有用矿物组成，另一部分鲕核为脉石矿物所组成，胶结物为脉石矿物，此时可在较粗的磨矿细度下（相当于鲕粒的粒度），得到粗精矿和最终尾矿。

2.1.2.3 矿石的酸碱度

酸碱性是指矿中脉石成分的酸碱度，具体是指氧化钙与二氧化硅含量的比值，$m(CaO)/m(SiO_2)$ 大于 1 则为碱性矿，$m(CaO)/m(SiO_2)$ 小于 1 则为酸性矿。如果矿中氧化镁、氧化铝含量较高，也有将 $m(CaO+MgO)/m(SiO_2+Al_2O_3)$ 大于 1 作为碱性矿，反之则为酸性矿。

冶炼中把其酸碱度在 0.8~1.2 之间的矿石称为自熔性矿石，具有降低焦炭消耗，提高高炉利用系数的优点。

铁精粉的酸碱度与高炉的炼铁指标有关，如果高炉采用碱性渣熔炼（为了更好地脱硫）则希望使用碱性矿；如果高炉采用酸性渣熔炼（为了提高高炉利用系数和降低焦耗）则希望使用酸性矿。目前国内高炉一般使用碱性矿，即希望铁矿的碱度（$m(\mathrm{CaO})/m(\mathrm{SiO}_2)$ 的数值）高一些。

酸碱度小于 0.5 的酸性矿石，冶炼时需配入适量的碱性熔剂（石灰石等），或与碱性矿石搭配使用，以促使脉石形成易于熔融的矿渣。酸碱度大于 1.2 的碱性矿石则与酸性矿石搭配冶炼较好。

除上述矿石性质外，矿石还有其他物理、化学性质，如磁性、导电性、润湿性、密度、摩擦系数、光电性质、化学性质等。

2.1.3　选矿基本过程

（1）矿石分选的准备作业。包括原矿的破碎、筛分、磨矿、分级等工序。本过程的目的是为下一步的选矿分离创造适合的条件。包括将矿石粉碎至合适的入选粒度，有用矿物与脉石矿物单体分离，即各种有用矿物、脉石矿物之间相互单体解离。此外，有的选矿厂根据矿石性质和分选的需要，在分选作业前设有洗矿、预选抛废，以及物理、化学预处理，如赤铁矿的磁化焙烧、氧化铜矿的离析焙烧等准备作业。

（2）分选作业。借助于重选、磁选、电选、浮选、化学选矿及其他选矿方法将有用矿物同脉石分离，并使有用矿物相互分离获得最终选矿产品。

（3）选后产品的处理作业。包括各种精矿、尾矿产品的脱水，细软物料的沉淀浓缩、过滤、干燥和洗水澄清循环复用等，以及尾矿输送到尾矿库堆存，或进行综合利用（包括用于井下充填）等。

2.1.4　主要技术经济指标

选矿厂主要技术经济指标包括生产规模、精矿产量、选矿比、产品质量指标、劳动定员、投资、成本等。

（1）品位：指原料或产品中有用成分的质量与该产品质量之比，常用百分数表示。对于金银等贵金属的品位常用 g/t 表示。通常 α 表示原矿品位，β 表示精矿品位，θ 表示尾矿品位。

（2）产率：产品质量与原矿质量之比，叫该产品的产率，通常以 γ 表示。

（3）回收率：精矿中有用成分的质量与原矿中该有用成分质量之比，用 ε 表示。

有用成分回收率是评定分选过程（或选别作业）效率的一个重要指标。回收率越高，表示选矿过程（或选别作业）回收的有用成分越多。所以，选矿过程中应在保证精矿质量的前提下，力求提高有用成分回收率。

（4）选矿比：原矿质量与精矿质量的比值。用它可以确定获得 1t 精矿所需处理原矿石的吨数。

（5）富矿比（或富集比）：精矿品位与原矿品位的比值，它表示精矿中有用成分的含量比原矿中该有用成分含量增加的倍数，即选矿过程中有用成分的富集程度。

（6）金属平衡：入厂原矿中金属含量和出厂精矿与尾矿中的金属含量之间有一个平衡

关系，称为金属平衡。分为理论金属平衡和实际金属平衡。

1）理论金属平衡（或工艺金属平衡）：根据平衡期间内的原矿和最终选矿产品所化验得到的品位，算出的精矿产率和金属回收率。未考虑选矿过程中的损失，此回收率称为理论回收率，由此计算出的金属平衡称为理论金属平衡。反映选矿过程技术指标的高低。

2）实际金属平衡（或商品金属平衡）：根据平衡期间内处理矿石的实际数量、精矿的实际数量及化验品位，算出的精矿产率和金属回收率。此回收率称为实际金属回收率，由此计算出的金属平衡称为实际金属平衡。反映选矿厂实际工作的效果。

比较理论金属平衡和实际金属平衡，能够揭露出生产过程中金属流失的情况。实际回收率与理论回收率的差值愈大，说明选矿厂在技术管理与生产管理方面存在的问题愈多。

理论回收率一般都高于实际回收率，但有时也会出现反常现象。这主要是由于人为的误差所造成的。一般要求理论回收率和实际回收率之间的差值，对于浮选厂正差不能大于2%，不应出现负差，重选厂正负差不能超过1.5%。

更多选矿术语与技术指标及其计算见后续相关章节。

2.1.5 我国矿产资源特点

（1）资源总量大，但人均占有量低，是一个资源相对贫乏的国家。

根据2012年统计数据，我国铜金属保有储量30×10^6t、铝土矿储量8.3×10^9t、铅金属保有储量14×10^6t、锌金属保有储量43×10^6t。

需求量大的铜和铝土矿的保有储量占世界总量的比例却很低，分别只有4.4%和3.0%；属于我国短缺或急缺矿产，因此对外的依存度也就相对较大。

中国有色矿产资源总量尽管很大，但由于人口众多、人均占有资源量却很低，是一个资源相对贫乏的国家。

（2）贫矿较多，富矿稀少，开发利用难度大。中国有色矿产数量很多，但从总体上讲贫矿多、富矿少。如铜矿，平均地质品位只有0.87%，远远低于智利、赞比亚等世界主要产铜国家。

铝土矿虽有高铝、高硅、低铁的特点，但几乎全部属于难选冶的一水硬铝土矿，可经济开采的铝硅比大于7%的矿石仅占总量的三分之一，这些特点决定了必然增大矿山建设的投资和生产经营成本。

（3）共生、伴生矿床多，单一矿床少。中国80%左右的有色矿床中都有共伴生元素，其中尤以铝、铜、铅、锌矿产多。例如，在铜矿资源中，单一型铜矿只占27.1%，而综合型的共伴生铜矿占了72.8%；在铅矿资源中，以铅为主的矿床和单一铅矿床的资源储量只占其总资源储量的32.2%，其中单一铅矿床只占4.46%；在锌矿产资源中，以锌为主和单一锌矿床所占比例相对较大，占总资源储量的60.45%，但矿石类型复杂，而且不少矿石嵌布粒度细，结构构造复杂。

中国有色矿产资源中，虽然共伴生元素多，若能搞好综合回收，可以提高矿山的综合经济效益，同时由于矿石组分复杂，势必造成选冶难度大、建设投资和生产经营成本高的现状。

2.1.6 选矿厂生产经营与管理

选矿厂日常的技术管理工作，就是在深入挖掘人力、物力潜力，不断提高选矿厂工艺、技术、设备装备水平的前提下，围绕提高产品产量、质量和各项技术经济指标，实现优质、高产、低耗、安全、环保采取的各种有效的技术措施，开展的一系列技术管理工作。选矿厂技术管理工作比较广泛，主要包括：

（1）组织编制选矿厂的长期和近期的技术发展规划；

（2）制定、修订技术操作规程及有关管理制度；

（3）对主要生产环节进行经常性的质量检查和技术监督管理工作；

（4）制定和推行各项技术标准化管理工作；

（5）不断进行技术创新；

（6）强化技措工程的计划与管理；

（7）加强科研工作的规划与管理；

（8）开展经常性的科技情报工作；

（9）对技术人才的合理使用与培养；

（10）定期进行技术经济效果的评价工作。

2.1.6.1 选矿厂日常生产技术管理

（1）建立原矿管理制度，了解和掌握矿山（或坑口）当月各采场供矿量及矿石性质，即时给选矿现场提供合理的操作制度和药剂制度。

（2）密切注视矿石性质的变化、通过各种途径，切实做好原矿的合理配矿。对入选原矿品位低而且废石与矿石又易区分的选矿厂应在中碎前设立预选工序，其中包括手选、重选和干式磁选（磁滑轮或磁力滚筒）等，抛掉部分废石，使原矿品位和后续设备处理能力大为提高，生产成本可有明显降低。

（3）积极贯彻"多碎少磨"或"以碎代磨"的原则。尽量降低最终碎矿粒度，严格控制矿石进入第一段磨矿的粒度。据统计，在矿山企业中选矿厂的能耗占 70% 以上，而选矿厂能耗中，电耗约占 90%。在选矿厂能耗中破碎能耗只占 20%～23%，而磨矿作业的能耗占 76%～79%。因而，在实际生产中要尽量发挥破碎机的破碎作用，把破碎产品粒度降至 15mm，甚至降至 10mm 以下，这样不仅大大降低能耗，而且提高球磨机的处理能力，经济效益显著。

（4）制定合理的浮选药剂制度和球磨钢球充填率及补加钢球的技术标准并严格实施。

（5）制定中间产品质量检查标准和检查制度。比如破碎粒度及其粒度组成、破碎比；磨矿浓度、分级机溢流浓度、细度及粒度组成；各选别作业的浓度和选别产品的品位，最终产品的品位和水分；尾矿品位及粒度组成；浓缩机排矿浓度和溢流中允许的固体含量等。督促检查、规范及时检测，发现问题及时与现场进行沟通，使各项工艺参数满足生产的需要。

（6）抓好金属平衡工作。金属平衡工作的好坏是衡量选矿厂生产管理和技术管理工作好坏的重要标准，因此，选矿厂要加强对技术检测人员的培训，教育和管理，加强计量、取样、加工、化验等工作；对工艺流程进行经常或不定期的流程考查，及时发现流程中存在的问题和薄弱环节，以便采取措施加以改进或组织攻关。一般磨浮车间每一年半到两年应进行一次流程考查，碎矿车间每 2~3 年安排一次流程考查，还可根据生产中出现的问题，临时安排局部或全流程考查，查清金属损失的流向及原因，采取有力措施加以改进，使理论回收率与实际回收率之差保持在规定范围之内。

（7）制定合理的材料消耗标准，提出降低材料消耗的具体措施。

（8）对生产用水进行定期的化验分析和水质对比，以便更好地指导选矿生产。

（9）根据生产实践每隔一定时间要清理球磨机内的残球，除去碎球，补足新球，以此来保证球磨机的钢球充填率。

（10）加强设备技术管理，健全设备维修制度。积极贯彻"计划检修为主"的方针，加强设备维护保养，提高设备完好率与运转率，保持生产、工艺的连续性和稳定性，为提高选矿各项技术指标创造条件。在实际生产中选矿技术指标的波动很大程度上与设备有直接或间接的关系，比如在碎矿生产中，产品中出现大块矿石，影响球磨机处理能力，同时使磨矿指标恶化，大多是由于筛分的筛子破损而修补不及时所致；当浮选机叶轮、盖板磨损使叶轮与盖板间隙过大时，会恶化浮选过程，严重影响浮选回收率。

（11）注重选矿科研工作。加强科研攻关，与科研院所密切合作，及时解决因矿石性质变化、生产指标不稳定、工艺改造、设备改造、新技术、新设备应用等带来的问题。对生产所用的矿石定期进行可选性试验，以便发现问题及时指导生产。现场出现的技术问题要先通过小型试验进行验证对比，找出问题的原因而予以解决。对新药剂和新工艺首先在实验室进行探索性试验，根据试验结果考虑进行半工业试验或工业试验。

2.1.6.2　矿山企业生产经营的特点

（1）投资巨大，建设周期长，投资风险大，因此矿山建设前期的正确决策和按建设程序建矿尤为重要。

（2）资源是矿山企业生存发展的生命线，因此资源的充分利用和保护，以及探矿增储工作是矿山管理的重中之重。

（3）矿体赋存状态及矿石性质复杂多变，采矿、选矿的技术管理必须深入现场，进行跟踪的动态管理。

（4）要切实抓好三级矿量平衡的管理工作，以及抓好"三率"技术工作，即降低采矿损失率、贫化率，提高选矿回收率。

（5）矿山生产战线长、点多、面广，需要充分发挥矿、车间、班组管理的作用，使各级管理组织有职、有责、有利。

（6）矿山生产不安全因素较多，安全环保管理应作为管理者一项重要工作，抓紧、抓实、抓出成效。

（7）矿山设备是保证企业获得最佳经济效益的物质基础，是矿山的主要固定资产，必须高度重视设备管理。

（8）矿山管理复杂。主要管理工作有计划管理、技术管理、质量管理、成本管理、安全及环保管理等。主要方法是通过责任制的制定、贯彻、执行来控制。

（9）矿山产品单一，价格波动对矿山经营效益影响较大，价格信息管理非常重要，要及时掌握价格动态，做好销售产品策略。

2.1.7　选矿厂车间构成

选矿厂主体生产车间主要有破碎车间、磨矿车间、选别车间、过滤车间、尾矿车间（含尾矿库）等，包含原矿仓、精矿仓、中间矿仓、钢球仓等设施。详述见后续章节。

辅助车间及设施主要有：

（1）检验及实验室；

（2）机修与动力车间；

（3）办公楼，是厂领导、总工、设备、生产、销售等办公场所；

（4）后勤设施，包括洗浴、食堂、活动室等。

2.2　选矿厂概况

2.2.1　地理位置

选矿厂距市区以北约 15km，铁路采场以南约 2.5km。厂区三面环山，中间地势开阔，采选毗邻。厂区南与铁矿相接，西面邻河。厂区海拔 65m 左右。占地面积约 $90×10^4 m^2$，建筑面积 $22×10^4 m^2$。选矿厂鸟瞰图见图 2-1。

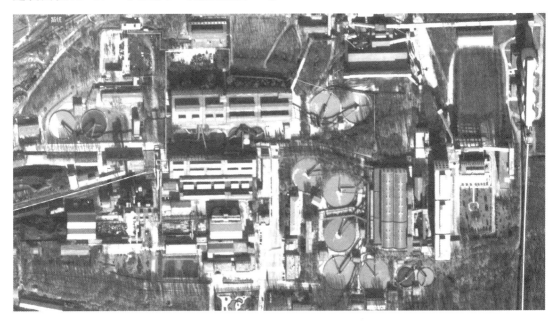

图 2-1　选矿厂鸟瞰图

主要车间构成有破碎车间、焙烧车间、磨磁车间、重磁浮车间、过滤车间、尾矿车间等生产车间及机修等辅助车间。处理的矿石来自露天开采的铁矿石，生产的铁精粉送往烧结厂。选矿厂有准轨铁路与采矿场、烧结厂、矿山环市铁路及城际铁路相连，并有公路汽车通往市内。选矿厂产品及主要原料均由铁路运输，水电煤气及主要原料和备品备件都由总公司提供。

厂区处于北温带大陆气候区，四季分明，雨热同期，全年平均气温 9.1℃，相对湿度 77%。夏季平均气温 22.8℃，最高气温 37℃左右。冬季最冷月份平均温度 −10.8℃，最低气温 −24.4℃。全年主导风向南风，风速 5.1m/s。全年总降雨量 737.2mm，日最大降雨量 168.4mm。最大积雪深度 260mm，冻土深度 1.1m。

2.2.2 发展简史

该选矿厂始建于 20 世纪 70 年代。采用一段破碎、干式自磨、一段闭路磨矿，弱磁、强磁选工艺。20 世纪末期，进行了三次较大的改造，形成了两段开路破碎、阶段磨矿、粗细分选、重选-磁选-酸性正浮选，块矿焙烧-磁选的工艺流程，相应形成了破碎、焙烧、一选、二选、过滤、尾矿 6 个主体车间。其铁精矿品位达到 63.3%左右，20 世纪 90 年代曾一度国内领先。

21 世纪初期，选矿厂积极推广应用新工艺、新设备、新药剂、新技术，使工艺流程不断得到改造和完善。先后斥巨资对一选车间、二选车间工艺流程进行了全面改造，取消了焙烧工艺，生产流程改造为阶段磨矿、粗细分选、重选-磁选-阴离子反浮选流程，并引进当今世界最先进的 H 系列、HP 系列等液压破碎机，国内先进水平的 SLon 立环脉动磁选机、BF 大型浮选机、72m² 外滤式过滤机和 RA515、LKY315、KD 等系列新型选矿药剂等。经过不断改进，其工业技术水平、主机装备水平不断提高，主要技术经济指标不断提高，铁精矿品位由过去的 63.3%攀升至 67.68%，多次创造了赤铁矿选矿新纪录，达到世界赤铁矿选矿一流水平。

几经改造，目前年生产能力达到原矿处理量 1400 万吨，年产铁精矿 470 万吨，精矿铁品位设计为 67.5%以上。主体设备包括中、细碎破碎机，筛分机，球磨机，水力旋流器，筒式永磁磁选机，立环高梯度磁选机，螺旋流槽，机械搅拌浮选机，浓缩机，隔膜泵等。阶段磨矿均采用水力旋流器与溢流型球磨机配合进行分级。工艺仍为"阶段磨矿、粗细分选、重选-磁选-阴离子反浮选流程"。

工艺过程为：破碎工序给矿粒度 0~1000mm，产品粒度 0~12mm，送到磨磁工序；磨磁工序产出重选精矿产品、弱磁选和强磁选混合粗精矿产品；弱磁选和强磁选混合粗精矿产品简称混磁精，再给入浮选工序；浮选工序产出浮选精矿产品；浮选精矿产品与重选精矿产品混合成为综合精矿产品；综合精矿产品经过浓缩后用泵输送到过滤间，经过滤后用皮带输出；尾矿由扫中磁尾矿、强磁尾矿、浮选尾矿组成，经过浓缩后送至尾矿库。

2.2.3 水电供应

目前选矿厂用水来自三部分：一是通过厂内环水净化后的净化水，二是通过尾矿库尾矿自然沉降浓缩的溢流回水，三是污水处理厂处理后的工业清水。通过提高水循环利用率，实现了水资源的合理利用。目前选矿厂环水利用率可达 90%左右，选矿新水自建水站提取。生活用水来自市政自来水管网。

为了保证选矿厂的正常生产，选矿厂有自建发电厂机组两路供电，直接"T"型接入高压变电所。另有采场两路有"T"型线接入作为备用电源。厂内设一总降压变电所，一侧电压为 66kV，另一侧电压为 6.3kV，内有 3 台 25000kW 主变压器，负荷率 67.6%，一台出现故障，其余两台仍可保证工作。净环水取水泵站由供电厂变电所供电。

2.2.4 主要技术经济指标

选矿厂原设计处理赤铁矿石 700 万吨，精矿 240 万吨，改造后，达到年处理赤铁、磁铁混合型铁矿石 1400 万吨，年产精铁矿 470 万吨。

早期，选矿厂采用不同的选别工艺处理两种粒度特性的矿石，并先后建设了一、二期选矿工程。一选浮选车间，处理 0~20mm 粉矿；二选焙烧车间和磁选车间，处理 20~75mm 块矿。目前，焙烧车间和磁选车间已经取消。

现有职工 800 人，固定资产约 55 亿元，主要设备有 PXZ1350/180 旋回破碎机 1 台，H8800 中破机 2 台，HP800 细破机 4 台，H8800 细破机 1 台，$\phi5490mm \times 8830mm$ 球磨机 6 台。有效库容 $16.8 \times 10^9 m^3$ 尾矿库一座。设计服务年限 50 年，几经改造，已远超最初设计服务年限。

目前，破碎粒度已经降至 0~12mm，设计原矿品位 29% 左右，终精品位 67.50%±0.35%，SiO_2 含量小于 4.5%，水分小于 12%，选矿比 3.0，终精铁回收率 80%。

2.3 选矿厂矿石性质

2.3.1 矿床成因

矿区内地层主要由前震旦纪变质岩系组成，由于经过漫长的地质时代和多次的地质运动及不同时期的混合岩化作用，岩性较为复杂，褶皱、断裂均较为发达。

铁矿床属于前震旦纪鞍山式沉积变质形成的单一层状铁矿床，矿体大而贫，富矿较少，是典型的"鞍山式"铁矿床，矿床所在的区域位置为鞍山复向斜北东翼的西北端，与本矿床毗邻的胡家庙子铁矿床位于其东南方向矿带的延长线上。该矿表内矿石储量 $14.1 \times 10^9 t$，表外矿石储量 $1.4 \times 10^9 t$。

矿区出露地层主要为太古代鞍山群和元古代辽河群的古老变质岩系、混合岩及一些中基性脉岩，其上部有第四纪地层。矿体上盘为绿泥千枚岩、绿泥化石绢云母千枚岩、砂质千枚岩，也夹 1~3 层薄层含铁石英岩。下盘为绿泥石英片岩、绿泥化石片岩、绢云母石英岩，夹 1~6 层薄层含铁石英岩。矿体下盘的东北侧鞍山群地层广泛地遭受了以钠、钾交代作用为主的混合盐化作用，形成了花岗状、条痕状、伟晶状等不同类型混合岩，矿体内部也时有脉状混合岩插入。但总的来看，混合盐化作用对铁矿层的破坏程度不大，矿区本身为单一斜构造，走向 300°~340°，倾向南西，倾角 70°~90°，局部有倒转。共八个矿区。

主矿体为规模巨大的层状矿体，产状稳定。全长 4650m，沿走向基本相连，矿体总厚度为 100~350m，一般在 100~250m，平均厚度北采区 174m，南采区 224m，矿体沿倾斜延伸大于 800m。矿体中间沿走向分布一层厚度约 10~140m 的极贫矿，其两侧为表外矿（品位 20%~26%），在贫矿体内部不均匀地分布有多层的非矿夹层。

采场采用露天开采的方式，粗碎在采场进行。用独立的采掘运输设备进行水平分层开采，在开采过程中各分层保持一定的超前关系，从而形成了阶梯状，每一个阶梯就是一个台阶。初期主要采矿设备有 $16m^3$ 电铲，130、154、180 电动轮汽车及牙轮钻，由南采区、北采区两部分组成，现在采矿装备已经几次更新换代，采区范围也不断扩大。采场铁矿石平均全铁含量30.62%，其中表内矿平均全铁含量31.57%，表外矿平均全铁含量23.83%。粗碎产品经长距离曲线皮带机运输至选矿厂。

矿石中石英、阳起石、透闪石和镜铁矿石等矿物的含量变化较大，其特点是闪石英类矿物（阳起石、透闪石、角闪石）含量南采比北采多，下盘比上盘多，深部比地表多，千枚状和深层状矿石含阳起石、透闪石为最多，厚层状矿石为最少。矿石主要为条状构造，少数为细条纹状和致密块状构造。在氧化带与未氧化带中间有一个跳跃频度较大、界限参差不齐、犬牙交错形状不规则的过渡带。局部区段、层位、透闪石、阳起石及石英等矿物含量相对较为集中。

2.3.2 矿石性质

2.3.2.1 矿石与矿物类型

鞍山式铁矿属于贫铁高硅型，低硫磷等元素的简单型矿石，工业类型为假象赤铁矿石，其次是磁铁矿石和半氧化矿石。自然类型以石英型矿石和闪石型矿石为主。随着开采深度延伸，矿石性质随之发生变化，如矿石氧化程度逐渐变低，FeO含量逐渐升高，矿物结晶粒度逐渐变细。矿石平均含铁品位为27%~34%，石英含量30%~50%，硫磷含量较低。其化学组成见表2-1。

表2-1 铁矿石化学组成

元素	TFe	SFe	FeO	CaO	MgO	SiO_2	Al_2O_3
含量（质量分数）/%	29.34	29.13	3.85	0.51	0.42	54.36	0.87
元素	P	S	Mn	Na_2O	K_2O	TiO_2	烧失
含量（质量分数）/%	0.029	0.03	0.04	0.30	0.16	0.04	0.99

注：因技术保密要求，数据来自不同年代公开资料，实习时需关注现场实际生产数据，下同。

铁矿物以磁铁矿氧化不彻底的磁-赤过渡混合共存的状态，存在于地表及浅部氧化矿石（假象赤铁石英岩），向深部经过半氧化矿石（假象，半假象赤铁石英岩），逐渐变为未氧化矿石（磁铁石英岩）。矿床氧化程度较深，最深可达-400m，一般在-200m左右。氧化矿石与未氧化矿石之间有一个不宽的过渡带，上下宽约10~40m，个别宽度可达100~200m。过渡带界线参差不齐、犬牙交错，形状很不规则。一般靠近矿体上、下盘附近氧化程度较浅，致使未氧化矿石局部靠近地表。

金属矿物主要以假象赤铁矿、磁铁矿为主，另有少量的菱铁矿、镜铁矿，其次为褐铁矿、针铁矿、微量的黄铁矿。脉石矿物主要为石英，另有少量的硅酸盐类矿物，普通的角闪石、绿泥石、透闪石、阳起石、绢云母及碳酸类矿物（铁白云石、方解石），此外还有微量的磷灰石、电器石。矿石铁矿物组成见表2-2。

表2-2 矿石铁矿物组成

铁矿物	磁铁矿	假象和半假象赤铁矿	赤褐铁矿	硅酸铁	菱铁矿	黄铁矿	合计
含量（质量分数）/%	8.28	5.65	13.66	1.37	0.35	0.03	29.34
分布率/%	28.22	19.26	46.56	4.67	1.19	0.10	100.00

　　虽然矿石的矿物组成和化学成分比较简单，但由于原始沉积区域变质作用及后期混合岩化、热液氧化作用的特殊性，矿石的矿物组成和化学成分在空间上分布很不均匀。按照铁矿物氧化程度和脉石成分的不同，形成各种工业类型和工艺类型的不同种类矿石。

　　按照铁矿物氧化程度分为磁铁矿、假象和半假象赤铁矿、赤褐铁矿；按照脉石成分又分为闪石型，含闪石型、石英型等自然类型。各种矿石类型在空间上分布界线跳跃幅度很大，即使在同一采场水平上也存在很大差别。像南采区采场，目前已有矿体的氧化带进入或逐渐进入半氧化的过渡带，赤铁矿逐渐减少，赤-磁混合矿石和磁铁矿石逐渐增多。而且从矿体的底盘到顶盘，矿石类型由闪石型经含闪石型过渡到石英型。由于矿石类型复杂，且变化频繁又毫无规律，所以必须采用多种选别工艺和联合流程才能适应复杂多变的矿石条件。

2.3.2.2　矿石构造特性

　　矿石以典型的条带状构造为主（见图 2-2），其次为褶皱状和致密块状构造。按矿物组成不同可分为黑色条带、白色条带和灰绿色条带。黑白相同的条带宽度一般在 0.5~3mm，且南采区矿石比北采区条带明显变宽。黑色条带以铁矿物为主，条带宽范围 0.5~2mm，多数小于 1mm；白色条带以石英为主，条带宽一般为 1~3mm，大多条带宽度小于 2mm。有时可见暗绿灰色，浅绿灰色或黄褐色条带，主要是闪石类矿物。在条带状构造的基础上，受后期动力变质作用影响，叠加少量揉皱构造、致密块状构造和角砾状构造。

图 2-2　条带状构造（10×6 倍，单偏光薄片）

2.3.2.3　矿石结构特性

　　矿石中有用矿物（磁铁矿、赤铁矿、假象赤铁矿等）的浸染粒度比脉石矿物（石英等）的浸染粒度要小，且不均匀，含有大量的包裹体。

　　矿石的组成矿物多以自形或半自形粒状变晶结构为主，其次为包裹变晶结构、鳞片状变晶结构、纤维状变晶结构、溶蚀结构、氧化交代及交代残余结构、压碎结构等。赤铁矿和磁铁矿多呈自形、半自形颗粒变晶结构，少量由重结晶而形成包裹变晶结构。主要脉石矿物石英为他形粒状变晶结构，在粒状变晶结构中大部分铁矿物与脉石矿物接触界线平直，易于解离和分选。含量占 20% 左右的石英及闪石中包裹的铁矿物一般粒度为 0.005~0.025mm，其含量占 5.49%~13.19%。要回收这部分铁矿物，矿石必须被磨至 0.005mm

左右，否则将会限制回收率的提高。另外还有一部分铁矿物中包裹细粒石英，要想提高精矿品位也必须细磨。所以包裹多晶结构将给磨矿和选别带来困难。交代及交代残余结构磁铁矿，在边缘形成环边氧化结构或在内部沿裂理形成网格状氧化结构或内部水化为褐铁矿。这种结构类型造成磁铁矿、假象赤铁矿和褐铁矿三种铁矿物的紧密连晶、彼此镶嵌、界线不规则，虽然不易解离，但它们都是选矿回收的目的矿物，在磨矿时容易形成磁-赤-褐的复合颗粒。在弱磁选时，有时这种复合颗粒中的弱磁性矿物，可以借助与其中强磁性矿物的携带作用而得到回收。菱铁矿和铁白云石呈褐黄、棕黄色，自形或半自形晶，粒径0.1~0.3mm，易风化，也易磨，影响矿石的浮选性能。

矿石属于矿物嵌布粒度不均匀的细粒浸染贫铁矿石。脉石矿物比铁矿物具有较粗的嵌布粒度。一般情况下，脉石矿物粒度为铁矿物粒度的1.5倍。铁矿物的平均粒度为0.05m，最大粒度在1mm以上，最小在0.005mm以下，其中大于0.074mm含量大于60%，小于0.015mm含量在3%左右。而石英平均粒度为0.085mm，即石英平均嵌布粒度比铁矿物粗，但铁矿物嵌布粒度粗细不均，当磨到-0.074mm含量占50%~60%时，铁矿物单体解离度可达60%~70%，见表2-3。铁矿物中假象赤铁矿嵌布粒度较粗些。矿石在粗磨条件下用重选法可以得到数量可观的高品位精矿，同时用磁选法可以舍弃大量的粗粒尾矿。所以矿石适于采用阶段磨矿、粗细分选、重-磁-浮联合的工艺流程。

表 2-3　矿石不同磨矿粒度时铁矿物解离情况

磨矿产品 -0.074mm 含量（质量分数）/%	46.0	60.14	60.25	71.31	83.54	89.81	95.80
铁矿物单体解离度/%	49.04	64.37	71.71	84.78	91.78	95.13	96.36

2.3.2.4　矿石其他物料性质

铁矿石密度为3200kg/m³，堆密度2000kg/m³，松散系数1.6，矿石普式硬度 f 为13~15，自然堆积角（安息角）30°，泻落角56°，原矿含水率3%。

2.3.3　矿石可磨度

根据采场8种类型矿石的相对可磨度试验结果，按磨至-0.074mm占90%所需时间，将其划分为3个等级。

（1）易磨矿石。此类矿石中含透闪石等硅酸盐矿，嵌布粒度较粗，矿物组成较简单。磨矿20min左右，-0.074mm含量接近90%。

（2）中等可磨矿石。半假象赤铁矿为主，磨矿时间25min左右，-0.074mm含量接近90%。

（3）难磨矿石。赤铁矿属此类型，磨至接近30min时，-0.074mm含量接近90%。

磨矿试验结果显示，磨矿时间15min左右，三类矿石均能达到-0.074mm含量60%以上，其中易磨矿可达-0.074mm占72.00%。选矿厂混合矿磨矿时间与-0.074mm含量关系见表2-4。

表 2-4　混合矿石磨矿细度与磨矿时间关系

磨矿时间/min	0	10	15	20	25	30
-0.074mm 含量/%	22.0	48.5	63.0	72.0	82.0	89.0

2.3.4 矿物单体解离度

根据各类型矿石的可磨度特征，分别磨至－0.074mm 占 60%～70%、80%～85%、85%～90% 三个粒度的磨矿产品进行粒度分析及解离度测定。不同磨矿粒度单体解离度测定结果见表 2-5～表 2-8。

表 2-5　矿石磨至－0.074mm 占 64.78%产品分析及解离度计算结果

粒级/μm	铁品位/%	产率/%		回收率/%		解离度/%	
		个别	累计	个别	累计	铁矿物	脉石
+280	26.14	2.03	100.00	1.95	100.00	8.21	10.01
－280　+154	23.56	4.54	97.97	3.94	98.05	34.68	22.22
－154　+100	20.25	15.58	93.43	11.62	94.11	44.21	30.11
－100　+74	22.04	13.07	77.85	10.61	82.48	55.38	50.13
－74　+56	65.18	9.8	64.78	23.53	71.87	86.27	53.31
－56　+43	28.73	21.39	54.98	22.64	48.34	86.99	62.18
－43　+31	23.64	7.54	33.59	6.57	25.70	93.18	67.39
－31　+21	21.14	4.92	26.05	3.83	19.14	93.22	82.11
－21　+10	20.65	2.19	21.13	1.67	15.31	94.68	83.32
－10	19.55	18.94	18.94	13.64	13.64	94.68	83.32
合计	27.15	100.00	—	100.00	—	74.38	57.50

表 2-6　矿石磨至－0.074mm 占 82.47%产品分析及解离度计算结果

粒级/μm	铁品位/%	产率/%		回收率/%		解离度/%	
		个别	累计	个别	累计	铁矿物	脉石
+154	25.39	0.73	100.00	0.67	100.00	45.53	47.61
－154　+100	22.23	6.11	99.27	4.92	99.33	58.56	40.37
－100　+74	19.99	10.69	93.16	7.74	94.41	63.63	45.08
－74　+56	66.14	11.29	82.47	27.04	86.67	92.79	25.09
－56　+43	29.32	24.18	71.18	25.67	59.64	90.06	67.76
－43　+31	20.11	11.89	47.00	8.66	33.97	93.08	81.21
－31　+21	22.14	6.55	35.11	5.26	25.31	90.66	91.58
－21　+10	21.14	3.1	28.56	2.37	20.05	91.19	78.14
－10	19.18	25.46	25.46	17.68	17.68	91.19	78.14
合计	27.62	100.00	—	100.00	—	86.01	64.82

表 2-7 矿石磨至 -0.074mm 占 90.79% 产品分析及解离度计算结果

粒级/μm	铁品位/%	产率/%		回收率/%		解离度/%	
		个别	累计	个别	累计	铁矿物	脉石
+100	23.28	2.35	100.00	2.03	100.00	60.66	41.18
-100 +74	20.11	6.86	97.65	5.11	97.97	63.33	46.88
-74 +56	66.88	13.22	90.79	32.75	92.86	89.74	46.29
-56 +43	30.32	13.88	77.57	15.59	60.12	91.11	57.78
-43 +31	19.18	18.28	63.69	12.99	44.53	93.28	80.17
-31 +21	20.22	8.34	45.41	6.25	31.55	93.21	83.24
-21 +10	20.82	7.62	37.07	5.88	25.30	94.55	90.11
-10	17.81	29.45	29.45	19.43	19.43	94.55	90.11
合计	27.00	100.00	—	100.00	—	90.15	73.32

表 2-8 铁矿物的单体解离度

磨矿产品 -0.074mm 含量/%	磁铁矿/%	赤铁矿/%	假象赤铁矿/%	褐铁矿/%	混合铁精矿/%
44.8	56.23	43.01	51.23	39.00	47.67
53.3	62.59	50.81	57.46	45.18	54.49
63.8	69.14	59.31	63.98	51.80	62.72
82.9	81.03	75.91	75.76	64.42	76.21
90.7	84.90	81.62	79.64	68.68	81.07
96.0	88.00	86.47	82.87	72.78	85.32
98.3	89.16	88.08	83.93	79.47	86.78

一般铁矿物解离度在 85.00% 左右具有较好的分选条件，由表 2-5 可见，当该矿石磨至 -0.074mm 占 64.78% 时，铁矿物单体解离度只有 74.38%，不能满足较好的分选要求。表 2-6 和表 2-7 显示，当该矿石磨至 -0.074mm 占 82.47% 时，铁矿物解离度升高到 85.00% 以上；当磨至 -0.074mm 占 90.97% 时，铁矿物解离度升高到 90% 以上，更利于获得好的选别指标。表 2-6 和表 2-7 中的结果显示，矿石的 -10μm 含量偏高，即磨矿过程中泥化较严重。对于矿石含泥量较大，细磨泥化更严重的矿石，要适当控制磨粒度，防止过磨不利于选别指标的提高。

2.4 线流程与设备形象联系图

线流程图中以圆圈（粗实线）表示破碎、磨矿作业，圆圈中注罗马数字为破碎、磨矿段数，圆圈外注作业名称，破碎需注上排矿口宽度（如 $e = 30mm$）、排矿粒度（如 $d = 50mm$）。双横线（上粗下细，间距 1mm）表示筛分、分级、选别、浓缩及其他作业，作业名称注在横线上方，有关参数（如筛孔、筛分效率、pH 值、浮选时间等）注在横线下方。

设备形象联系图是用设备形象来表示选矿厂工艺过程各作业设备连接关系的图样。图中需绘出选矿厂的工艺设备及主要辅助设备，以及与工艺密切相关的建筑物（如矿仓、精矿池等），所有设备或设施只需绘近似的形象，不必按比例绘制。

鞍山某选矿厂工艺流程（数质量流程）及设备联系图见图2-3和图2-4。

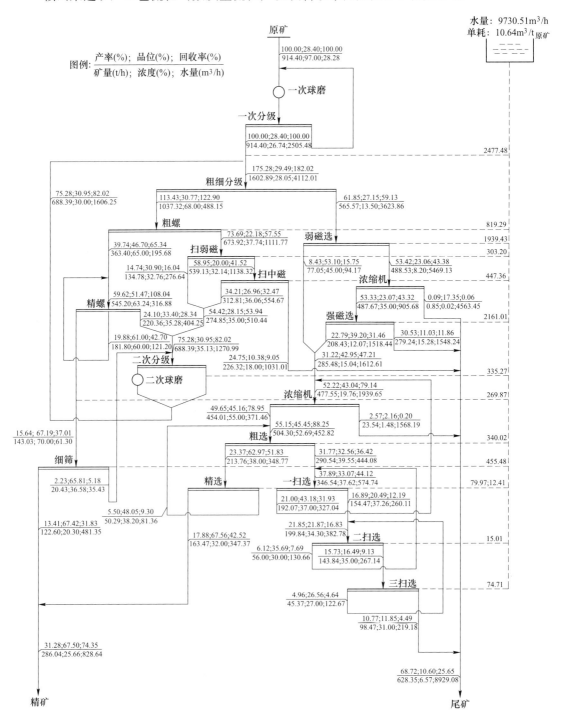

图 2-3　数质量流程图

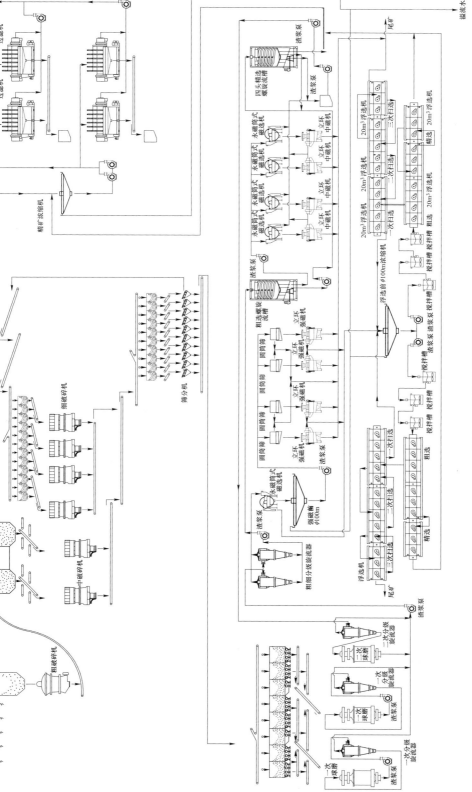

图 2-4 设备形象联系图

2.5　破碎车间概况

　　选矿厂粗破碎设在采矿场，中破和细破在选矿厂内，粗破碎设备作业率设计为 56.5%，中细破设备作业率设计为 67.8%。采场原矿最大粒度 1000mm，经一段粗破后，产品粒度为 0~300mm，用胶带运输机送至选矿厂 $\phi24m$ 圆筒矿仓，再给入中破机进行中破。圆筒矿仓有效贮矿量 1 万吨，贮矿时间 4h。在中破之后设有筛分作业将中碎产品筛分成块矿和粉矿，筛上产品送细破矿仓，细破后，用带式输送机再给入筛分作业进行闭路破碎，筛下产品送到磨磁作业区粉矿仓；细破筛分后的筛上产品返回细破。破碎作业区的最终产品为 0~12mm 粒级占 90% 以上。破碎筛分流程及设备联系图见图 2-5、图 2-6，破碎机技术参数见表 2-9，破碎机生产工艺指标见表 2-10，筛分设备性能见表 2-11。

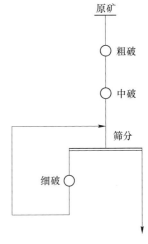

图 2-5　破碎筛分流程图

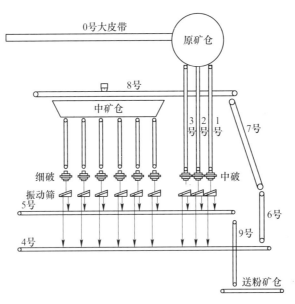

图 2-6　破碎筛分设备联系图

表 2-9　破碎设备技术参数表

设备名称	规格/mm	动锥底部直径/mm	排矿口范围/mm	给矿口/mm	数量/台	电机功率/kW	重量/t
旋回破碎机	1350/180	2130	180~210	1350	1	400	264
标准型圆锥破碎机	H8800	2016	50~60	360	3	600	66.5
短头型圆锥破碎机	HP800	1836	15~30	150	5	500	64.1

表 2-10 破碎机生产工艺指标

名称	规格/mm	给矿粒度/mm	最小排矿口/mm	排矿粒度/mm	处理能力/t·h⁻¹
旋回破碎机	1350/180	1000	180	−350	1300~1600
标准圆锥破碎机	H8800	300	50	−100	1200~1600
短头型圆锥破碎机	HP800	110	25	−50	700~900

表 2-11 筛分设备性能表

名称	规格/mm	筛孔/mm×mm	振幅/mm	频率/r·min⁻¹	生产能力/t·h⁻¹	筛分效率/%
自定中心圆振动筛	2YA2460	35×35/12×40	8	750	600	>80

原矿经采场用电机牵引翻斗矿车运到粗破桥上,经原矿统计量后直接翻入旋回破碎机内进行第一段破碎。衬板材料为 ZG-Mn13,寿命为每套衬板的破矿量上部为 250 万吨,下部为 70 万~80 万吨。动锥转速 110r/min,最大提升高度 200mm。排矿口为 180mm,每10~15 天调整一次,粗破排矿粒度特性见表 2-12。

表 2-12 旋回破碎机 1350/180mm 产品粒度特性

粒级/mm	+150	−75 +50	−50 +25	−25	合计
产率/%	39.93	20.50	20.61	18.96	100.00

第一段破碎产品直接落入位于破碎机下部容量为 500t 的矿仓,矿石由此通过 1.5m 宽带式给矿机给到带宽 B 为 1400mm 的带式运输机上,送入容量为 600t 的中碎给矿仓。为了防止从采场来的铁器杂物混入矿石进入破碎机内,在带式运输机上安装 2 台检铁器。中碎给矿仓的矿石经带式给矿机给入 H8800 单缸液压圆锥破碎机进行第二段破碎。衬板材质为ZG-Mn18,寿命为每套衬板破矿量 60 万吨左右。动锥转速 230r/min,排矿口为 40~45mm。调整排矿口用液压由人工按油标确定,正常情况每班调整 2~3 次。

破碎系统改造前,破碎采用了两段开路破碎。此时,选矿厂有焙烧车间,中破后的筛分作业,将中破产品分成块矿和粉矿两部分,分别供给焙烧车间和浮选车间。中碎产品经带式运输机和 1 台 B1400mm 双侧漏矿车送入容量为 600t 的筛分给矿仓。在筛分作业之前的带式运输机的带宽均为 1400mm,输送能力 1800t/h。筛分给矿仓的矿石经B1200mm 带式给矿机给入 2YA2148 坐式自定中心圆振动筛进行筛分,每台生产能力为450~500t/h,筛子振幅 8mm,频率为 750 次/min,筛面安装角度 20°。筛板材料为橡胶制品,筛孔纵断面形状为梯形,上筛孔尺寸 45mm×18mm,下筛孔尺寸 10mm×30mm。筛板使用寿命为每片处理矿石 13 万吨,筛分效率大于 80%。老破碎系统最终粒度为 0~20mm,中破排矿粒度特性见表 2-13。筛分产品的粒度特性见表 2-14,正常情况的块、粉比例为 6:4。

表 2-13　HP8800 破碎机产品粒度特性

粒级/mm	+75	75 +70	-70 +60	-60 +50	-50 +40	-40 +30
含量/%	6.5	3.5	11.0	8.5	9.0	10.5
粒级/mm	+30 +20	-20 +15	-15 +10	-10 +5	-5	合计
含量/%	13.0	6.5	4.5	8.0	19.0	100.0

表 2-14　筛分产品粒度的特性

粒级/mm		+75	-75 +20	-20	合计
筛上产率/%	对产品	16.3	80.9	2.8	100.0
	对给矿	9.8	48.7	1.7	60.2
筛下产率/%	对产品	0	8.3	91.7	100.0
	对给矿	0	3.3	36.5	39.8
筛给产率/%		9.8	52.0	38.2	100.0

筛下产品（0~20mm）通过带宽为 1.2m 的 4 条串行的带式运输机和一台 B1.2m 双侧漏矿车给入浮选车间容量为 8000t 的球磨机给矿仓。同时，筛下产品还可以经过两条串行的带式运输机装入容量为 4200t 的圆筒粉矿仓储存起来供输出使用。筛上产品（20~75mm）给入带宽 1200mm 可逆带式运输机，既可以通过带宽 1200mm 串行的 3 条带式运输机和 1 台 B1.4m 双侧漏矿车给入容量为 5 万吨的块矿露天贮矿场。然后通过贮矿场下面的 28 台 DZ85 电振给料机到带宽 1200mm 串行的 2 条可逆带式运输机上，可以给入带宽 1200mm 串行的 4 条带式运输机为焙烧炉供料，同时还可以给入带宽 1000mm 串行的 2 条带式运输机上将矿块送到输出矿漏。粉矿的输出通过粉矿仓下部的 2 台 DZ85 电振给料机给入输出系统的 2 条串行带式运输机送入输出矿漏，然后通过输出大漏将块矿或粉矿装入 60t 的翻斗矿车，由电机车牵引经原矿称计量后，输送到实验厂。

破碎系统设计是旋回破碎机台时生产能力 1800t，作业率 56.5%；圆锥破碎机台时生产能力 750t，作业率 45%；振动筛台时生产能力 250t，作业率 58%。由此可见，选矿厂破碎的生产能力大于选矿厂处理能力，因此破碎系统在检修时，可以利用中间贮矿仓的矿石维持选矿厂的正常生产。所以破碎系统设计作业率为 56.5%，年工作时间 4950h。老系统部分年份的生产技术经济指标详见表 2-15。

表 2-15　破碎历年生产技术经济指标（部分）

年份	原矿处理量 /万吨	单机生产量 /t·h^{-1}		破碎机作业 产率/%		粒度合格率 20~70mm/% 0~20mm/%	电耗/kW·h· t$^{-1}_{原矿}$	衬板单耗 /kg·t$^{-1}_{原矿}$
		粗碎	中碎	粗碎	中碎			
1976	397.86	805	404	56.40	37.47		1.25	
1977	416.42	928	514	51.22	30.83		1.10	
1978	601.45	1270	647	54.06	35.38		1.08	
1979	635.54	1176	592	61.69	40.85		1.14	

年份	原矿处理量 /万吨	单机生产量 /t·h⁻¹		破碎机作业 产率/%		粒度合格率 20~70mm/ 0~20mm/%	电耗/kW·h· t⁻¹原矿	衬板单耗 /kg·t⁻¹原矿
		粗碎	中碎	粗碎	中碎			
1980	627.76	1193	605	60.06	39.48	87.39/97.24	1.10	
1981	626.26	1245	625	57.42	38.11	93.34/99.60	0.98	
1982	624.01	1281	698	55.61	34.04	90.20/92.18	1.00	
1983	659.86	1443	726	52.20	34.57	94.84/96.33	0.99	
1984	633.78	1400	706	51.68	34.16	93.78/93.28	0.98	
1985	573.87	1413	715	46.36	30.52	93.25/92.44	1.10	
1986	571.44	1454	732	44.86	29.69	93.93/93.88	1.40	0.024
1987	616.40	1502	751	47.61	31.71	93.20/94.60	1.19	0.029
1988	626.26	1475	738	48.34	32.20	93.66/95.00	1.17	0.025
1989	688.15	1517	763	51.82	34.36	93.86/95.72	1.14	0.030
1990	695.80	1617	762	52.38	34.75	93.70/95.45	1.22	0.022

改造后的新系统，中碎作业变为开路，增加一段细碎，筛分作业置于细碎后，构成三段一闭路破碎，最终产品粒度为 0~12mm。

2.6　磨选车间概况

2.6.1　磨磁车间概况

选矿厂磨矿与重选、磁选部分构成磨磁车间。磨磁车间共有 5 个系列，采用阶段磨选工艺，工艺流程见图 2-3。设计生产能力为年处理矿石 1440 万吨。

磨机给矿为破碎车间 0~12mm 产品，磨矿机与旋流器组成一次闭路磨矿。一次分级溢流再经粗选分级旋流器处理，粗细分级旋流器沉砂为粗粒产品，送重选作业，溢流为细粒产品送弱磁、强磁、浮选作业。

粉矿仓 0~12mm 的破碎产品经圆盘给料机、集矿皮带、给矿皮带输送机给入一次球磨作业，一次球磨排矿送入一次分级旋流器组，一次分级溢流给入粗细分级作业，一次分级沉砂返回一次球磨作业。粗细分级旋流器沉砂给入由粗选、精选两段螺旋溜槽和扫弱磁、扫中磁两段磁选组成的重-磁选作业。经过粗、精选两段螺旋溜槽选别得到重选精矿，再经过细筛，筛下产品即为合格精矿，是终精产品之一。粗螺尾矿经过扫弱磁、扫中磁两段磁选，弱磁尾给扫中磁，扫中磁尾矿作为终尾之一排放，两段磁选精矿与精螺尾以及细筛筛上产品再经二次分级，沉砂给入二次球磨机，二次磨矿为开路磨矿，磨矿产品与二次分级溢流产品混合后一起返回粗细分级。

粗细分级旋流器溢流给入弱磁、强磁工艺选别，产出混合磁选粗精矿与部分合格尾矿。弱磁选尾矿给入 φ80m 浓缩机浓缩，其底流经过两段平板除渣筛给入强磁机作业，弱磁选精矿与强磁选精矿合并得到粗精矿，再经浮选前 φ53m 浓缩机浓缩，底流给入浮选工序。扫中磁尾、强磁选尾矿给入 $\phi53m$、$\phi140m$ 浓缩机进行二级浓缩，成为最终尾矿。

磨矿与分级作业设备技术参数见表 2-16、表 2-17，作业工艺指标见表 2-18。

表 2-16 磨矿作业设备技术参数

作业名称	一次磨矿	二次磨矿
设备名称及规格/m×m	$\phi5.49×8.83$ 溢流型球磨机	$\phi5.49×8.83$ 溢流型球磨机
设备台数	5	3
有效容积/m³	206	206
台时能力/t·h⁻¹	310	310
转数/r·min⁻¹	13.72	13.72
最大装球量/t	305	308
钢球直径/mm	$\phi89$ 铸球	$\phi35×45$ 铸段
转动齿轮齿数/个	277（大）、19（小）	277（大）、19（小）
主电机功率/kW	4410/4800	4410
主电机型号	卧式同步电动机	卧式同步电动机
主电机转速/r·min⁻¹	200	200

表 2-17 分级作业设备技术参数

作业名称	一次分级	二次分级	粗细分级
设备名称	渐开线旋流器	渐开线旋流器	渐开线旋流器
设备规格直径/mm	660	660	660
设备台数	35	27	36
工作压力/MPa	0.065~0.12	0.11~0.15	0.11~0.15
溢流管直径/mm	250~350	—	—
沉砂口直径/mm	254	203	180
给矿口尺寸/mm	152	127	100
溢流管深度/mm×mm	249×320	249×320	$\phi240$

表 2-18 磨矿分级作业工艺指标

作业名称	一次磨矿分级	二次磨矿分级	粗细分级
磨矿浓度/%	75~85	65~75	
溢流浓度/%	35~45	30~40	10~20
溢流-0.074mm 含量/%	55~65	65~75	>85
钢球充填率/%	42~48	35~40	—
返砂比/%	250~350	—	—

重选设备螺旋溜槽设备技术参数见表2-19。

表2-19 重选螺旋溜槽技术参数

外径/mm	内径/mm	螺距/mm	圈数	头数	断面形状	糟面宽/mm	处理能力/t·h⁻¹	给矿粒度/mm
1500	280	750	4	4	立方抛物线	610	15~25	0.03~0.2

弱磁、扫弱磁、扫中磁和强磁作业设备技术参数见表2-20、表2-21。细筛设备技术参数见表2-22。选别工艺参数见表2-23。

表2-20 弱磁、扫弱磁作业设备技术参数

作业名称	弱磁	扫弱磁
设备名称	半逆流型磁选机	半逆流型磁选机
型号及规格	CTB-1230-B	CTB-1230-A
设备台数	30	18
磁感应强度/mT	>240	>180
磁极数/个	6	6
底箱形式	半逆流型	半逆流型
工作间隙/mm	50	50
磁偏角/(°)	15~25	15~25
处理量/m³·h⁻¹	260~300	260~300
电机功率/kW	7.5	7.5

表2-21 扫中磁、强磁设备技术参数

作业名称	扫中磁	强磁
设备名称	立环脉动高梯度磁选机	立环脉动高梯度强磁
型号及规格	SLon-2000	SLon-2000
转盘直径/mm	$\phi 2000$	$\phi 2000$
转速/r·min⁻¹	2~4	2~4
脉动冲程/mm	0~30	0~30
脉动冲次/r·min⁻¹	0~300	0~300
背景磁感应强度/T	0~0.4	0~1.0
处理量/t·h⁻¹	50~80	50~80
额定激磁电流/A	1000	1400
额定激磁电压/V	53	53
转环电机功率/kW	5.5	5.5
脉动电机功率/kW	7.5	7.5
给矿粒度上限/mm	1.3	1.3
冲洗水压/MPa	0.2~0.4	0.2~0.4
最重部件/t	14	14
设备总重/t	50	50
设备外形尺寸/mm×mm×mm	4200×3550×4200	4200×3550×4200

表 2-22　细筛作业设备技术参数

规格型号	层数	筛孔/mm×mm	振幅/mm	频率/Hz	功率/kW	给矿浓度/%	能力/t·h^{-1}
mVS2020	1	0.15×0.3	0~2	50	1.2	30~50	25~50

表 2-23　选别作业工艺参数

作业名称	给矿浓度/%	给矿粒度(-0.074mm)占比/%	矿浆温度/℃	矿浆pH值	精矿品位/%	尾矿品位/%
粗螺	45~55	45~55	—	—	50~60	—
精螺	50~60	—	—	—	65~67	—
扫螺	35~45	—	—	—	—	15~20
细筛	35~45	—	—	—	66~67	—
扫中磁	—	—	—	—	—	7~9
浮选	45~60	>85	35~45	11~12	67.5~69.5	14~18
强磁	30~45	—	—	—	—	7~9

中磁机、强磁机为 SLon-2000 立环脉动高梯度磁选机，技术参数见表 2-24。车间主要设备汇总见表 2-25。

表 2-24　中磁、强磁作业设备技术参数

作业名称	扫中磁	强磁
转盘直径/mm	ϕ2000	ϕ2000
转速/r·min^{-1}	2~4	2~4
脉动冲程/mm	0~30	0~30
脉动冲次/r·min^{-1}	0~300	0~300
背景磁感应强度/T	0~0.4	0~1.0
处理量/t·h^{-1}	50~80	50~80
额定激磁电流/A	1000	1400
额定激磁电压/V	53	53
转环电机功率/kW	5.5	5.5
脉动电机功率/kW	7.5	7.5
给矿粒度上限/mm	1.3	1.3
冲洗水压/MPa	0.2~0.4	0.2~0.4
设备总重/t	50	50

表 2-25　主要设备汇总表

名　称	规　格	数量/台	备　注
一次溢流型球磨机	$\phi \times L 5490 \times 8330$	5	磨矿浓度 75%~80%
二次溢流型球磨机	$\phi \times L 5490 \times 8330$	3	磨矿浓度 70%~75%
一次旋流器	FX$\phi 660 \times 7$	35	给矿压力 0.12MPa
二次旋流器	FX$\phi 660 \times 9$	27	给矿压力 0.15MPa
粗细分级旋流器	FX$\phi 660 \times 6$	54	给矿压力 0.15MPa
旋流溜槽	$\phi \times L 1500 \times 4$	192/96	台时能力 16t
半逆流筒式中磁机	$\phi \times L 1050 \times 2400$	30/15	台时能力 280m³
扫中磁	SLon-2000	15	磁感应强度 0.6T
强磁机	SLon-2000	15	磁感应强度 1.0T
粗选、扫选 JJF-20 浮选机	20m³	42/48	台时能力 1200m³
精选 JJF-10 浮选机	10m³	48	台时能力 600m³
粗选、扫选 SF-20 浮选机	20m³	12/48	台时能力 1200m³
精选 SF-10 浮选机	10m³	12	台时能力 450m³
强磁前浓缩机	$\phi 70$m	1	最大深 5.07m
浮选前浓缩机	$\phi 63$m	1	最大深 5.07m
尾矿浓缩机	$\phi 53$m	1	最大深 3m
尾矿浓缩机	$\phi 140$m	1	最大深 3m
终精浓缩机	$\phi 45$m	2	最大深 5.06m

2.6.2　浮选车间概况

处理混合型铁矿石选矿厂的浮选车间均采用反浮选工艺，包括一次粗选、一次精选、三次扫选作业，产出浮选精矿和浮选尾矿产品。混合磁选精矿经过浮选前 $\phi 53$m 浓缩机浓缩，其底流经渣浆泵给入矿浆分配器，分别加入调整剂 NaOH、抑制剂淀粉后进入 1 号搅拌桶，1 号搅拌桶再加入活化剂 CaO，然后进入 2 号搅拌桶，2 号搅拌桶加入油酸类捕收剂后经稳流桶给入粗选作业，粗选作业精矿给入精选作业，粗选作业尾矿经三次扫选作业选别产出最终浮选尾矿，尾矿给入 $\phi 53$m 浓缩机浓缩；一扫精返回浮选前 $\phi 53$m 浓缩机浓缩，二扫精返回一扫选作业，三扫精返回二扫选作业。浮选精矿为最终精矿产品，与重选精矿合并后，给入输送 $\phi 45$m 浓缩机浓缩至浓度 65% 以上进行过滤，精选作业尾矿返回粗选作业。浮选工艺流程见图 2-3 所示浮选部分。浮选作业设备技术参数见表 2-26，浮选作业操作条件见表 2-27。

表 2-26　浮选作业设备技术参数

规格型号	容积 /m³	内部尺寸 长×宽×高 /m×m×m	生产能力 /m³·min⁻¹	叶轮直径 /mm	叶轮转速 /r·min⁻¹	吸气量 /m³·min⁻¹	电机功率 /kW
JJF	10	2.2×2.9×1.7	5~10	540	233	1.0	22
	20	2.85×3.8×2.0	20	700	180	1.0	37
BF	10	2.2×2.9×1.7	5~10	760	210	0.5~1.0	30
	20	2.85×3.8×2.0	10~20	850	195	0.5~1.0	45

表 2-27　浮选作业操作条件

项目	药剂配制浓度/%	粗选	精选	扫选
矿浆浓度/%	—	40~50	45~55	20~25
油酸类捕收剂/g·t$_{浮给}^{-1}$	3	800	200	
调整剂 NaOH/g·t$_{浮给}^{-1}$	20	1250	—	—
抑制剂淀粉/g·t$_{浮给}^{-1}$	3	1000		250
活化剂 CaO/g·t$_{浮给}^{-1}$	2.5	375		
矿浆 pH 值	—	>11.3	>9.5	>9.5
矿浆温度/℃	—	>30	>25	>23
精矿品位/%	—	>66.5	68.5	48
尾矿品位/%	—	—	—	<15.5

2.7　焙　烧　车　间

2.7.1　磁化焙烧原理

焙烧是物料在适宜的气氛和熔点以下加热，使原料中的目的组分发生物理和化学变化的过程。

赤铁矿（成分 Fe_2O_3）在自然界中的同质多象变种有两种，即 $\alpha\text{-}Fe_2O_3$，$\gamma\text{-}Fe_2O_3$，其中绝大多数都是 $\alpha\text{-}Fe_2O_3$ 型普通赤铁矿，显弱磁性；少量为 $\gamma\text{-}Fe_2O_3$ 型磁赤铁矿，显强磁性。

铁矿主要采用磁化焙烧，磁化焙烧是在适当的还原性气氛中，使弱磁性赤铁矿（Fe_2O_3）还原成强磁性的磁铁矿（Fe_3O_4），本质上属于还原焙烧，但没有还原到零价单质金属。赤铁矿的磁化焙烧通常用碳粉，一氧化碳，氢气等为还原剂，分别发生如下反应：

$$3Fe_2O_3 + C \xrightarrow{700~800℃} 2Fe_3O_4 + CO \tag{2-1}$$

$$3Fe_2O_3 + CO \xrightarrow{700~800℃} 2Fe_3O_4 + CO_2 \tag{2-2}$$

$$3Fe_2O_3 + H_2 \xrightarrow{700~800℃} 2Fe_3O_4 + H_2O \tag{2-3}$$

赤铁矿被还原成为磁性较强的磁铁矿，利于后续的磁选分离。磁化焙烧也可以处理镜铁矿、褐铁矿和菱铁矿。

常用磁化焙烧方式按设备分类有沸腾炉焙烧、竖炉焙烧、回转窑焙烧。20世纪70年代，鞍山地区采用竖炉焙烧处理假象赤铁矿，然后进行磁选回收磁铁矿。鞍山式竖炉是当时最先进的焙烧设备，成功后在全国得到了广泛推广应用，在甘肃、内蒙古、陕西、江西等地相继开展鞍山式竖炉焙烧赤铁矿、褐铁矿或菱铁矿。但这种方式对煤气等能源消耗巨大，后来随着赤铁矿选矿工艺进步，鞍山式竖炉焙烧工艺逐渐退出。

2.7.2 竖炉焙烧

竖炉焙烧设备适于块度为75~20mm的块矿或由粉矿制成直径为10~15mm的球团矿。鞍山某选矿厂，曾经的工艺中有破碎筛分后块矿竖炉焙烧后磁选，现已取消。本节内容为改造前工艺。

1975~1998年鞍山式磁化焙烧竖炉最为典型，目前酒钢仍在用。炉内容积一般为50m³或70m³，外形尺寸为高9m，长6m，宽3m。自上而下分为预热带、加热带、还原带、排矿带四个作业带。

焙烧车间采用鞍山式竖炉与筛分机和干式磁滑轮组成的半闭路焙烧工艺。其工艺流程见图2-7，50m³鞍山式焙烧炉见图2-8，焙烧炉设备性能见表2-28。

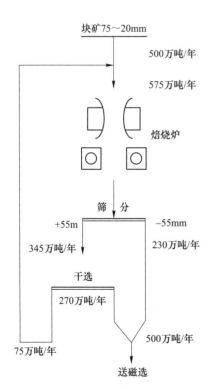

图2-7 设计焙烧工艺流程图

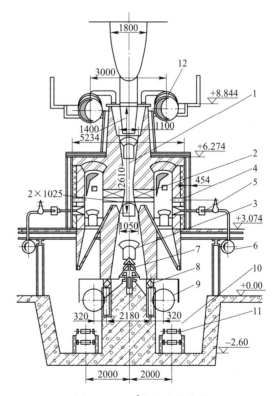

图2-8 50m³鞍山式焙烧炉

1—预热带；2—加热带；3—还原带；4—看火孔；5—加热煤气烧嘴；
6—煤气管道；7—煤气喷出塔；8—水箱梁；9—辊式排矿机；
10—水封槽；11—搬出机；12—抽烟机

表 2-28 鞍山式焙烧炉技术性能

名　　称	单　位	数　值
有效容积	m³	50
生产能力	t/h	12~16
加热温度	℃	700~850
还原温度	℃	450~550
燃烧室温度	℃	1100~1200
煤气发热量	kJ	8364
加热煤气量	m³/h	1640
还原煤气量	m³/h	800
加热煤气压力	kPa	7.85
还原煤气压力	kPa	7.85
废气量	m³/h	15000
废气温度	℃	<100
烧嘴型式		喷射烧嘴
烧嘴直径	mm	56
煤气种类		高炉、焦炉混合煤气
冷却水耗量	m³/h	36
作业率	%	75

　　来自破碎车间的 75~20mm 块矿由 2 条串行的宽 1m 带式运输机运送到焙烧炉上部 4 条并行的宽 1000mm 带式运输机上，通过 4 台 B1000mm 的双侧漏矿车，给入容量为 100t 的焙烧炉给矿槽。

　　加热煤气由炉子两侧安装的 14 个煤气烧嘴给入燃烧室，煤气在燃烧室内燃烧，然后经导火孔进入炉内的加热带，还原煤气由炉子下部安装的 6 根煤气喷出管，经过煤气分配器均匀的给入炉内的还原带。

　　炉顶装有抽风机，将炉内废气抽出并使炉内形成负压，从而保证炉内气体和矿石形成对流，即有效防止煤气外泄保证操作环境安全。抽风机每小时风量 14350m³，风压 5.22kPa，电机功率 40kW。矿石从炉顶给入，进入加热带将矿石加热到 700~800℃，然后向下经过狭长带，进入下部的还原带，与下部的还原煤气相接触，进行还原反应，被还原成磁铁矿石。焙烧好的矿石，经过两侧的排矿辊落入下部的水封槽内，经水封水冷却后，由斗式搬出机分别给入 2 条宽 1.0m 的带式运输机送出，再经宽 1.2m 的 1 条带式运输机和 1 台宽 1.2m 的移动式带式给矿机卸到容量为 200t 的干选矿仓。

　　矿仓下部安装 4 台 ZG60 型同步惯性振动给矿机。击振电机型号 ZG3200，击振力 3.2t，振动频率 1450Hz，电机功率 2×1.5kW。矿仓内的焙烧矿（即焙砂），由给矿机给到

4台1.5m×3.0m自定中心坐式振动筛进行筛分。筛子振幅10~16mm，台时生产能力250t，筛孔尺寸ϕ50mm，筛分效率90%，配用电机功率7.5kW。

筛上产品给入永磁筒式磁滑轮进行干选。磁滑轮规格为ϕ800mm×1600mm，皮带宽1.4m，速度1.6m/s。滚筒表面磁感应强度220mT，台时生产能力100t/h，配用电机功率7.0kW。非磁性产品给到两条串行带式运输机（带宽650mm）送到块矿露天贮矿场，然后再返回焙烧炉，形成闭路。磁性产品与筛下产品合并给入2条带宽1.2m串行带式运输机，通过两台B1200mm双侧漏矿车装入磁选车间的5台圆筒矿仓。

焙烧前后的矿石性质及粒度变化见表2-29~表2-31。焙烧工艺制度见表2-32。煤气和炉顶排出的废气成分见表2-33。生产流程考查结果见图2-9。焙烧返矿和成品焙烧粒度特性见表2-34和表2-35。

表2-29　焙烧前后多元素分析

元素	TFe	FeO	SiO_2	mgO	CaO	P	S	Al_2O_3	Mn	烧损
焙烧前含量/%	30.12	3.27	54.86	0.48	0.12	0.038	0.023	0.53	0.04	0.92
焙烧后含量/%	30.43	11.14	55.54	0.54	0.11	0.035	0.011	0.50	0.05	0.008

表2-30　焙烧前后矿石物相分析

矿石物相		铁矿物	磁铁矿	假象和半假象赤铁矿	赤褐铁矿	硅酸铁	菱铁矿	合计
焙烧前	含量/%	6.23	2.3	19.87	0.67	1.05	30.12	
	分布率/%	20.68	7.64	65.97	2.22	3.49	100.00	
焙烧后	含量/%	24.77	1.55	3.11	0.65	0.35	30.49	
	分布率/%	81.40	5.09	10.22	2.14	1.15	100.00	

表2-31　焙烧前后矿石粒度特性

粒级/mm	+75	−75　+50	−50　+35	−35　+25	−25　+15	−15	合计
焙烧前含量/%	16.48	29.43	23.77	26.39	2.97	0.96	100
焙烧后含量/%	8.10	10.50	12.30	31.80	15.20	22.10	100
差值/%	−8.38	−18.93	−11.47	5.41	12.23	21.14	

表2-32　焙烧工艺制度

燃烧室温度/℃	矿石加热温度/℃	矿石还原温度/℃	水封槽水温度/℃	出炉废气温度/℃	加热煤气流量/$m^3 \cdot h^{-1}$	还原煤气流量/$m^3 \cdot h^{-1}$	煤气总管压力/kPa	抽风机负压/kPa
1100~1200	700~850	450~550	45~60	60~70	1150~1250	800~900	7.4~8.34	0.88~0.98

表2-33　煤气和废气的分析结果

成分		CO_2	C_nH_m	O_2	CO	H_2	CH_4	N_2	热值/kJ
含量/%	煤气	12.4	1.0	0.3	19.5	13.5	8.1	40.6	7949.79
	废气	3.6	0	1633	1.04	0.9	0.94	77.18	564.56

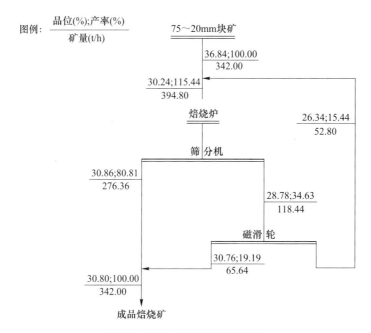

图例： $\dfrac{品位(\%);产率(\%)}{矿量(t/h)}$

图 2-9　焙烧工艺数质量流程图

表 2-34　干选非磁性产品粒度分析

粒级/mm	产率/%	FeO 含量/%
+70	23.02	2.60
−70　+60	12.79	1.89
−60　+50	22.50	2.25
−50　+40	12.78	1.26
−40　+10	14.91	2.16
−20	14.00	4.49
合计	100.00	2.27

表 2-35　成品焙烧矿粒度分析

粒级/mm	+70	−70　+60	−60　+50	−50　+40	−40　+20	−20　+17	−17　+11
产率/%	2.70	3.24	2.16	2.92	26.06	4.68	8.37
$w(\mathrm{FeO})/\%$	5.75	12.39	8.62	7.10	8.26	9.16	10.42

粒级/mm	−11　+7	−7　+4	−4　+2	−2　+1	−1	合计
产率/%	10.07	7.33	4.69	1.71	26.07	100.00
$w(\mathrm{FeO})/\%$	11.68	12.39	12.75	12.75	12.03	10.44

　　焙烧车间属于选矿厂二期选矿工程，共建 50 座 50m³ 鞍山式竖炉（设计预留 8 座的位置），设计生产能力为年生产焙烧矿 500 万吨，焙烧炉台时生产能力 15t，作业率 75%，产品需求的磁性率为 38%~48%。焙烧车间 1973 年 4 月建成投产。历年的生产技术经济指标

见表 2-36。从 1978 年开始，焙烧车间的生产基本稳定，产品质量达到了设计水平，只有生产能力没能达到设计能力，其原因是受鞍钢煤气量供应不足所限。

表 2-36 焙烧历年生产技术经济指标（部分）

年份	台时/t·h^{-1}	作业率/%	磁性率/%	合格率/%	热量单耗/GJ·t^{-1}
1976	12.17	36.63	28.42	32.5	1.288
1977	13.50	36.06	32.38	43.0	1.171
1978	15.10	39.73	36.03	67.5	1.112
1979	14.69	49.00	36.70	90.25	1.263
1980	15.64	38.92	36.84	77.81	1.192
1981	14.70	41.99	37.13	76.53	1.196
1982	15.36	43.23	37.48	80.94	1.146
1983	14.48	48.58	36.55	68.27	1.112
1984	14.72	46.48	37.38	79.62	1.112
1985	15.77	42.32	38.39	77.19	1.126
1986	15.65	44.64	78.84	75.46	1.050
1987	13.80	49.30	77.99	72.42	1.143
1988	14.80	46.96	79.00	86.48	1.061
1989	15.02	52.20	80.01	94.66	0.925
1990	14.08	57.79	79.38	92.47	1.065
…	…	…	…	…	…

生产中发现的主要技术问题有：

（1）入炉矿石粒度偏大，粒度级别较宽，造成矿石还原不均匀、限制了焙烧矿质量的提高。据多次生产考查发现，入炉矿石中大于 75mm 占 10% 以上，同时在块矿不足时采用推土机在露天贮矿槽堆料造成粉矿含量增多，从而造成大块欠还原，小块过还原，限制焙烧矿质量的提高。应从破碎作业上加以解决，确保粒度合格率达到 95%，返矿工艺有待进一步研究解决粉矿产生量过多问题，或增设筛分作业筛除返矿中粉料。

（2）焙烧炉火眼温度不均，中间高，两头低，容易发生过还原和炼炉事故。其主要原因是矿石下落时受焙烧炉柱子影响，下矿速度较慢，受热时间较长，将两节排矿改成一个整体就可以解决这个问题。

（3）炉体周围密封不严，造成炉内负压低，在排矿处焙烧矿被局部氧化，从而降低了焙烧矿质量，应重点解决火眼处的漏风问题。

（4）炉上的检测仪表不齐全，有些仪表已经损坏，工人无法按照规定的工艺制度进行操作和调整，所以生产指标波动较大。应重点配备和完善负压表和燃烧室温度表。

2.7.3 沸腾炉焙烧

铁矿磁化焙烧目前焙烧方式大多改为流态化焙烧，设备为沸腾炉。工业化的有闪速焙烧和悬浮焙烧两种工艺。沸腾焙烧炉中，矿石粒子处于悬浮状态下，床层由上升的气流及运动着的焙烧颗粒群所构成，气体与固体粒子在床层中剧烈湍动，加快了气固两相间传递过程，因此焙烧强度高，且床层温度均匀。沸腾炉主要由反应炉、气体分布板、热电偶和温控仪等组成。

流化床焙烧过程中颗粒处于悬浮状态，气固接触状态远好于回转窑和竖炉，另外床层湍动程度高，加快气固之间传热、传质和化学反应速度，从而可降低焙烧温度，缩短焙烧时间。沸腾焙烧炉的主要操作条件是焙烧强度、沸腾层高度、沸腾层温度及炉气成分等。除磁化焙烧，沸腾炉在选矿中也常用于氧化焙烧，硫酸化焙烧等作业。沸腾炉装置由输送床结合多级旋风分离器组合而成，如图 2-10 所示。

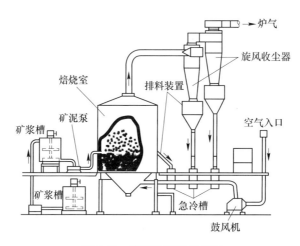

图 2-10　沸腾炉装置示意图

2.7.3.1　闪速焙烧

闪速焙烧是将流态化技术应用于细颗粒铁矿石磁化焙烧，利用喷嘴喷入空气和物料，并使物料呈飘悬状态进行快速焙烧。矿石运动状态由传统的堆积态转变为悬浮态，固气两相接触面积提高 3000 倍以上，反应速度提高 100 倍以上，整个焙烧过程可以按秒计算，实现了弱磁性氧化铁矿石的快速磁化。

热空气通过一个喷嘴从炉底进入炉内，原料则从喷嘴上方直接进入热空气流中，小颗粒立即被气流夹带并反应，大颗粒向喷嘴方向下落，在喷嘴处遇到高速气流便被气流夹带，随着向炉内方向喷射，床层变稀薄便达到了平衡。因此这种焙烧作用对粗粒来说是一种回混式反应，对细粒则是单向反应器，这种闪速焙烧炉具有悬浮系统，被处理的物料由气流承载，因此停留时间很短，通常只有几秒钟，从而实现快速反应。矿粉中凡能被磁化的弱磁性铁氧化物，几乎全部转化为有强磁性的四氧化三铁，磁化反应完全，无夹生现象。而且，从磁化焙烧炉排出的焙烧矿，采用密闭的间接式空气冷却器冷却，已经转化为强磁性的四氧化三铁，在高温状态下没有机会接触有氧空气，较高的磁化率得以保持。悬浮式闪速磁化焙烧工艺的磁化率高达 95% 以上。闪速焙烧炉装置主要由反应炉、气体分布板、煤气发生炉和快速卸料系统组成，如图 2-11 所示。

如 2016 年，湖北黄梅建成 60t/a 的闪速磁化焙烧产业化工程。TFe 含量 32.52% 的菱褐铁混合矿，焙烧磁选后获得铁品位 57.52%、SiO_2 含量 4.76%、铁回收率 90.24% 的技术指标；相对该矿区以前的生产指标，铁精矿品位提高 5.4%，回收率提高 33.37%。产出的铁精矿具有自熔性，与鞍本地区 66% 品位的铁精矿质量相当。

闪速焙烧炉的原料适应范围广，块状、粒状、粉状、泥状的原矿，甚至尾矿、尾渣都可作为悬浮式闪速磁化焙烧工艺生产线的原料。粉状矿是不能直接入竖炉或回转窑，因为细矿粉容易被竖炉或回转窑的气流带走，或影响竖炉通风，或在回转窑内结圈堵塞。

2.7.3.2　悬浮焙烧

与闪速焙烧原理相同，悬浮焙烧是根据流化原理的稀相流化焙烧，其特点是流体中固相含量很低，流化空隙度在 97% 以上或更高，气流速度远远大于颗粒的自由沉降速度，气固接触良好，传热速度快，气固之间的传热系数是

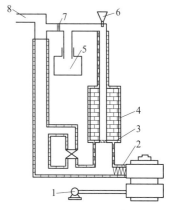

图 2-11　闪速焙烧炉示意图
1—空气风机；2—电炉丝；
3—气体分布板；4—保温层；
5—接料斗；6—加料斗；
7—过滤网；8—尾气烟囱

浓相流化床的 10 倍以上。该悬浮炉的炉体结构简单，炉底无气体分布板，减少了工艺流程中的阻力损失。磁化焙烧温度为 500~600℃，低于竖炉焙烧温度。

东北大学针对铁矿石磁化焙烧提出了"预热-蓄热还原-再氧化"悬浮磁化焙烧新技术，形成了非均质矿石颗粒悬浮态流动控制、蓄热式高效低温还原、铁物相精准调控与余热同步回收等系列技术，建成了 5000t/a 的复杂难选铁矿石悬浮磁化焙烧-高效分选半工业试验平台。

矿石首先在快速流动和氧化气氛下加热，使矿石中的铁矿物（Fe_2O_3、$FeCO_3$、$Fe_2O_3 \cdot nH_2O$）全部氧化为赤铁矿（Fe_2O_3），然后依靠气力输送方式使矿石通过体积较小的还原室，矿石利用自身储蓄热量在还原性气氛下使赤铁矿（Fe_2O_3）还原为磁铁矿（Fe_3O_4），最后进入冷却器，通过控制温度和气氛使磁铁矿（Fe_3O_4）氧化为强磁性 $\gamma\text{-}Fe_2O_3$，该过程释放出大量潜热，回收后可实现热量的高效循环利用。

东北大学利用悬浮焙烧技术对原矿品位为 39.21% 的菱铁矿进行焙烧试验，焙烧矿通过磁选可获得铁精矿品位为 65.04%，回收率为 93.03% 的技术指标，取得较好的焙烧效果。

半工业试验平台先后针对鞍钢东部尾矿、东鞍山铁矿石，酒钢粉矿、尾矿及块矿，海南铁矿及塞拉利昂等国内外难选铁矿资源开展了悬浮磁化焙烧半工业试验，均获得了良好的焙烧效果和分选指标。比较这些矿石现有处理工艺，悬浮焙烧后磁选加反浮选，可在现有工艺基础上使选矿指标得到大幅度提高，精矿铁品位可提高 0.5%~16%，回收率提高 13%~25%。

目前采用"高压辊磨-预先筛分-分级磨矿-悬浮焙烧-再磨-磁选-反浮选"工艺，规模为年处理铁粉矿 660 万吨的工业生产线，在甘肃酒钢集团于 2019 年底一期工程已经正式投产，粉矿工艺系统金属回收率由改造前 65% 提高到 86%，精矿品位由 45% 提高到 55%。

2.8　精 尾 车 间

2.8.1　精矿浓缩与过滤

重精和浮精混合后给入 3 台 ϕ45m 浓缩机浓缩，其底流经渣浆泵给入精矿搅拌桶，由主泵经管道输送到过滤间精矿搅拌桶，再经渣浆泵给入过滤机作业，过滤机滤饼经带式输送机送入精矿仓，过滤精矿槽有效贮量18000t，可贮存 3d，铁精矿采用铁路输出到球团厂。过滤机溢流、滤液给入 ϕ30m 浓缩机浓缩，其底流经渣浆泵返回过滤机，溢流给入环水系统循环使用。过滤工艺流程见图 2-12。

精矿浓缩作业设备技术参数见表 2-37。过滤机、真空泵和空压机设备技术参数见表 2-38~表 2-40。精矿输送作业设备技术参数见表 2-41。

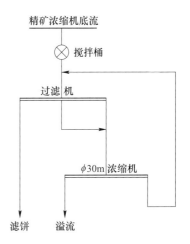

图 2-12　过滤工艺流程图

表 2-37　精矿浓缩作业设备技术参数

作业名称	精矿输送前浓缩	滤液浓缩
设备名称	ϕ45m 浓缩机	ϕ30m 浓缩机
规格型号	NTJ-45A	KBG-30 周边传动浓缩机
设备台数	3	1
沉降面积/m²	1590	707
最大深度/m	5.06	4.34
传动方式	周边传动	周边传动
耙架转速/r·min⁻¹	18.75	12~16
电机型号	Y180L-6	Y160m-4TY
电机转速/r·min⁻¹	970	1480
电机功率/kW	15	11

表 2-38　过滤作业设备技术参数

作业名称	过滤
设备名称	ϕ2700×12 盘式真空过滤机
设备台数	10
过滤面积/m²	120
真空度/MPa	>0.04
卸矿风压/MPa	>0.05
筒体转速/r·min⁻¹	0.33~3
电机型号	1Y m368334A10
电机转速/r·min⁻¹	1480
电机功率/kW	7.5
过滤机利用系数/t·m⁻²·h⁻¹	>0.8
滤饼水分/%	<11

表 2-39 真空泵设备技术参数

规格型号	泵入口直径/mm	泵出口直径/mm	电机功率/kW	电压/V	电机电流/A	真空度/MPa
2BEA-603B-0	400	400	500	6000	30~45	>0.04

表 2-40 空压机设备技术参数

规格型号	额定操作压力/MPa	上限排气压力/MPa	电机功率/kW
LS20S-200HAC	0.8	0.86	150
LS20S-200LAC	0.7	0.76	150
LS32-450LWC	0.7	0.76	338

表 2-41 精矿输送作业设备技术参数

作业名称	设备名称	设备型号	设备台数	额定压力/MPa	电机功率/kW
精矿输送	GEHO. PD	TZPM1600	2	6	931

2.8.2 尾矿处理

2.8.2.1 尾矿浓缩

磁选尾矿（扫中磁尾矿与强磁尾矿混合）经尾矿流槽自流给入 3 台 ϕ53m 浓缩机浓缩，浮选尾矿经尾矿流槽自流给入 2 台 ϕ53m 浓缩机浓缩，ϕ53m 浓缩机溢流给入 ϕ140m 浓缩机，ϕ140m 浓缩机底流经渣浆泵给入尾砂泵站与 ϕ53m 浓缩机底流混合形成最终尾矿，经尾砂泵通过管道输出至尾矿库。尾矿浓缩工艺流程见图 2-13。

ϕ53m 浮选前浓缩作业、ϕ45m 精矿浓缩作业、ϕ80m 强磁前浓缩作业、ϕ53m 尾矿浓缩作业的溢流水，分别给入 ϕ140m 浓缩机进行水质净化，其溢流给入环水泵站，其底流给入尾砂泵站。浓缩机设备技术参数见表 2-42。

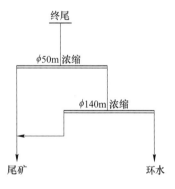

图 2-13 尾矿浓缩工艺流程图

表 2-42 浓缩机设备技术参数

作业名称	浮选前浓缩	精矿浓缩	强磁前浓缩	尾矿浓缩
设备名称	周边传动浓缩机	周边传动浓缩机	中心传动浓缩机	沉箱式中心传动浓缩机
型号及规格	NT-53	NT-45	NT-80	NT-140
设备台数	3	1	3	1
沉降面积/m²	2202	1590	5024	15394
深度/m	8.05（最深处）	5.06（最深处）	3.0（周边深度）	3.0（周边深度）
耙架转速/r·min⁻¹	21.41	14	27	47.62
电机型号	Y1801-6	Y160L-6	600	3-Ls132s

电机转速/r·min⁻¹	980	970	1500	1420
驱动电机功率/kW	15	11	5.5	5.5
底流浓度/%	40~55	55~65	25~45	30~35

浓缩机溢流环水也有采用专门的澄清池进行净化的，如鞍山某选矿厂净化系统有1台ϕ21.8m机械加速澄清池，4台ϕ28m水力循环澄清池，3台ϕ25m和1台ϕ29m倾斜板机械加速澄清池。浓缩机溢流给入净化澄清池后，加入赤铁盐净化剂处理后，底流进入尾矿，溢流作为环水循环使用。水处理工艺流程见图2-14。水净化技术指标见表2-43。

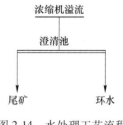

图2-14　水处理工艺流程

表2-43　水净化工艺指标

作业名称	ϕ21.8m 机械加速澄清池	ϕ28m 水力循环澄清池	ϕ25m 机械加速澄清池	ϕ29m 机械加速澄清池
处理量/m³·h⁻¹	1200~1500	500	1700	2300
原水 SS 浓度/mg·L⁻¹	8000	<8000	<5600	<5600
净化药剂使用浓度/%	30	30	100	100
加药量/t·d⁻¹	2~3	1	2~3	3~4
净化水 SS 浓度/mg·L⁻¹	<100	<100	<100	<100

注：SS 为固体悬浮物。

2.8.2.2　尾矿处理

合理处理尾矿有利于环境保护和资源高效利用。根据选矿方法的不同，更主要的是尾矿性质的差异。对尾矿处理也就有着不同的方法。对尾矿资源的综合利用可以概括为下列几种途径。

（1）有用组分回收。采用先进技术和合理工艺对尾矿进行再选，最大限度地回收尾矿中的有用组分，这样可以进一步减少尾矿数量。未来选矿厂可向无尾矿方向发展。

（2）充填地采废坑道。尾矿用作矿山地下开采采空区的充填料，即水砂充填料或胶结充填的集料。尾矿作为采空区的充填料使用，最理想的充填工艺是全尾矿充填工艺，但目前仍处于试验研究阶段。在生产上采用的都是利用尾矿中的粗粒部分作为采空区的充填料。选矿厂的尾矿排出后送尾矿制备工段进行分级，把粗砂部分送井下采空区，而细粒部分进入尾矿库堆存。这种尾矿处理方法在国内外均已得到应用。

（3）综合利用。用尾矿作为建筑材料的原料，如制作水泥、硅酸盐尾砂砖、瓦、加气混凝土、铸石、耐火材料、玻璃、陶粒、混凝土集料、微晶玻璃、熔渣花砖、泡沫玻璃和泡沫材料等，或用尾砂修筑公路、路面材料、防滑材料、海岸造田等。

（4）专门场地贮存，尾矿库。把尾矿堆存在专门修筑的尾矿库内，这是多数选矿厂目前最广泛采用的尾矿处理方法。

尾矿库采用人工筑坝拦截谷口或围地建成，由输送系统、尾矿坝、库区堆存系统、回水及排洪设施组成。尾矿库坝体有上游筑坝法、下游筑坝法和中线筑坝法三种。其中下游筑坝方式最稳固，缺点是消耗材料多，起坝慢。

尾矿库安全是最重要的，设计要符合《尾矿设施设计规范》，平时做好监测与管理，符合《尾矿库安全监督管理规定》。为了加强对尾矿库的管理，我国以立法的形式特别强调了对尾矿设施的安全监督。在《中华人民共和国矿山安全法》中规定，矿山企业对尾矿库可能引起的危害应当采取预防措施。并明确，国务院劳动行政主管部门对全国矿山安全工作实施统一监督。县级以上各级人民政府劳动行政主管部门对本行政区域内的矿山安全工作实施统一监督。达到使用期限后要闭库并恢复自然景观，严格按《尾矿库闭库安全规程》执行。

尾矿综合利用有利于保障资源的可持续利用，减轻环境污染的压力。是落实科学发展观，实施节约资源基本国策，发展循环经济，提高资源利用效率，保护生态环境，建设资源节约型、环境友好型社会，实现可持续发展的重要措施，必须从战略和全局高度充分认识开展资源综合利用的重大意义。

尾矿可利用的价值主要体现在如下几个方面，一是主体矿物在尾矿中尚有可观的存储，在以前的粗放型采选过程中浪费了很多有用的矿石；二是伴生矿物存量大，价值高，天然矿石基本上都是多种矿物共生、伴生在一起的；另外，尾矿中脉石矿物的价值也不可低估，由于选冶技术的提高，现在尾矿已具有较高的开发利用价值。鞍山地区铁尾矿资源量巨大，尾矿利用尚处于刚刚起步状态，仅有少量再选回收铁矿物、制作建筑材料、生产硅酸盐水泥等方面的利用，更多关于尾矿的开发利用请参阅相关文献。

2.9 设备检修

选矿厂设备检修是保障生产的重要过程，一般分为大修、小修、局部修理三种形式，按时间分为日常检修、月度和年度计划检修。有严格各项验收原则、内容、程序和评价标准。

操作人员应做到"五懂四会"，即：懂构造、懂原理、懂性能、懂用途、懂防护措施；会使用、会保养、会检查、会排除故障，严格按照设备的维护、使用、保养规程，坚持早加油、检查，晚清扫、周末大清扫的日常保养制度，精心操作设备，确保设备达到清洁、润滑、安全的良好状态。

维修人员应做到"三懂四会"，即：懂保养技术要求、懂质量技术标准、懂验收规程；会拆检、会装修、会调试、会鉴定，并掌握必要的技术知识及有关设备管理制度。

设备润滑工作必须按设备换油周期组织定期换油，实行"五定"，即：定期、定点、定质、定量、定人。操作人员要积极配合维修人员严格按照润滑图表认真准确地给设备润滑点补加和更换润滑油脂，使用的油脂必须符合设备说明书的要求。

电气设备要按照规定进行定期预防性试验。对所有各类仪器、仪表、安全信号、继电保护等装置，要定期进行校验，清除隐患，确保安全。

设备通用检修作业规程：

（1）设备检修前准备工作。

1）根据计划检修内容，首先要落实备品备件的库存情况，列出清单详细记录，以此来确定是否具备检修条件。

2）做好检修过程中的风险判断，包括所需修复零部件、修复的难易程度，计划工作能否按时完成，作业环境的不安全因素，过程中的不可控因素。如零部件的破坏性损坏造成相关联的轴、孔、配合面的损坏、磨损、中心、水平产生位移等，有可能带来的检修难度和工作量的增加，通过讨论、分析，最后确定可行性检修方案和预案。

3）工具准备，工具是检修工作质量的有效保证之一。工具的落实至关重要，首先列出所需的工具清单，照单逐一落实到位，另外，对检修中所需的吊索具安全可靠性进行确认，检修前还要对起重设备进行安全性能的确认。

（2）检修流程与过程的控制。

检修工作人员到达现场后，生产值班作业长下达停机指令，有专人按标准化步骤、程序停机，拉电闸断电，确认无误后，挂停机检修警示牌。

1）检修工作正式开始，首先拆解设备安全防护设施，再按步骤拆卸紧固螺栓，吊出所有需要离线的零部件，清洗检查零部件，测量检查磨损、损坏情况。根据检查结果，确定零部件是修复还是需要更换，过程中要对相关联的轴、孔、配合面、中心、水平等的磨损、位移情况给予复检复测。

2）现场制定最佳检修方案，方案制定后，按步骤进行修复、更换、装配、最后开始回装各部件，所有工作完成后，再将所有安全防护装置回装到位，检修初步完成。

3）检修工作完成后，要对作业现场进行清理，将更换下线的零部件、废旧材料进行分类、处理，清洁卫生。

（3）试运行、验收、完工。

1）通知相关人员到设备检修现场，对所检修的设备做试运行准备工作，到场人员有生产作业长、设备责任员、生产（当班）作业长、相关设备检修人员、生产（当班）操作人员、电工。试运行前要对现场安全进行确认，无误后，摘检修警示牌，联系送电，试运行、准备启动（试运行时要先空载后复合）。试运行结果经生产作业长、生产员工、保障作业区作业长、生产操作班长作出结论，是否达到预期效果和检修要求，完全达标后交生产使用。

2）检修未达预期效果（未消除振动、噪声异响、油水泄漏、运动或转动部位的温度未改观），返修中一定要查明原因，是人为原因造成的检修质量问题还是过程中对各部件尺寸的校核出现了偏差，是备件质量问题还是润滑油脂的问题，一定要从根本上查清问题、解决问题，实现真正检修目的。

3）最后做好检测记录，写工作总结，内容要详细记录检修过程中的每一个环节，尤其是出现返修的检修项目，更要详细记录，返修中是如何查明原因、如何处理的全过程要记录得清楚。典型的返修项目可在技能培训课程中作为案例，对提高职工作业技能会有很大帮助。

选矿厂各个岗位、各种设备都有各自的详细检修规程，在实习中注意收集学习，本书不一一具体引用。

2.10 生 产 报 表

选矿厂生产报表是选矿厂管理的重要依据，即时反映生产状态。生产统计报表及时、准确、完整地报送，让管理层对工作了如指掌，及时发现问题，及时作出决策，保证管理与生产工作顺利进行。通过这些报表，可以了解生产计划的执行情况、生产进度、材料供应、计划执行情况、机械设备的运行状况，及时掌握生产动态和异常情况等。及时发现工作中存在的困难和问题，了解、研究和解决这些困难或问题，最大限度地减少可能造成的损失。

生产报表有多种，主要有岗位生产记录、生产指标报表、产品产量报表、技术经济报表、主要材料消耗报表、设备运行情况报表、原矿收耗存平衡表、产品产销存平衡表等。如主要技术经济指标月报表，见表2-44，主要材料消耗月报表，见表2-45。

表 2-44 主要技术经济指标月报表

序号	指标名称	单位	计划指标	月度实际指标	年度累计指标
1	原矿品位	%	26.59	26.61	26.50
2	精矿品位	%	67.5	67.14	67.31
3	尾矿品位	%	10.7	10.89	11.07
4	实际金属收率	%	75.53	76.29	75.55
5	理论金属收率	%	71.02	70.51	69.75
6	实际选矿比	倍	3.361	3.308	3.362
7	理论选矿比	倍	3.308	3.578	3.640
8	球磨机利用系数	$t/(h \cdot m^3)$	2.6	2.621	2.663
9	球磨机台时效率	t/h	46	46.39	47.13
10	球磨机作业率	%	49.82	55.38	57.45
11	一次溢流粒度	%	62.00	60.00	59.70
12	一次粒度合格率	%	80.00	80.82	81.75
13	精品一级品率	%	82.00	82.26	82.28
14	精品合格率	%	95.00	94.76	93.85
15	原矿亚铁含量	%	—	8.14	7.73

表 2-45 主要材料消耗月报表

指标名称	单位	指标计划值	实际指标值
一、主要材料消耗			
1. 钢球单耗	kg/t	1.461	1.489
其中：一次钢球	kg/t	0.700	0.714
二次钢球	kg/t	0.761	0.775
2. 衬板单耗	kg/t	1.354	0.404
3. 托辊单耗	kg/t	0.000×10^{-4}	0.000×10^{-4}

指标名称	单位	指标计划值	实际指标值
4. 运输带单耗	m^2/t	102.035×10^{-4}	123.462×10^{-4}
5. 过滤布单耗	m^2/t	70.785×10^{-4}	89.601×10^{-4}
6. 药剂单耗	kg/t	1.552	1.397
其中：液碱	kg/t	1.121	0.916
氧化钙	kg/t	0.219	0.180
淀粉	kg/t	0.092	0.172
捕收剂	kg/t	0.120	0.129
二、能源消耗			
7. 动力煤	kg/t	1.190	2.38
8. 电力单耗	kW·h/t	48.14	48.83
9. 水单耗	m^3/t	0.804	0.754
其中：新水单耗	m^3/t	0.197	0.191
环水单耗	m^3/t	0.607	0.563
10. 柴油	kg/t	0.003	0.001
三、综合单位能耗（标准煤）	kg/t	6.98	7.79

3 岗 位 实 习

学习内容：

（1）车间组成及在工艺过程中的作用。掌握车间在工艺中的作用，与其他车间的工序连接方式，车间机组构成，车间布置形式。

（2）处理工艺及流程。掌握局部工艺流程及其特点，详细工艺参数，局部工艺的基本原理，各阶段作业作用和产物性质，目前存在问题与改进途径。

（3）掌握各处理阶段的设备规格、型号、构造、性能，工作原理，调节因素，日常维护与常见故障的判断分析及其排除方法，岗位操作规程。

（4）熟悉日常维护与管理工作等。工作制度、日常工作程序、巡检内容与过程、信息的采集与处理，卫生与安全等。

3.1 破碎与筛分

破碎与筛分是选矿厂独立车间，学习内容较多，因此在破碎与筛分岗位实习的学习内容中加入了车间工艺与设备的详细说明。

学习内容：

（1）处理工艺及流程。掌握破碎与筛分流程，各段作业作用，原料及产品的粒度组成。对比理论学习中的破碎与筛分流程分析其特点。掌握目前存在问题与改进途径。

（2）岗位工作。掌握破碎与筛分基本原理，各处理阶段的设备规格、型号、性能、工艺参数，操作规程、日常维护与管理工作等。如信息的采集与处理，设备作业率、完好率，产品达标率，能耗或物耗指标，故障及其排除方法，运行记录与报表，经济技术指标，卫生与安全等。

破碎岗位掌握破碎的工艺原理，破碎车间的结构，设备配置方式。设备结构、工作原理、调节因素，如给矿口、排口矿、处理量，各段破碎比、产品特性。

熟悉岗位工作内容与程序，主要设备与辅助设备的台数、位置、作用。操作规程与方法，如开停车顺序，给料监控，产品监控，日常检查与维护工作的内容与方法等。

筛分岗位掌握筛分设备的布置，设备构造，工艺原理及工作过程。了解其对后续处理单元的影响、日常维护与管理工作等。如工艺参数控制，分析检测与记录，卫生与安全等。了解运行管理中的常见问题，及对异常问题的分析与排除方法。

（3）破碎与筛分设备和设施，包括矿仓形式，容量，供料时间，给矿口形式，给矿设备性能，工作参数，影响因素；带式输送机流程，设备参数，工作原理，给矿量的测定方法，事故原因及处理方法；设备规格型号，性能，工作原理，构造，操作规程、技术要求，影响因素，在流程中的作用，日常检修项目，事故原因与处理。

（4）影响破碎与筛分的因素。

1）影响破碎作业的因素：给矿量、原矿性质（硬度、脆性、含水率等）、给矿粒度、排矿口大小、动锥与定锥压力、作业率（检修效率）、衬板磨损程度、筛分效率、循环负荷等。

2）影响筛分作业的因素：入筛产品的粒度特性、给矿量、原矿含水率、筛孔尺寸、筛板材质、筛孔形状、筛分机面积、层数、倾角、振幅与振频、布料厚度与均匀性等。

3.1.1 破碎车间工艺

通钢某选矿厂破碎流程见图 3-1，破碎系统设备联系图见图 3-2。采场原矿通过火车运到选矿厂，经原矿受矿仓送入 PXZ1200/170 旋回破碎机，粗破碎产品为 0~300mm 矿石，经 1 台 1.7m×2.7m 板式给矿机，给入 1 号胶带机，经 2 号胶带机、3 号胶带机给入中碎上部矿仓，矿仓排矿通过移动胶带机给入 1 台美卓 GP300S 圆锥破碎机进行中碎，中碎后 0~60mm 产品通过 6 号胶带机运往筛分间进行筛分，筛子为 2 台 2YA2460 圆振筛。筛上产品通过 4 号胶带机返回中细碎间给到 1 号干选机（$B = 1600mm$）进行大粒度干选，干选矿石通过溜槽进入细碎矿仓，矿仓排矿通过移动胶带机给入 1 台美卓 HP500 圆锥破碎机进行细

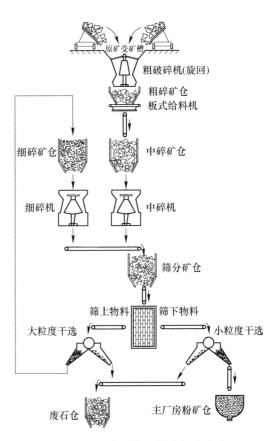

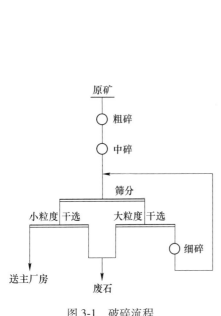

图 3-1 破碎流程　　　　　　　　　图 3-2 破碎系统设备形象联系图

碎，细碎产品同中碎产品经 6 号胶带机一起运往筛分间。筛下产品通过 2 号干选机（$B=$1400mm）进行小粒度干选，干选选出 0~12mm 矿石通过 9 号胶带机运往磨矿仓。大粒度干选废石和小粒度干选废石经 5 号胶带机、8 号胶带机给到废 1 号胶带机上，再通过废 2 号胶带机运往火车装车矿槽，用火车运出。

混合型铁矿石某选矿厂破碎过程为：采场粗破后，经皮带送入选矿厂 ϕ24m 原矿仓，矿仓矿石经新 2 号胶带机进入中破矿仓，通过中破给矿皮带机给入 2 台中破碎机。中破排矿经 3 号、4 号皮带机进入筛分矿仓，通过振动筛给矿皮带机给入 6 台振动筛。筛上产品经新 5 号、6 号皮带机进细破矿仓，通过细破给矿皮带机送至 3 台细破碎机。其排矿与中破排矿合并送筛分矿仓构成闭路。筛下产品经新 7 号、8 号、9 号、10 号胶带机送至磨矿仓。

混合型铁矿石某选矿厂，粗破碎设在采场，经粗破机破碎的自产矿石（粗破产品粒度 0~300mm）经过带式输送机送到 ϕ24m 圆筒矿仓，亦可经新 1 号移动皮带机卸入新建 ϕ24m 原矿仓。矿仓有效贮矿量 1 万吨，贮矿时间 4h。原矿经带式给料机给入中破机，中破产品给入振动筛筛分，筛上产品经带式输送机送细碎矿仓，经带式输送机给入细破机，细破产品给入振动筛筛分，筛上产品经带式输送机送细碎矿仓，细破筛下产品与中破筛下产品合并经带式输送机给入磨磁车间粉矿仓，破碎最终产品粒度 0~12mm 占 90% 以上。

3.1.2 破碎设备

碎矿设备是选矿工业生产中破碎矿石工序不可缺少的设备，同时也是其他工业部门破碎岩石、原料和其他物料所必需的设备。

3.1.2.1 碎矿机种类

（1）颚式碎矿机。其工作部分由固定颚和可动颚组成。当可动颚周期性地靠近固定颚时，则借压碎作用将落入其间的矿石破碎，适用于给料粒度中等，处理规模较小的中小型选矿厂。

（2）旋回碎矿机和圆锥碎矿机。其破碎部件是由两个几乎成同心的圆锥体——不动的外圆锥和可动的内圆锥组成。内圆锥以一定的偏心半径绕外圆锥中心线作偏心运动，矿石在两锥体之间受压碎和折断作用而破碎。其中旋回破碎机适用于给料粒度大，处理规模大的大型选矿厂，标准型和短头型圆锥破碎机用于中细碎。

（3）冲击式碎矿机。锤式碎矿机和反击式碎矿机，利用机器上高速旋转的锤子的冲击作用和矿石自身以高速向固定不动的衬板上冲击而使矿石破碎。适用于脆性较好的物料。

（4）辊式碎矿机。矿石在两个平行且相向转动的圆柱形辊子中受压碎（光辊）或受压碎和劈碎作用（齿辊）而破碎。如果两个辊子的转数不同，还有磨碎作用。其中高压辊磨机为典型代表，作为细碎设备，排矿粒度和产物磨矿特性等技术指标较为先进，对磨矿作业提高处理量有利，但投资高，管理相对复杂。

破碎车间粗、中、细三段破碎机的处理能力必须相当（考虑作业率匹配），破碎比分配合理。一般情况下，粗、中、细机台数比例为 1:2:4 或 1:3:6；破碎比范围是：第一段 3~5；第二段 4~8；第三段 4~15。

3.1.2.2 影响破碎机台时能力的因素

（1）破碎机动锥、定锥衬板磨损的不同阶段，对破碎机台时有一定影响，一般来说，前期台时处理量较后期小。

（2）破碎机排矿产品粒度大，则台时处理量大；排矿产品粒度小，则台时处理量相对就小。与设备最小排矿口有关，详见第四章设备考查。

（3）破碎机输出功率大，动锥转数高则台时处理量大，反之则小。

（4）破碎机所处理的矿石硬度大、含泥量大时，台时能力小；处理的矿石硬度小、含泥量小，台时处理量大。

（5）破碎机给矿粒度大，含粉量少，则台时处理量小，反之则大。

（6）对于要求挤满给矿的破碎机，给料桶矿柱高度合适有利于发挥最佳处理效果。

通钢某选矿厂设备见表3-1，鞍山某选矿厂破碎与筛分技术参数见表3-2、表3-3。实习时根据现场实际进行统计。

表 3-1　通钢某选矿厂破碎与筛分车间设备

序号	设备名称规格及型号	单位	数量	质量/t		容量/kW		备注
				单重	总重	单容	总容	
一、原矿受矿槽								
1	1200mm×2700mm 重型板式给矿机	台	1		16		45	
2	手拉葫芦 $Q=5t$		1		0.1			
3	手拉葫芦 $Q=2t$	台	1		0.04			
4	手动单轨行车 $Q=5t$	台	2	0.11	0.22			
5	手动单轨行车 $Q=2t$	台	2	0.05	0.1			
6	平板车	台	1					现场制作
二、No.1 转运站								
1	电动葫芦 $Q=5t$	台	1		0.5		8.3	
三、No.2 转运站								
1	电动葫芦 $Q=1t$	台	1				1.7	
2	No.1 胶带机 $B=1200mm$	台	1				75	
四、No.3 转运站								
1	电动葫芦 $Q=3t$	台	1				4.9	
2	No.2 胶带机 $B=1200mm$	台	1				55	
五、中细破碎车间								
1	No.3 胶带机 $B=1200mm$	台	1				22	
2	No.4 胶带机 $B=1200mm$	台	1				110	
3	1号干选胶带机 $B=1600mm$		1				22	
4	移动胶带机1 $B=1400mm$	台	1		5.20		25	变频调速
5	移动胶带机2 $B=1400mm$	台	1		5.20		25	变频调速
6	GP300S 圆锥破碎机	台	1		19.42		250	6000V
7	HP500 圆锥破碎机	台	1		33.15		400	6000V
8	QD16/3.2t 电动双梁桥式起重机	台	1		19.2		55.6	$L_k=10.5m$ $H=11.0m$

续表 3-1

序号	设备名称规格及型号	单位	数量	质量/t		容量/kW		备注
				单重	总重	单容	总容	
五、中细破碎车间								
9	$Q=3t$ 电动葫芦 $H=24m$	台	1	0.41		8.3		
10	铁器 $B=1200mm$	台	3					配套检铁器
11	No. 5 胶带机 $B=650mm$	台	1			7.5		
六、筛分车间								
1	No. 6 胶带机 $B=1200mm$	台	1			132		
2	电动分料器	台	1		6.0	0.75	1.5	
3	No. 7 胶带机 $B=1200mm$	台	2	2.5	5.0	22	44	
4	2YAF2160 振动筛	台	2	11.2	22.4	22	44	
5	2 号小粒度干选机	台	1		22		18.5	$L_k=9m$
6	10t 电动单梁起重机	台	1		2.88		16.2	$H=16m$
7	电动葫芦 $Q=5t$	台	1		0.7		8.3	
8	No. 8 胶带机（6550）	台	1				7.5	

表 3-2 鞍山某选矿厂破碎设备技术参数

作业名称	粗破作业	中破作业	东细破作业	西细破作业
设备名称	旋回破碎机	圆锥破碎机	圆锥破碎机	圆锥破碎机
型号及规格	PX1350/180	H8800	HP800	H8800
设备台数	1	2	5	1
给料口尺寸/mm	1350	360	150	150
最大给矿粒度/mm	1000	350	110	110
偏心套转速/r·min⁻¹	110	230	310	230
动锥高度/mm	2855	3480	1565	3480
动锥底部直径/mm	2130	2016	1836	2016
排矿口范围/mm	180~210	50~60	15~30	15~30
台时处理量/t·h⁻¹	1300~1600	1500~1650	550~600	800~1200
最大排矿粒度/mm	350	100	55	55
电机型号	RQ1510-10	HGF450C	YKK5002-6	HGF450C
电机功率/kW	400	600	630	600
电机转速/r·min⁻¹	590	990	1000	1000
总质量/t	264	66.5	64.1	66.5

表 3-3 鞍山某选矿厂筛分设备技术参数

作业名称	中破筛分作业	东细破筛分作业	西细破筛分作业
设备名称	自动中心振动筛	泰勒单层振动筛	圆振动筛
型号及规格	SZZ1500×4000	TY820RS	YAg2148-AT
设备台数	5	5	2
筛孔尺寸/mm×mm	10×40	10×30	10×30
给矿粒级/mm	150—0	55—0	55—0
筛倾角/(°)	23~28	20	20
振幅/mm	7~8	9~10	7~8
筛分效率/%	>80	>80	>80
台时能力/t·h^{-1}	200~350	400~420	450~500
电机型号	JQ-63-4	Y-200-L-4	Y180 m-4
电机功率/kW	14	30	18.5
电机转速/r·min^{-1}	1460	1470	1470

原矿经过破碎筛分后,筛下产物 0~12mm 粉矿由破碎车间的带式输送机运至主厂房 04 号 ($B=1200$mm)带式输送机上。04 号带式输送机上设有双滚筒卸料机一台,将破碎运来的粉矿卸入"高架式矩形抛物线型"储矿仓,即 U 形矿槽。储矿仓底部设有 ϕ1600mm 圆盘给矿机 61 台,粉矿经过 ϕ1600mm 圆盘给矿机落到 $B=6500$mm 皮带机上,送入磨选车间一次球磨机内。

3.1.2.3 高压辊磨机

20 世纪 80 年代后期高压辊磨机(HPGR)被引入中国,发展到现在,高压辊磨技术应用领域也已经从当初的水泥行业扩展至有色金属选矿行业、黑色金属选矿行业、贵金属选矿行业等众多领域中。

高压辊磨机从过去传统的粉碎工艺技术发展而来,是基于层压粉碎原理(也称料层粉碎或粉团粉碎)开发的细碎设备,即大量颗粒聚集在一起,在高压下相互接触所形成的群体粉碎,因此也叫静压粉碎。

通过辊子等速相向旋转运动,对物料进行充分挤压,其破碎腔有限的空间内,大量物料颗粒受到高压的空间约束而积聚在一起,各个物料之间进行相互碰撞、挤压,物料之间的间隙随着压力值不断扩大而逐步减小,强度值达到一定程度之后,能够将物料充分粉碎。

层压粉碎破碎过程中,矿石颗粒在不断增加的外力作用下,内部产生大量裂纹,在裂纹附近发生应力集中,聚集势能,并在作用力超过极限时发生粉碎。与传统粉碎方式相比,高压辊磨机工作中产生的摩擦热、颗粒飞溅动能、声波、冲击振动波等能量形式较少,因此能量利用率高,节能效果显著。

高压辊磨工艺特点:

(1)破碎比高,粉碎产品粒度细;高压辊磨机的给料粒度一般为 20~60mm,排料粒度可小至 3mm。

(2)裂隙发达、可磨度变得更好。有研究表明,高压辊磨超细碎钒钛磁铁矿的 Bond

球磨功指数（目标粒度0.074mm）为24.77kW·h/t，较颚式破碎产品的21.29kW·h/t降低14.05%，可磨度提高显著。鞍山式铁矿石经高压辊磨粉碎的Bond球磨功指数（目标粒度0.074mm）为12.94kW·h/t，比颚式破碎机粉碎的Bond球磨功指数15.56kW·h/t降低了16.84%，后续磨矿选别作业节能效果明显。

（3）矿物沿解理面破碎比例高，对后续浮选、浸出等工艺有利。但也要注意，矿物颗粒具有较丰富的裂隙，因裂隙中空气改善其可浮性，在浮选工艺中矿物的抑制难度会增加。

（4）适用于自磨流程的顽石破碎，自磨机无需补充钢球处理顽石，辊磨机产品返回自磨机不再产生循环顽石，提高了系统的安全性、稳定性。

（5）环境友好。高压辊磨机工作时振动小、噪声小，物料飞溅、扬尘少。

A 高压辊磨机结构与工作过程

高压辊磨机整体结构包含两个呈水平状态且同步旋转的挤压辊装置、液压系统、给料筒、控制系统组成，结构与工作原理见图3-3、图3-4。

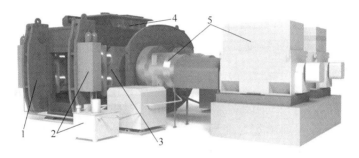

图3-3 高压辊磨机

1—机架；2—液压系统；3—棍子与轴承；4—给料口（上接给料桶）；5—驱动系统

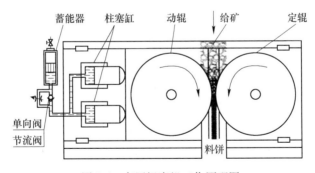

图3-4 高压辊磨机工作原理图

挤压辊一个是固定辊，一个是活动辊（连接液压系统），辊面装配耐磨板（耐磨柱钉点阵辊面），见图3-5。液压系统会为液压缸提供压力，在运行过程中会对辊起到推动作用，使活动辊前后小幅度地进行移动。辊与轴承部分共同组成了两套挤压辊装置，经过导向装置的作用同时被安装于框架结构组成的机架上，每一个挤压辊都具备独立性的传动装置。在传动系统中包含电机、万向联轴器、液力耦合器、安全离合器、行星齿轮减速器。

高压辊通过液压缸进行施压，施压过程中两个辊子作慢速的相对运动，辊子之间又给料桶以挤满给料方式连续喂入并通过双辊间的间隙，在辊间高压作用力下矿石能够被挤压

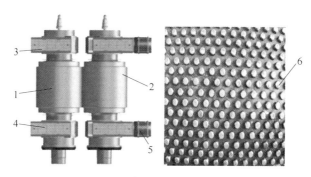

图 3-5　高压辊磨机及轨面

1—固定辊；2—活动辊；3—游动侧轴承座；4—固定侧轴承座；5—保护罩；6—轨面耐磨钉

破碎成密实的饼状料块。与常用的辊式破碎机相比，高压辊磨机转速较低，挤压力恒定，矿石在辊子间没有撞击和相对辊面滑动。

　　B　高压辊磨工艺参数

　　高压辊磨常用工艺见图 3-6。给矿为中碎产品或较粗的细碎产品。高压辊磨机工艺参数主要有设备参数与工艺操作参数。

　　设备参数主要有：

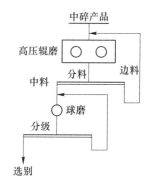

图 3-6　高压辊磨常用工艺

　　（1）高压辊磨机的辊径与宽度。高压辊磨机的辊面宽度与辊径之比叫宽径比，辊面越宽处理量越大，辊径对处理量影响不明显，随着辊径的增大，啮合角降低，线速度上升。较大的宽径比还有利于减少边缘效应影响。高压辊磨机工作时，辊面对物料产生的压力分布为辊中间大，两边小，会造成辊端两侧的物料粉碎不充分，以及边缘效应。一般通过边料循环返回解决。

　　（2）高压辊磨机的辊面形式及使用时间。辊磨机的辊面有表面堆焊耐磨材料、装配耐磨钉点阵、六边硬质合金等形式。其中耐磨钉点阵使用寿命较长，约 1 年。

　　（3）高压辊线速度与辊间隙。高压辊磨机的处理量，在功率一定时与辊面宽度、辊间隙宽度和线速度成正比。但辊面速度大，设备振动就会较大，影响设备寿命，一般都采用较小的辊速，线速度在 1.5m/s 左右。

　　（4）电机功率。轨面直径大，辊面宽，辊间隙大，则需要较大功率。

　　（5）辊间压力。辊间压力是矿石破碎的动力，功率一定时，辊间压力与辊面线速度成反比，线速度越小，辊面压力越大。压力越大破碎效率越高，处理量越高，但压力过大，不仅对机械强度要求高，而且要注意过粉碎问题。

　　高压辊磨机操作影响因素：

　　（1）高压辊磨机的作业率。高压辊磨机设备复杂，检修费时，因此作业率较低，与旋回破碎机相当。随着设备的不断完善，使用经验的不断积累，作业率也会逐渐提高。

　　（2）高压辊磨机的边料返回量以及新给料量。由于接近两个辊子端面的两个小区域内挤满程度稍差，矿粒所受挤压力小于压辊中间的大部分空间，会造成高压辊磨排矿在辊端附近粒度稍粗的现象。可设置挡板把靠近辊端的产品隔开并送回高压辊磨，这一手段通常称作边料返回。

（3）高压辊磨机的给料粒度。高压辊磨机所能接受的最大给矿粒度和压辊直径、压辊转速、给矿矿相组成和水分等多方面的因素有关。原则上讲，给矿粒度不宜大于30mm，也有研究表明，给矿粒度上限达到60mm左右时选用较大直径的压辊（1.5m以上），仍可达到较好的工艺指标。此后粒度上限继续增加，高压辊磨的优势就会慢慢失去，同时，在处理能力、产品细度甚至辊胎寿命等方面均会程度不同地出现问题。确保给料的密实度，是层压破碎的条件之一，因此在较粗的破碎颗粒的区段内，高压辊磨机的给料应采用全粒级给料。

（4）给料的料柱压力。高压辊磨机给料应具有一定的料压，以保证物料稳定连续地给入辊间，形成较密实的料层，进而更好地实现层压破碎。一般需要3~5m高的给料桶。

（5）产品粒度要求。高压辊磨工艺具有破碎产品细粒级含量高的显著优势，这是常规破碎设备所远远不能比拟的。在某些条件下，高压辊磨甚至可以取代一段球磨。目前设计排矿粒度0~6mm的较常见，也有少数0~4mm的。一般尽可能地使产品粒度更细，以便在磨矿前更好地预先抛尾，及减少磨矿消耗。

注意事项：

由于压饼较为致密，尽量不要把高压辊磨机的产品送入矿仓储矿，这样容易造成矿仓的堵塞，影响生产顺行。如果一定要储矿，则矿仓的结构形式要注意采用大角度、大开口。

现场实例1：重钢西昌矿业有限公司钒钛磁铁矿选矿厂。矿石普式硬度14~17，采用GM170/150型高压辊磨机作为破碎工艺细碎设备，处理中碎8~30mm产品，台时处理量900~1400t/h，高压辊磨产品-6mm粒级含量达到70%以上。选矿厂原3050mm×6400mm球磨机台时能力280t/h，每吨原矿磨矿电耗为17kW·h，钢耗为0.36kg，高压辊磨机投入工作后，磨机台时能力提高到400t/h左右，产能提高42.9%。吨原矿电耗降为13.5kW·h，钢耗降为0.3kg，节省电耗20%左右，降低钢耗15%左右。不同粉碎方式下2~3.2mm钒钛磁铁矿石微观裂纹结构对比见图3-7。

图3-7 不同粉碎方式下2~3.2mm钒钛磁铁矿石微观结构

a，b，c—颚式破碎机粉碎产品；d，e，f—高压辊磨机粉碎产品

（1）—应力裂纹；（2）—晶内裂纹；（3）—解理裂纹

现场实例 2：罕王矿业的毛工铁矿是采用高压辊磨机较早的选矿厂之一。抚顺罕王毛公铁矿厂的破碎工艺采用粗碎、中碎两段一闭路流程，破碎产品粒度为 0~30mm，破碎产品采用高压辊磨细碎，湿筛湿式预磁选可及时抛除大量废石，减少入磨矿量，降低入磨粒度，实现低成本处理铁矿石的目的。

3.1.3 带式输送机基础知识

3.1.3.1 带式输送机的构造

带式输送机构造如图 3-8 所示，带式输送机由一条皮带 1 绕着传动筒 2 和尾部滚向筒 3 所构成，在上述两滚筒附近装有为增大皮带包围滚筒包角的增面滚筒 4（又称增面轮），皮带由上部托辊 5 和下部托辊 6 承托着，安装在机架 7 上，皮带的张力，可通过拉紧装置 8 来调整，另外还设有装载装置 9 和卸矿装置 10。

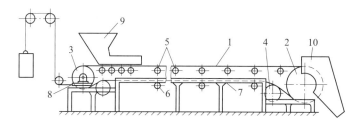

图 3-8　带式输送机构造简图

1—皮带；2—动力传动滚筒（首轮）；3—从动尾部滚筒（尾轮）；4—增面滚筒；5—上托辊；

6—下托辊；7—机架；8—拉紧装置（连接重锤）；9—装载装置与栏板；10—卸载装置

根据作用的不同，带式输送机的构造又可按如下几个部分来划分：

（1）驱动装置。包括电动机、减速机、高低速轴联轴器和传动滚筒。

（2）胶带。用来承载和运输物料。

（3）机架。包括承载槽型托辊和空载平行托辊。

（4）改向滚筒。包括尾轮、增面轮。

（5）拉紧装置。拉紧装置是用来增加皮带的张力，使皮带与传动滚筒之间有足够大的摩擦力，并减小托辊之间的皮带垂度（即由于载荷和皮带自重而下垂的高度），以保证带式输送机正常平稳地运行。常用的拉紧装置有螺杆、重锤、弹簧拉紧三种形式。

1）螺杆式拉紧装置，如图 3-9 所示。它安装在皮带尾部，并与尾部滚筒连成一体。螺杆旋转时，滑块即带动尾轮滚筒轴沿纵向移动，因此改变了尾部滚筒和传动滚筒之间的距离；当距离增大时，即起到拉紧作用。拉紧装置的行程有 500mm 和 800mm 两种。螺杆拉紧装置一般用于运输量较小、运输距离较短的带式输送机。当皮带较长时，常与垂直式拉紧装置联合作用。它的优点是构造简单紧凑，占用空间小，缺点是不能自动调节，拉紧作用不强。

2）重锤拉紧。有车式重锤和皮带垂直重锤两种拉紧方式。车式重锤拉紧装置如图 3-10 所示。带式输送机的尾部滚筒安装在一个小车上，小车被用钢丝绳悬挂着的重物拉紧。小车的轮子可在皮带机的机架上沿纵向滚动。车式拉紧装置适用于运输长度较大（一般在 100~500m 范围内）载荷量较高的情况。它的优点是结构简单，拉紧作用好，能自动调节；缺点是要占用皮带机尾部较大的空间。

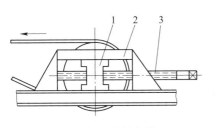

图 3-9　螺杆式拉紧装置

1—滑块；2—机架；3—螺杆

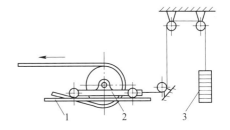

图 3-10　车式重锤拉紧装置

1—机架；2—尾轮移动小车；3—重锤

3）皮带垂直重锤拉紧装置。简称重锤式拉紧安装，图 3-11 所示。拉紧滚筒转轴两端的轴承固定在滑架上，而滑架可沿垂直的导向支柱滑动。由悬挂在滑架上重物的重力作用而使皮带拉紧。这种拉紧装置的优点是拉紧效果好，能自动调节；缺点是需要占用相当大的空间，改向滚筒多容易损伤皮带和漏矿。一般在大于 100m 的长运距或用车或拉紧装置有困难的场合下使用。

（6）卸料装置。有犁式卸料器、电动卸料车和重型电动卸料车三种。

带式输送机可以在传动滚筒处自由卸矿，也可以利用卸料装置在皮带的其他地点卸矿。选矿厂常用的卸料装置有犁式卸矿器和电动双滚筒卸料车。

1）犁式卸矿器。如图 3-12 所示，它是由一根弯曲呈楔状的钢板制成。为了减小磨损，在犁板的下缘装有厚胶皮带或废皮带。犁板的楔形夹角一般为 60°～90°，但犁板对于皮带的倾斜角 α 为 30°～45° 犁板也可做成单向的（见图 3-12b），用它往皮带的某一侧卸矿。

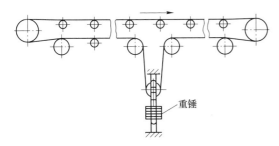

图 3-11　皮带垂直重锤拉紧装置

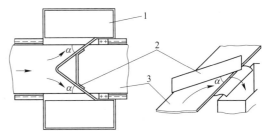

图 3-12　犁式卸矿器

a—双向卸矿式；b—单项卸矿式

1—受矿漏斗；2—犁板；3—运输皮带

犁式卸矿器的优点是构造简单，外形尺寸小，操作维护方便；当在一台运输要上使用几个卸矿器时，可以同时在几处卸矿。它的主要缺点是对皮带磨损较大，卸矿不完全。一般运输矿量较小，距离较短的皮带采用。

采用犁式卸矿器时，还要根据运输物料的粒度特征，选择适宜的皮带速度。输送矿石的块度越大，皮带速度应当越慢，一般在 0.75～1.6m/s 之间进行选择。还要注意皮带机设计时对张力的附加要求。

2）电动双滚筒卸料车。如图 3-13 所示。它的两个滚筒安装在带有四个轮子的车架上。卸料车可由电动机驱动，沿着固定在机架上的轨道往复行走。运输皮带先绕过卸料车的两个滚筒，然后从双面卸料槽（又叫裤衩漏斗）下面穿过，再通向传动滚筒。被输送的矿石在皮带绕过上面的导向滚筒时，即经固定在车架上的裤衩漏斗从机架的两侧卸出；当卸料槽内的闸板将裤衩漏斗关闭时，矿石可以经中间溜槽卸至皮带上，然后从皮带运输机的传动滚筒处卸下。为了防止卸料车随皮带的运动而移动，设置有制动装置（即阻车器）。为了限制卸料车运动时间可能超越终点，又装设了限位器。

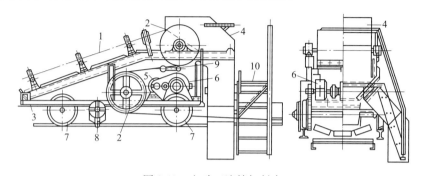

图 3-13　电动双滚筒卸料车

1—运输皮带；2—导向滚筒；3—车架；4—双面卸矿槽；5—电动机；
6—减速器；7—行走轮；8—阻车器；9—清刷皮带的刮板；10—梯子

　　这种卸料车主要用于矿仓配矿。它的优点是矿石对皮带没有磨损，皮带运输速度可较用犁式卸料器卸矿时大些，但不宜超过 2.5m/s。其缺点是，设备质量大、结构复杂，功率消耗较高，而且增加了皮带弯曲次数。

　　（7）给料与转载装置。包括带式输送机机头的卸载漏斗和机尾的装载漏斗（给料装置）。

　　将矿石由矿仓、碎矿机、筛子直接或间接给到带式输送机上的辅助装置，统称为给料（或给矿）装置，而将矿石由一台带式输送机给到另一台带式输送机上的装置，则叫做转载装置。实质上，转载装置也是一种给料装置，只不过卸载设备仅限于带式输送机罢了。

　　如图 3-14 所示的给矿机，是最常见的一种给料装置。为了防止下落的矿石跳出皮带的两侧，在给矿槽出口下面应紧接着槽子安装垂直的挡板。挡板的下缘固定着橡胶板或废胶皮带，以减轻对运输皮带的磨损，使用废胶皮带时需要注意的是，与运输皮带接触的一边不应露出织物内衬层；否则工作一段时间，内衬层剥裂以后，小块矿石会嵌塞其中，致使运输皮带磨损加剧。

　　给矿槽的出口宽度一般为运输皮带宽度的

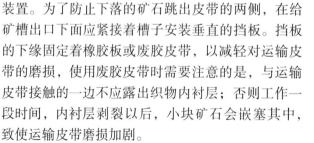

截面 I—I

图 3-14　给矿机图

60%~70%。槽底倾角通常采用 30°~45°，使下落矿石的水平分速与皮带运动速度相近，以避免或减轻矿石对运输皮带的冲击和摩擦。

　　为了使挡板在收拢矿石的同时不影响或干扰矿石的流动，这两块挡板应沿皮带运动方向稍微张开一些。实践证明，当挡板保持 5% 左右的张斜度时，如图 3-15 所示，带式输送机的正常运转矩还能有所降低。为了使大块矿石（或其他杂物）不易卡住，挡板还应自槽底向上倾斜，即挡板下缘与运输皮带表面成一夹角，如图 3-14 的 β 角。挡板长度采用 $1 \sim 2.5\mathrm{m}$，这取决于皮带的运动速度和宽度。皮带运动速度较大时，应装设较长的挡板。

　　如图 3-16 所示，是一种典型的带式输送机转载装置。为了避免细粒和粉状矿石撒落，槽子接口的下部应安装在卸料滚筒轴线的下面。从卸载皮带上清刷下来的细粒矿粉，应当用附加的粉矿溜槽收集到承载的皮带上。

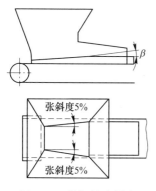

图 3-15　挡板的张斜度

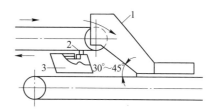

图 3-16　皮带机的转载装置

1—转载装置；2—清扫器；3—槽子

　　给料与转载装置看来简单，实际上对带式输送机的正常运转及使用寿命影响最大，原因有：

　　1）给料和转载装置安装的正确与否直接影响到布料。如果给矿不正，载荷重心不能落在运输皮带的中央位置，容易造成皮带跑偏；

　　2）对于处在细碎机以前的各条皮带，由于承载的矿块大，又具有一定落差，皮带受冲击磨损往往是很严重的。如果给料和转载装置具有缓冲作用，皮带的磨损情况将大为改善；

　　3）在带式输送机的事故中，由于给料装置中卡住锋利的杂物（如矿山供矿混入的钎子）造成划皮带是常见的一种，这往往与给料装置设计上的疏忽有关。

　　（8）栏板。镶有数块衬板的长形厚铁板，一般安装在输送量、粒度较大且长度较短的带式输送机的左右两侧，防止矿石掉在地上，增加皮带运输量。但是如果栏板的安装不够标准或者说不整齐，则栏板下易卡矿块而划破皮带，所以有栏板的皮带使用周期一般都比较短。

　　（9）清理装置。清扫装置的作用是为清扫卸料后黏附在皮带工作面上的细泥和粉矿，以防它们落入传动滚筒和黏结在托辊上面影响皮带的正常运转和使用寿命，清扫装置一般安装在皮带机的首轮和尾轮前。常用的清扫装置有清扫刮板、旋转刷和弹簧清扫器等。

　　图 3-17 所示的清扫刮板，安装在首轮卸矿处下部，它利用平衡重锤经械杆变换后的向上压力（也有利用弹簧的弹力的），使橡胶刮板始终贴附在滚筒部分的皮带上，当运转的皮带通过刮板时，黏附在皮带上的矿粉即被刮下。这种清扫装置结构简单，极易维护，适用处理黏性较小的矿石。

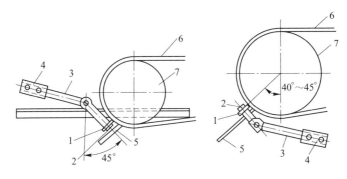

图 3-17　清扫刮板

1—橡胶刮板；2—金属夹板；3—杠杆；4—平衡锤；5—槽子；6—运输皮带；7—传动滚筒

　　图 3-18 所示的旋转刷清扫器，由传动滚传动，刷子的旋转方向与滚筒转动方向相反。旋转刷的清扫效果比清扫刮板好，可用于处理含水分较高黏性较大的矿石。

3.1.3.2　带式输送机的规格表示

　　带式输送机的规格通常用皮带的宽度 B 来表示。主要规格有：$B500mm$，$B800mm$，$B1000mm$，$B1200mm$，$B1400mm$，$B1600mm$ 等。

　　如 $B650mm$ 带式输送机是磨机给矿常用皮带机，主要有电动机，减速机装置，传动滚筒，尾部滚筒，增面轮，若干个小托辊，金属架及运输胶带等组成。技术性能见表3-4、表3-5。

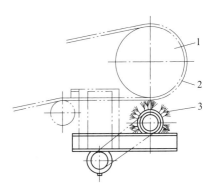

图 3-18　旋转刷清扫器

1—头轮；2—皮带；3—旋转刷

表 3-4　$B650mm$ 带式输送机技术性能

规格/mm	速度/m·s⁻¹	处理量/t·h⁻¹	断面形式	电机型号	功率/kW	转数/r·min⁻¹
650	1.10	110	平行	02-51-0	5.5	900

表 3-5　$B1200mm$ 带式输送机技术性能

规格/mm	速度/m·s⁻¹	处理量/t·h⁻¹	断面形式	电机型号	功率/kW	转数/r·min⁻¹
1200	1.25	376	平行	094-4	75	985

3.1.3.3　皮带机作用与工作原理

　　（1）细碎与磨矿皮带机运输过程。原矿经过破碎筛分后，筛下产物 0~12mm 粉矿由破碎车间的带式输送机运至磨磁车间04号（$B1200mm$）带式输送机上。04 号带式输送机上设有双滚筒卸料机一台，将破碎运来的粉矿卸入"高架式矩形抛物线型"储矿仓，即 U 形矿槽。储矿仓底部设有 $\phi1600mm$ 圆盘给矿机 61 台，粉矿经过 $\phi1600mm$ 圆盘给矿机落到 $B6500mm$ 皮带机上，送入磨选车间一次球磨机内。

　　（2）带式输送机作用。在电动机、减速机转动的作用下，通过皮带承载物料运动来输送物料的运输机械为带式输送机。

带式输送机在我国各行各业中得到广泛的应用。如农村粮仓储粮经常用简易带式输送机进行运输；城市的房屋建筑经常用皮带运输机输送建筑材料，工业生产中的原料，产品的输送也需要带式输送机。特别是在选矿生产中，固体物料的输送，带式输送机更是不可缺少的运输工具。它具有结构简单、操作方便、便于维护、运输效率高等优点。目前我国常用的带式输送机带宽有：$B500mm$、$B650mm$、$B800mm$、$B1000mm$、$B1200mm$、$B1200mm$、$B1400mm$ 等 7 种。车间粉矿仓上部为 $B1200mm$ 带式输送机。球磨给矿用的是 $B650mm$ 带式输送机。

（3）带式输送机的工作原理。由电动机经过减速机驱动头轮绕轴旋转，再依靠头轮和皮带之间的摩擦力，使皮带连续运转的过程。带式输送机一般由电机经减速机带动传动滚筒转动，依靠传动滚筒与皮带间的摩擦力带动皮带运转。皮带的速度一般小于 $2m/s$。

物料由圆盘给料机的卸料口落到带式输送机上，电动机经减速机带动传动滚筒进行旋转，在传动滚筒及改向滚筒转动作用下，使运输胶带做直线改向运动，当物料被运到传动滚筒边缘时，在惯性及本身的重力作用下被抛落下来，达到运输目的。

3.1.3.4 带式输送机的使用与维护

（1）皮带开机注意事项。

1）检查皮带机周围及漏斗内是否有人作业，应鸣铃和呼喊示意，距离较长的皮带机，开车时可先点试一下，即开动后立即停下来，然后再鸣铃和呼喊示意，过 2~3min 后，没人答应时，才能正式启动皮带机。

2）启车后应首先检查皮带是否跑偏，如跑偏要立即调整。

3）传动机构，各部轴承，尾部拉紧等部位，是否有振动和声音异常等情况。

4）有否刮皮带的地方。

（2）带负荷生产时注意事项。

1）首先启动除尘设备。

2）与上、下工序联系好。

3）注意皮带是否跑偏（有的皮带空转时不跑偏，在带负荷后才发生跑偏）。

4）防尘给水装置运行是否正常，给水量是否合适。

5）皮带运行的电流是否符合规定。

6）托辊、支架、分料器、清扫器等是否正常，托辊不转、支架拉倒等都要及时处理。

7）减速机及滚筒的轴承部位是否有异常声响。

（3）皮带停机注意事项。

1）待皮带上的物料全部排除后，才能停止皮带机的运转。带负荷停机，将给重新启动带来较大困难。需排除全皮带物料的 2/3 才能启动。

2）停机时间超过 30min 时，就停止除尘设备的运转，同时除尘给水应立即停止。

（4）皮带跑偏处理。通常矿山多采用自动调心托辊保证皮带不跑偏，见图 3-19。日常检查时注意皮带跑偏问题，皮带机运输带跑偏严重的可引起皮带划裂，决不可忽视，主要跑偏原因有：

1）皮带头轮、尾轮螺丝松动造成位移，或各滚筒轴安装不平行，滚筒不圆，皮带与滚筒间夹带石头或滚筒表面有泥疙瘩及冻块等造成皮带跑偏。

2）托辊支架串动、倾斜，托辊脱落，皮带两侧受力不均匀造成皮带跑偏。

3）尾部漏斗死料角磨损不均匀，下料不正，对皮带有侧向冲击力或皮带两侧受力不均，运输物料偏重等均能造成皮带跑偏。

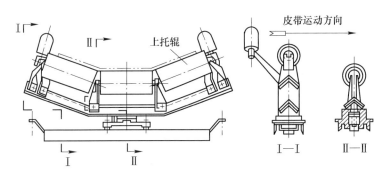

图 3-19　自动调心托辊

4）皮带接头位置不正。即皮带中心线在交接头处发生扭斜或错位，使皮带两侧的松紧度不同，而产生跑偏。

5）皮带太长，拉紧装置行程不够，故皮带太松而产生跑偏。

如发现皮带跑偏应及时查找原因，对症调整。

（5）皮带胶结方法。皮带断裂或更换皮带需要进行胶结，目前胶结方法有热胶结和冷胶结两种。常用的皮带胶结工具主要有：皮带刀、皮带胶、手持打毛机、大板、碘钨灯、掐板、铁丝、卷尺、皮尺、刷子、锤子、蜡木干、倒链等。

1）热胶结。将胶带接头切成45°或60°斜角，并按夹布层的层数切成阶梯形，剖切面保持平整，不得有破裂和损坏，表面用砂轮机（胶结面）清理干净并磨出不光滑的毛面。用120号汽油洗刷干净，涂上黏胶，使两个接头叠合。并用加热板（电加热或蒸汽加热）夹住压紧，加热至140℃，约2~4h，使黏胶硫化后，将两个接头黏结在一起。拆除加热板，待胶接部位冷却后，皮带可投入使用。

2）冷胶结。是近几年来采用的新的胶结技术，具有操作简单，时间短，黏结力强等优点，所以目前被广泛采用。

在接口的下部用刚度较大而又平整的木板或钢板垫平，在冬季气温低于5℃时，应垫以平整的加热板（高强度皮带接口），其加热温度为60~70℃，热源可根据条件采用蒸汽或电力。剥口前应将皮带相应的上下口合在一起，同时量取台阶尺寸，然后分开剥口，剥口斜度要准确一致，在切割台阶时，用力要均匀，割口要平直，并不得伤下层线。剥口完要对其上下剥口进行试合，不许出现压台或台距（同一层台的对合距离）过大现象，台距一般保持在0~5mm。皮带的剥口尺寸，应按皮带的规格，根据表3-6规定进行。

表 3-6　不同宽度皮带冷胶接口的剥口尺寸表

项目	宽度/mm	厚度/mm	线层数	台阶数	台阶长度/mm	台阶线导数	接口长度/mm	接口斜度/(°)
1	600	10	6	3	200	2	0.6	90
2	800	12	6	3	260	2	0.8	90

项目	宽度/mm	厚度/mm	线层数	台阶数	台阶长度/mm	台阶线导数	接口长度/mm	接口斜度/(°)
3	1000	16	10	4~9	110~250	1~2	1.0	90~60
4	1200	18	10	9	133	1	1.2	60
5	1400	22~24	10	9	156	1	1.4	60
6	高强1400	22~24	10~12	9~10	160	1	1.44~1.6	60

皮带的接口在试合合格后，用手砂打基础磨剥离的台阶，去掉多余的胶层，使线层表面平整一致，但不得损伤线层，用手提式吹风机或干净笤帚彻底清扫。按比例配胶，检查加热板的温度并调整使之在60~70℃范围内。各项准备工作完成之后，在皮带剥口上刷底胶，45~50℃烘烤至当手触摸时以无粘手的感觉，第一层底胶干燥后涂合口胶，涂合口胶时速度要快，胶层要薄而均匀。涂刷完毕后，对其上、下层剥口立即同步整体烘烤升温并干燥，不论在冬季或夏季操作，必须用最短的时间使浊升到合口温度50℃。合口时胶层经过烘干后进行合口，采用辊子滚压（滚压力越大，强度越高）快速排出接口内空气，继而木槌（φ200mm）快速槌击，击落点要密实。槌击完毕后，要检查接口质量，如发生缺陷时要及时处理，如果发生重大质量问题，不能保证完全运行时，必须重新胶合。合口胶结需快速在30~40min内完成。在接口做完30~40min后，可做轻负荷试车，空试20min合格后，进行重负荷试车，在确认无问题后，方可投入生产。

除了胶结法，皮带连接还有机械连接和铆接。机械连接使用钩卡和合页卡，将皮带接头连接在一起，连接时要做到按键试车，在确认无问题后，方可投入生产；铆接使用专用铆钉将皮带的接头铆头接在一起。这两种方法，操作简单，节省时间。但由于其连接强度较低，使用周期短，故很少用于新安装皮带的联结，只用于处理临时性皮带损坏。

3.1.4　矿仓与给矿机

3.1.4.1　矿仓

矿仓是用来贮存矿石的设施。按其产品性质，一般可以分为原矿矿仓、中间矿仓（半成品矿仓）和产品矿仓三类；按其作用及在生产中所处位置，大致可分为原矿受矿仓、中间贮矿仓、缓冲矿仓、分配矿仓、磨矿的原料矿仓（粉矿仓）和产品矿仓等；按贮矿设施结构划分地下矿仓、半地下矿仓、斜坡式矿仓、高架式矿仓、抓斗矿仓、露天矿堆、堆栈矿仓等。

矿仓闸门和给矿机是矿仓的卸料装置。它们安装在矿仓卸料口的底部或侧面，可以关闭或按需要的溜放速度和卸出量放出仓内的矿石。与矿仓组成一个有机的整体，共同承担着存储和供给矿石的任务。矿仓闸门是最简单的卸料装置，但对控制矿石的溜放速度和矿石量并不理想，适用于能连续卸料且矿石粒度较细（小于10mm）的矿藏卸料。给矿机则比闸门进了一步，可以均匀地把矿仓里的矿排放出来，并可通过调节使给矿量保持稳定。

　　A　矿仓应用中的堵塞情况

矿仓在生产应用中必须保证矿石在矿仓中，由上中到下部排矿畅通无阻，自由排出矿仓，否则可能造成堵塞。

（1）卡塞现象，大块矿石卡在排矿仓口的部位，使其他矿石不能排卸。

（2）成拱现象，在矿仓中流动的矿石，偶然机会下块矿石挤在一起形成坚固的拱，阻止了其上部矿石的排卸，一般情况，3块或3块以下成拱机会最多，4~5块拱机会少，而5块以上的成拱机会更小。

（3）结块现象，实际上是一种由矿石中小颗粒组成的内拱，一般是因为矿石含粉量或含水量大，矿石贮存期长。由于压力的作用，使散料压缩成紧密物而失去松散性和流动性而结块成拱。

（4）黏附现象，含有黏土性质的矿石黏附在仓壁或仓身上，使排矿口断面变小或堵住漏口，造成堵塞。

（5）冻结现象，潮湿的矿石（含水分大于6%），在冬季没有加温设备的矿仓中贮存，有可能发生冻结现象。首先同仓壁开始，逐渐往矿仓中间冻结，排矿口的断面减小，造成堵塞。

B　矿石堵塞处理办法

（1）矿石卡塞时，应首先使用撬棍进行撬动，使其排出，如果经常出现卡塞时，可考虑是否需要增大仓口的断面尺寸，断面尺寸应为矿块的最大尺寸4~5倍。

（2）矿石成拱时，应使用撬棍或长竹竿（高位成拱）进行处理，另外可重新选择排矿口的断面，或设计开口矿仓，可有效防止这种成拱现象。

（3）结块现象的处理，可使用压力风搅拌装置或使用高压风直接冲击成拱部位，如安装风炮等装置。

（4）黏附现象在矿仓形成后，处理比较困难，用撬棍或竹竿处理，都需要很长时间，所以最好是采取入仓前间断给矿的办法。即应用粉矿和块矿调节器间断给入矿仓，黏附在仓壁的粉矿，可用块矿砸掉，避免这种现象的发生。

（5）矿仓出现冻结现象应采取加温的办法，或用间断给矿的办法处理。但间断给矿必须在入仓前未形成冻结时，使仓内不充满矿石，可预防这种现象发生。另外如果在仓内采用橡胶衬板取代原来的高锰钢测绘内板，其效果最为理想。

处理堵塞时应该注意：

（1）操作工在任何时候不能钻入仓内去处理，尤其仓内出现高位内拱、黏附及冻结时，特别注意矿石随时可能有下落的可能，埋入矿石将造成人身事故。

（2）用撬棍或竹竿处理堵塞时，人要站在仓口的两侧，而不能站在仓口的正面，矿仓中的矿石随时可能脱落飞出伤人。

（3）处理高位成拱等堵塞时头不要伸进仓口窥视，更不能将身体探入仓口，最好使用高压水和高压风处理。

（4）处理料度较大的成拱时，可先将矿石的冲击点事先垫好一块废胶带，防止砸坏下面的皮带和设施。

（5）处理堵塞要设专人监护，不能单人作业。

C　矿仓维护

（1）矿仓内的保护衬板（如锰钢衬板，方钢轨、钢板等）应定期检查或更换。进入矿仓作业时，要由上而下处理掉一切悬浮矿石，以防滑落伤人。

（2）一般情况不能空仓下矿，防止砸坏仓壁或仓门，必须空仓下矿时，最好先将仓内的浮矿处理一部分堆在仓口处，然后给入矿石，防止损坏矿仓或飞出伤人。

（3）矿仓外壁应涂以防腐材料（如防护漆、沥青漆等）以防仓壁腐蚀，尤其具有腐蚀性气体和空气潮湿的地方更应注意做好防腐工作。

（4）经常保持矿仓闸门的开或关灵活，有问题要及时处理，防止跑矿和影响正常工作。

3.1.4.2 给矿设备

给矿设备（给矿机、给料机）是选矿生产中不可缺少的设备，如选矿皮带运输系统的连续作业中，给矿机主要作用就是把物料均匀连续或均匀间断的给到受料装置带式输送机上。目前选矿生产中常用的给矿设备有七种：板式给矿机、槽式给矿机、皮带给矿机、链式给矿机、摆式给矿机、电振给矿机、圆盘给矿机。

板式给料机由板状链条连接而成，类似推土机的履带链，不仅可运输重而长的成件物品，也可运输大块破碎物料或腐蚀性强和炽热的物料。

电振给料机是利用电磁振动器驱动给料槽沿倾斜方向做周期直线往复振动来实现给料，当给料槽振动的加速度垂直分量大于重力加速度时，槽中的物料将被抛起，并按照抛物线的轨迹向前进行跳跃运动，料槽每振动一次，槽中的物料都被抛起向前跳跃一次，这样槽体以 3000 次/min 的频率振动，物料相应地被连续抛起，达到给料目的。电振给料机由料槽、电磁振动器、减振器、控制箱构成，体积小、质量轻、结构简单、安装方便，无传动部件不需润滑，因此维修方便，运行费用低，物料在给料机槽体中按抛物线轨迹运动，因此给料槽的磨损也较小。

皮带给料机是一台布置在卸料口下面的小型带式输送机，结构比较简单，有给矿装置、胶带、托辊、支架、清扫器等部分构成。其给矿均匀，可调速的电动机驱动时，给矿量的调节十分方便，给矿距离可长可短，在配置上有较大的灵活性。

圆盘给矿机是松散细粒物料常用的给矿设备，其优点是运行平稳、给料均匀、调整容易，管理方便。但结构比其他细料物料给矿机设备复杂，造价也高。圆盘给料机是粉矿仓最常用的给料机，下面进行详细介绍。

（1）圆盘给矿机的构造技术性能。ϕ1600mm 圆盘给矿机有坐式开式、坐式封闭式、吊式开式、吊式封闭式四种，如大孤山选矿厂、板石选矿厂等磨矿车间粉矿仓下使用的是坐式开式圆盘给矿机。它主要由电动机、减速装置、圆盘、盘套、刮板、给料调节装置及槽钢支柱等几部分组成。敞开式与封闭式圆盘给料机示意图见图 3-20，ϕ1600mm 圆盘给矿机技术性能见表 3-7。

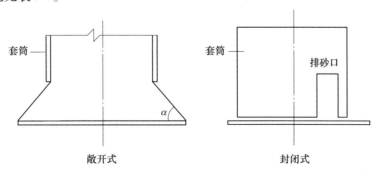

图 3-20　敞开式与封闭式圆盘给料机示意图

表 3-7 ϕ1600mm 圆盘给矿机技术性能

规格/mm	转速/r·min^{-1}	功率/kW	电机型号	套筒至圆盘高度/mm	最大物料粒度/mm	最大处理量/t·h^{-1}
ϕ1600	1.5~6	4.0	02-42-6	120~340	60	48.6

圆盘给矿机配用电机有：2.8kW、3.0kW、4.0kW 多种，但多数配用电机 4.0kW。

（2）ϕ1600mm 给矿机工作原理。粉矿在本身自重及上层物料的压力下，落入矩形抛物线型矿仓底部，经过圆盘给矿机的入料盘及固定套筒，流到圆盘上。由于圆盘的转动，物料随圆盘做同向运动，在逆圆盘旋转方向固定刮板的作用下而被刮下。经过盘套上的出料口落到带式输送机上。

（3）影响圆盘给矿机卸矿量不稳的因素。

1）给矿性质的变化，包括物料的粒度组成，物料的密度，物料的湿度。一般情况下，块矿含量较高，粉矿量较低，密度较大，水分较低的物料易下，产量较高；如粉矿含量较高，块矿含量较少。密度较小，水分较高的物料不易下，产量低。

2）矿仓料位的变化，料位高，料层厚，压力大，物料易下；料位低，料层薄，压力小，物料不易下。

3）圆盘刮板及调整手轮，丝杠，移位失调也会造成矿量不稳。

这就需要岗位工人要经常观察矿石的变化，掌握矿仓的料位情况。根据实际情况调整刮板位置，如刮板、手轮、丝杠等设备。

（4）皮带岗位的设备开停及维护。

1）开车前仔细检查带式输送机，圆盘给矿机各部螺丝是否紧固。

2）各部轴承、减速机润滑情况是否良好，油量是否充分，不足应及时添加。

3）安全设施是否齐全，一切正常后方可启动。

4）启动时要求必须在球磨运转正常的情况之后。开车顺序为：球磨给矿皮带→集矿皮带→圆盘给矿机。停车顺序与开车顺序相反。

5）设备运转时应经常检查各部轴承及电机温度。轴承温度小于 20℃，电机温度小于 55℃。

6）经常检查运输带是否跑偏，如发现跑偏应及时调整。

7）长期运转时应定期检查，各部螺丝是否松动，松动要及时紧固，定期检查皮带运输的头轮、尾轮、增面轮。小托辊运转是否正常，圆盘给矿机刮板、固定套筒、圆盘、蜗轮、蜗杆、三角带、密封圈的损失是否严重，如损坏应及时检修或更换。

3.1.5 矿量实测与计算

岗位人员必须掌握实测矿量的方法，并能熟练运用。从皮带机上截取 1m 或 0.5m 长的矿量称量，公式如下：

$$Q = qv \tag{3-1}$$

式中　Q——矿量，t/h；

　　　v——皮带机速度，m/s；

　　　q——实测矿量，t/m。

实例：球磨给矿皮带运转速度 $v=1.1\mathrm{m/s}$，截取球磨给矿皮带长度为 $1000\mathrm{mm}$ 的矿量称重。称取矿样质量为 $12.00\mathrm{kg}$，代入上述公式得：

$$Q = qv = 12.00/1000 \times 1.1 \times 3600 = 47.52 \ (\mathrm{t/h})$$

可与现场电子皮带秤读数比较，多次手工测量平均结果可作为皮带秤矫正依据。

操作方法：用秒表、卷尺测量皮带速度，观察皮带某处特征明显作为记号，利用 $20\sim30\mathrm{s}$ 时间，读取皮带运转圈数，测量皮带机长（卷尺测量皮带机头尾轮中心距离和直径，计算周长），做好记录就可算出皮带机速度。

皮带机截取一米长或半米长矿量时需征得厂长、作业长及皮带岗位操作工同意，在岗位操作工指导和监控下进行停机测定。停机后，迅速量取长度，用专用工具（铲子、锹、笤帚、刷子等）将截取长度内矿石装入采样容器（桶或盆）中，要清扫取回细颗粒矿粉。注意边界用铲子垂直截取，向对侧截取边界刮动一段距离，边界附近再自然滑落流动下来的矿石不再收取，否则会计量偏大。

3.1.6 筛分作业影响因素

在碎矿流程中，通常是碎矿机与筛分设备配合使用，不同的配合方式就会有不同的碎矿流程。按照筛分作业在碎矿过程中所起的作用不同，一般分为预先筛分、检查筛分和预先检查筛分三种。带有检查筛分和预先检查筛分的破碎流程称为闭路破碎流程。

开路破碎流程简单，操作方便，容易管理，产品粒度较粗，产率高。但产品粒度较粗且不均匀，对下道工序的处理量和能耗有一定影响。闭路破碎流程较开路复杂，布置较难，占用设备多，操作管理较开路困难，若筛分效率低，返矿量增加，会使该段的破碎产率有所降低；最终产品粒度较细，而且均匀，对下道工序的产率、能耗都有较好的影响。

影响筛分效率的因素有两个方面：一是入筛物料特性，二是筛分机械性能。主要有入筛产品的粒度特性、给矿量、原矿含水率、筛孔尺寸、筛板材质、筛孔形状、筛分机面积、层数、倾角、振幅与振频、布料厚度与均匀性等。

（1）物料水分的影响。当物料含水量较大，严重影响筛分过程时，必须设法改善。一般可以采用下列几项措施：

1）加大筛孔或采用多层筛，上层采用大筛孔，底层为控制粒度采用小筛孔；

2）采用电热筛网，使黏结在筛网上的潮湿物料干燥到一定程度后脱落；

3）加水筛分，当物料沿筛面运动时，由专门的喷嘴，喷出水来冲洗物料，这种筛分称为湿式筛分。如果生产条件允许（矿泥处理合适）采用湿式筛分是比较合理的。

（2）筛面运动特性和筛面构造对筛分过程的影响。

1）筛面运动状况。选矿厂应用的筛子，筛面运动大致可分为两种，一种筛面是不运动的，如固定棒条筛，矿料顺着筛面滑下，这种筛子的筛分效率通常不超过 $50\%\sim60\%$；另一种筛面是运动的即矿粒在通过筛面时同时有跳动，矿料比较松散，析离作用快，矿料中的细粒多半集中在筛网的底层，增加了穿过筛网的机会，如自定中心振动筛，筛子的振动减少了筛孔的堵塞现象，所以振动筛的筛分效率比较高，在最佳情况下可达 90% 以上。

2）筛子的长度和宽度。对于一定的物料而言，生产率主要决定于筛子的宽度，筛分效率主要取决于筛子长度。故正确地选择筛子的长度和宽度，具有很大的实际意义。在筛子负荷相等的条件下，筛面窄而长时，则筛面上物料层的厚度增加，使细粒子难接近筛面和通过筛孔，给矿量和筛分效率低。筛面宽而短时，筛面上物料层厚度减小使细粒易于通过筛孔，但这时粒子在筛面上停留的时间短促，矿粒通过筛孔的概率减小，因之筛分效率也会降低，筛子的长度 L 一般是其宽度 B 的 2~3 倍（即 $L : B = 2 \sim 3$）。

3）筛面的倾斜角。一般情况下筛子都是倾斜安置的，目的是便于排出筛上物，但倾斜角要适合，角度太小，达不到这个目的，角度太大，则物料排出太快，筛分时间短，筛分效率低。一般矿料在筛上的移动速度以 0.1~0.4m/s 为好，对于振动筛，当筛面倾斜安装时，由于矿料是在跳动中穿过筛孔的，筛孔的穿透面积只是它在水平面上的投影，较筛孔小，等于筛孔面积与筛面倾角余弦值的乘积。倾角越大，筛孔穿透面积的减小就越大。因此，筛面的倾角要恰当，在倾斜方向可适当增加筛孔尺寸。

4）筛子的有效面积 S。筛孔面积与整个筛面面积之比，叫做筛子有效面积（简称有效筛面）。有效筛面越大，单位筛面上的筛孔数就越多，矿粒通过筛孔的机会也越多，因而筛面的单位生产率和筛分效率越高。大部分筛子的有效筛面为 50%~80%，在各种类型的筛面中，以金属丝编织的具有长方形筛孔的筛网，有效面积最大，即 $S_{长方形} > S_{圆形}$。但有效筛面过大，筛网强度必须降低。一般来说，筛分粗粒物料时应选用钢板冲孔的圆孔筛面，而筛分细粒时宜选取用金属丝纺织的方孔筛面。

5）筛面厚度。筛面的厚度能影响筛孔是否容易被堵塞。为了防止堵塞，一般均规定出筛面厚度与筛孔尺寸之比值。此比值越大，"难筛颗粒"堵塞筛孔的机会越多，筛分效率就越低。这种情况在用金属板冲制的筛面筛分时更为严重。为此，金属板的厚度一般应比筛孔尺寸小二分之一至三分之二。这样，筛孔很小的筛面更需要薄钢板制造，从而磨损迅速。因此，筛面又不能过薄。如果把筛孔做成底部扩大的圆锥形筛孔，便可以减少碎裂粒堵塞筛孔的现象。

6）筛孔形状。常用的筛孔形状有正方形、圆形、长方形。冲孔筛面的筛孔形状多为圆形，编织筛面的筛孔形状多为正方形。而长方形的筛孔只在特殊情况下才应用。当应用长方形筛孔时，其长边应与物料运动方向一致。筛孔的形状对筛面的有效面积和矿粒通过筛孔的可能性都有影响。长方形的筛孔有效面积最大，其次是正方形，最小为圆形。因此，其单位面积生产率也按上述顺序依次减小。长方形筛孔的另一个优点是筛孔不易堵塞，矿粒通过时只需与筛孔三面或两面接触，受到的阻力较小。但由此而来板状、长条状粒子便进入筛下，造成其筛下产物粒度不均匀性增大和筛网易被磨损，从而限制了它的广泛应用。生产实践中方形筛孔得到了最广泛的应用。

7）筛孔尺寸。随着筛孔尺寸的增大，筛子效率也愈高。当要求筛分效率高而筛孔尺寸又很小时，筛面的单位面积生产率将大大降低；而当筛孔尺寸大时，要求筛分效率高，则不会使生产率显著降低。

（3）操作条件的影响。

1）给矿均匀性。给矿均匀性对筛分过程有重大影响。给矿均匀是指在相同的时间间隔内给入筛子的物料质量应该相等；入筛物料沿筛面宽度方向的分布要均匀。给矿不均匀，势必造成筛分效率波动，使筛子的工作指标降低。尤其是筛分细粒物料时，给矿不均匀的影响更大。为了给入筛子的物料沿筛面宽度方向均匀分布，应该使物料流在未进入筛子之前的运动方向与筛子上料流的运动方向一致。并尽可能使进入筛子的物料流宽度接近于筛子的宽度。

2）给矿量。随着给矿量的增加，筛下量总是不断增大，但筛下量增加到一定程度后反而下降。此时，筛分效率急剧降低，已经不能有效地筛去小于筛孔尺寸的细粒，此时的筛子即认为"过负荷"了。所以，对于筛分设备，总是在要求达到一定筛分效率前提下，去设法提高生产率的。我们不能片面地追求一方面，而舍弃另一方面。最适宜的给料速度要通过实验和生产观察来决定。

3）振幅和频率。筛子的生产率和筛分效率在一定范围内随着振幅和频率增加而增加。但振幅大会使矿料在空气中停留的时间过长，反而减少了矿料通过筛孔的机会，同时，振幅和频率（振次）过大时，还会影响筛子的使用寿命。生产中一般采用振幅 3~6mm，振次 200~1200Hz。筛分粗粒矿石时可采用较大的振幅和较小的振次，而筛分细粒物料时则采用小振幅振次。

3.1.7 筛分设备

按照运动特点和筛面形状，筛分作业常用的筛分设备可大致分为三大类：一是固定筛，包括固定格筛（又叫固定条筛）、悬臂格筛、弧形筛，还有工作原理与弧形筛相似的细筛；二是筒形筛，包括圆筒筛、圆锥筛和角锥筛等；三是振动筛，根据振动机构的不同，分为机械振动筛和电磁振动筛两类。

（1）固定筛。这种筛分机在破碎系统适用于筛分大块物料，主要有两种形式，即格筛和条筛，主要由平行或交错的钢条或铁棒构成。格筛用在粗矿仓上，作控制物料粒度用，一般水平安装。条筛放在粗碎和中碎前作预先筛分用，倾斜安装。条筛筛孔宽度约为要求筛下粒度的 1.1~1.2 倍，筛孔尺寸一般大于 50mm。条筛的主要优点是价格便宜，构造简单，坚固，不需要动力，并且允许矿车直接把矿石倒在筛面上。缺点是物料易堵塞筛孔，需要的高差大，筛效率低，一般为 50%~60%；在筛分脆性物料时，物料粉碎作用大。安装在粗碎机前的筛条，其倾角一般选用 40°~45°，若矿石含泥含水多时，倾角可加大 5°~10°。

近年来，有些单位使用一种摩根森棒条筛，它的筛条不是平行布置，而是交错成一定角度，沿物料流动方向，各棒条间的间距逐渐向外扩大。棒条的振动是靠落在棒条上面物料的质量引起的。棒条通常长 1.2~2m。这种筛分机能对 25~400mm 的物料进行预先筛分。优点是不需要传动装置，物料不会堵塞筛孔，结构简单坚固、容易制造，生产能力高。

（2）振动筛。在机械振动筛中，包括偏心振动筛、纯振动筛、自定中心振动筛和共振筛。电磁力振动的有电磁振动筛。

机械振动筛是以旋转中的偏心质量所产生的离心惯性力，使筛框产生振动的一类筛分设备。由于筛框的振动，矿粒在通过筛面时将同时产生跳动，因而比较松散，并伴有粗细分层的离析现象，有助于筛分过程的进行。振动筛具有以下突出优点：筛体作低振幅高振次的强烈振动，极大地消除了物料堵塞现象，使筛子有较高的生产率和筛分效率，此类筛子的筛分效率可达 80%~90%；构造简单，操作、维护和检修比较方便；由于生产率大及筛分效率高，故筛分每吨物料的单位电耗低及所需的筛网面积小，这就可节省厂房建筑费用；应用范围比其他筛子广泛，可用于粗、中、细粒物料的筛分，还可用于脱泥、脱水及脱介等。

关于筛分效率见流程考查章节中的作业考查。

3.1.8　破碎岗位操作

3.1.8.1　工作机构检查

破碎机岗位的操作工接班上岗后，对破碎机进行全面检查。内容为：

（1）检查各支架体之间连接使用的销钉，斜铁，螺栓是否紧固齐全。检查时使用手锤敲击连接件，听声音，响声尖脆时螺栓已经松动，响声实而闷表明没有松动。如果松动应及时紧固，松动较多应查清设备原因。

（2）检查弹簧圆锥破碎机的弹簧是否齐全。缺少时应补齐。其连接螺栓是否松动，要紧固好。检查时不要将手指伸进弹簧丝间隙里面，防止挤手。

（3）检查破碎腔内是否有积存矿石和其他非破碎物，要立即排除。

（4）检查动定锥衬板。检查衬板有否明显裂纹；检查衬板有否松动，衬板压紧螺帽是否松动；检查衬板是否磨损严重或磨损不均匀，出现明显凹坑。破碎机衬板使用周期各自不同，但是其报废标准，检查方法基本相同。

1）日常进行肉眼检查。检查时应保证破碎腔内照明良好。除站在破碎机平台上用肉眼看外，可钻到破碎腔内进行检查，对于大型、深破碎腔的破碎机，可使用 $4 \sim 8$ 倍望远镜观察。钻进破碎腔时，应首先检查上部矿槽或给矿装置是否有可能落下的矿石及其他浮物，并首先排除。要戴好安全帽，有的情况要系好安全带。站在检查孔门检查时，要站稳并扶住，身体的重心不要移入破碎腔，防止摔下去。检查后重新关好检查孔门。

2）一般情况衬板的原始厚度最大磨损 $65\% \sim 80\%$ 时予以报废更换新衬板。

3）非整体平面衬板（如旋回破碎机机体衬板或破碎机上下矿仓的衬板等），其端面有时有一定间隙，可用直尺直接测量。

4）整体式平面衬板（如圆锥破碎机动锥和定锥衬板）其磨损情况测量，可使用两把直尺，其中一个尺的工作边紧靠在衬板表面不易磨损部位，然后用另外一把尺测量衬板凹陷部位的凹隐深度，可测得磨损量。

5）整体式平面衬板测量其磨损，可用 $1.5 \sim 2\text{mm}$ 厚的钢板制作一个样板，样板的工作边刚好与新衬板（未磨损）的曲面相吻合，利用这个样板工作边靠近磨损后的衬板，再用直尺量出低凹处与直尺工作边之间的距离，可测出其磨损量。

（5）检查动锥下部密封筒（非弹簧破碎机）处有否溢油现象。如在密封筒外面发现油流的痕迹，说明溢油。采用水密封的弹簧圆锥破碎机，在球面瓦上部溢油时，可在水封水中见到浮油。确认后应及时报告车间调度和有关管理人员进行处理。

（6）检查轴帽（也称顶盖、分料盘等）安装是否平稳，有否位移，检查时主要检查其下部上口处，如果出现较大不均匀的间隙，表明轴帽松动，应找检修处理或岗位工人自己处理。

（7）检查破碎机底部机架下盖（或称底盖），与机架结合处，以及给油管与机架的连接处是否有明显泄漏。这个位置一般情况不易泄漏，但设备长时间运转，螺栓松动，O形密封胶圈老化可能引起泄漏，一般泄漏可待中小修处理，如果形成油流，应立即通知检修处理。

（8）检查液压圆锥破碎机的液压油缸与机架连接处是否有渗漏现象，以及液压油缸的底盖与液压油缸的结合处和液压油给油管与液压缸的连接处是否有明显泄漏现象。这些位置由于油缸内的油压较高，对密封要求严格，故易发生泄漏，但一般情况渗漏（每分钟只滴几滴）可暂不处理，列入正常的检修计划，如果形成油流，应立即通知检修工人处理。

（9）采用空气密封的圆锥破碎机（一般为国外进口和国内最新设计的圆锥破碎机），应注意检查给风管路和各连接处及各阀门是否有漏风现象。一般情况漏风比较容易发现，听到吡吡的声响，用手测试有气流的感觉。风流较大时应及时处理，防止防尘筒内形不成正压，会使粉尘进入机体内而影响正常润滑。

（10）采用水密封的破碎机（如弹簧圆锥破碎机），应检查给水和回水是否都正常。水槽内的水位是否合适，水位过低，水封挡板浸不到水里面，形不成密封，水循环不正常。检查时要注意密封水的回水流量。回水量少时要开大给水阀门，加大给水量或检查一下密封槽，给水管是否有跑水的部位，及时处理好。

（11）旋回碎机的衬板螺栓比较容易松动，松动后不及时紧固，在工作时容易折断，造成定锥衬板全部脱落，或损坏破碎机。检查时要特别注意，尤其新安装的定锥衬板，更应注意。

（12）破碎机各部各架体的横梁保护板是矿石直接冲击的部位，极易损坏，损坏后要及时更换，否则将会损坏机体的本体，要注意检查。

（13）检查排矿口尺寸是否符合要求并调到合适尺寸。

（14）检查润滑系统。检查油温、油位、油质及润滑机械和管线。油温是否在 20～60℃，油温低油的黏度增大，油泵电机或主电机负荷量增大，甚至转不起来。油温太高黏度变小，影响破碎机正常润滑。检查油位，油位过低应及时补充，油位过高要打开泄油阀门（在油箱底部）放掉一部分，并分析油位过高或过低的原因。油质是否有进水乳化（颜色发白）或发黑太脏（有明显沉淀物）。

（15）检查液压系统。检查油位、油质、油压及机械装置是否正常。

3.1.8.2 给矿装置及其矿槽检查

（1）粗破碎机的上部给矿槽内铺设的衬板，钢轨或方钢等磨损情况也应班班检查，尤其直冲击的部位。焊缝是否开焊，螺栓是否紧固，其耐磨件脱落可能造成破碎机损坏或堵矿，严重时会使破碎机困住。检查时要重点检查直接冲击的裸露部位，用手锤敲击，可直观判断出来，有问题要及时处理。

（2）检查矿槽内是否有超过规定粒度的大块矿石及其破碎物。

（3）破碎机下部缓冲矿槽相同，衬板及铺设的耐磨件，都应及时检查和处理。

（4）破碎机下部矿槽，为防止下部矿石不能及时排出而堵塞破碎机的排矿口，设置了料位自动控制系统，应检查一下是否灵敏可靠。未用水银接点制作的料位控制器可用手抬一下触头，观察其灵敏度。有的采用光敏电阻等感光元件制成料位控制器，将其光线用手挡一下，就可自动断电，可定期检查一下，这个装置对破碎机有较大的保护作用，不可忽视其检查，在检查前先用试电笔试一下有否漏电现象。

（5）检查上部矿槽的给水装置是否好用，试用一下喷洒水是否正常。

（6）检查上部给矿箱、给矿漏斗、挡矿罩等衬板磨损情况，螺栓紧固情况。

3.1.8.3 传动机构检查

（1）检查各部位的螺丝是否齐全坚固，尤其电机底脚下螺丝和联轴器螺丝应做重点检查。检查时不能只用手拧一下,有时螺丝规格较大松动不容易发现,易在设备转动时出问题,应当使用手锤,顺旋出方向轻轻敲击,发现松动后应立即坚固好。

（2）检查电机两端及皮带轮两端的滚动轴承是否发热。带有润滑油杯的轴承,应拆下油杯的压盖看润滑油是否够用和变色,压帽的螺扣如果已经拧到底,则说明油量不够,需补加油脂,如果有变色,变稀应重新清洗后更换新油脂。

（3）检查传动轴承瓦处是否有温升,有时因润滑效果不好,这个位置温升较快、较高。检查时可特别注意,可先用手指点一点摸一下,凭手感测定轴承的经验温度,40℃左右时,手感到有热量,温度超50℃时感到烫手,达到60℃时,手放在上面只能停留不到5s。如果发现温度超过60℃时,应采取下列办法:

1）启动润滑油泵,打开冷却水和油冷却器前后的两个阀门,使润滑油进行循环冷却待油温降到低于45~50℃时才能开动主机。

2）报告车间调度室及其有关人员,分析判断发热原因并加以排除后方能启动主机。

3）用冷水冷却传动轴,使其温度尽快下降。注意水不要流进润滑部位的摩擦面,更不能用冷水直接冷却轴承的外壳（轴承托架）,这样很容易使外部急速冷却,轴瓦收缩并抱在轴上,主机运转时造成研瓦。如果设备运转时对这个部位的水冷却更应十分小心。

（4）检查轴承处是否有明显泄漏。干油润滑如有明显漏油,说明油已经乳化变质,或因轴承温升,油黏度降低后流出。应及时处理,补加新油脂,如果稀油润滑（如传动轴的输出端）,可拆开密封压盖,检查密封胶圈（或毡圈）是否损坏,如损坏,要立即更换。

（5）检查传动轴轴向限位卡子如果松动应重新紧固,卡子距传动壳体的轴向窜动间隙一般为1~2mm,不可调的过大或过小。

有下列情况之一者不能开动主机:

（1）电机地脚螺栓松动;

（2）安全栏杆和安全罩等防护不齐全;

（3）破碎腔内有矿石或其他杂物;

（4）排矿口的尺寸不符合要求;

（5）调整装置不可靠;

（6）保险装置不可靠;

（7）除尘设备不能运转;

（8）没有换取操作牌;

（9）联络讯号不灵敏可靠。

3.1.8.4 开停车顺序

开停车顺序主要考虑机组前后设备的衔接关系,开车时需要后续工序上的设备正常运转才能开启前端工序设备,以细碎系统为例,其设备关系如图3-21所示。

开车顺序为:筛下皮带→筛上皮带→筛分机→筛机给料皮带→破碎产品皮带→破碎机→破碎机给料皮带上的检铁器→破碎机给料皮带机。停车与开车顺序相反。

破碎机停机时注意的问题:

（1）非重大人身伤亡和重大设备事故一般情况,严禁破碎机带负荷停车。

（2）停机后立即将"禁止操作"的警示牌挂在操作台的操作开关上。事故开关搬到断电位置。

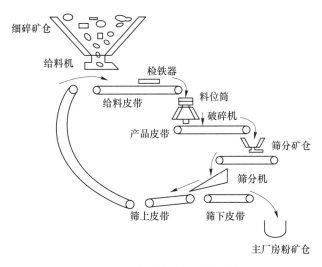

图 3-21　细碎系统设备形象联系图

（3）停主机后 5~10min 停止除尘设备，如果主机停机时间不超过 30min，可不停除尘设备。

（4）主机停机时间超过 30min 时，应停主机后立即停止润滑油泵，当油温高于 40℃时，可不停油泵和冷却水，使润滑油循环冷却。

（5）冬季生产，厂房内温度低于 0℃时，弹簧破碎机的水封水不能停。

（6）停机时间超过 4h，应关闭油、水、气管路的所有阀门，停止一切附属设备的运转。雨季做好电气设备的防潮，冬季做好水管路的管路及阀门防冻工作，加强保温。

（7）封停设备，大、中、小修设备应放松三角皮带的张紧，使液压系统卸荷，放松弹簧压缩。放尽冷却水（打开泄水阀）。

（8）设备检修停机，电源牌应在检修人员手中保管。检修人员退出后，将电源牌交还操作者，操作者负责对检修人员的监护。

3.1.8.5　排矿口调整

对各段破碎机排矿口的调整，主要是为了保证破碎产物粒度，使最终破碎粒度达标及合理平衡各段破碎机的负荷，使其处理能力最高。排矿口测定与调整，是日常生产检查工作的一项重要内容。排矿口尺寸的改变，直接影响到破碎产物的粒度和各段负荷量，因而需经常检验，一般视具体情况，每周测定并调整 3~4 次。

（1）旋回破碎机。当动锥或机架的衬板磨损后，排矿口会增大，为了保证排矿粒度，需要恢复原来的排矿口宽度。因动锥为上小下大的椎体，所以提升动锥可减小排矿口。如果破碎动锥已提高到顶点，排矿口还不能恢复原有的宽度，则应考虑更换机架或破碎动锥的衬板，或者同时更换。提高破碎动锥时先将横梁上的螺帽取下，再将起重吊环拧在破碎动锥主轴上端的丝孔内，然后利用吊车将破碎动锥吊起，吊起的高度应比原预计提高的距离高 5~15mm。破碎动锥提起后，向下拧调整螺钉，将压套及锥形套压下去，然后将螺钉退回。接着将键取下，并向下拧螺帽，直至它与压套接触为止。然后测量排矿口宽度。达到规定要求后，清理干净，加满润滑油，最后装上帽盖。需注意将破碎腔盖好，确保维修人不能掉入破碎机内。

（2）中细碎圆锥破碎机。动锥衬板与定锥衬板之间的最小距离为排矿口，如图 3-22 所示，随工作时间会不断磨损，使排矿口逐渐增大。为了保证产品粒度，就要随着磨损情况，不断地调整排矿口尺寸。

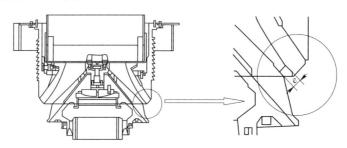

图 3-22 　中细碎圆锥破碎机排矿口示意图

排矿口调整有人工机械调整、人工液压调整和自动液压调整三种方式。

1）人工机械调整。只需调节安在立柱上的棘轮，带动调整环传动，借助于调整环与支撑套件的矩形螺纹升、降定锥衬板来实现。

2）人工液压调节。使用机架外的液压缸（4~6 个液压缸），控制活塞杆顶端的卡爪与调整罩上的驱动换和凹槽啮齿，活塞杆伸出一次，可转动驱动换上的一个凹槽，卡爪上设有弹簧，当活塞杆每次缩回后，能自动及时卡住主驱动环上的凹槽，从而保持排矿口不变，直到活塞杆再一次伸出为止。要调节排矿口时，有的通过使油压超过弹簧力，有的通过杠杆操纵，将锁紧环和定锥松开，定锥就可在调整环上转动。

3）液压自动调整。目前，多数都装有排矿口的自动调整装置，排矿口的大小借助于装在主轴液压缸底部的自动位移传感器进行探测，并且同排矿口尺寸测定系统连续地显示出来，液压缸固定在动锥底部，利用液压机构可以自动上下移动锥，操作人员只要根据动锥定锥的磨损情况定期标定排矿口即可。

如 PYB2200 型液压圆锥破碎机，有排矿口的自动调整装置，排矿口的大小借助于装在主轴顶上的自动同步传感器进行探测，并且同排矿口尺寸测定系统连续地显示出来，液压缸固定在动锥底部，利用液压机构可以自动上下移动锥，操作人员利用液压油泵的开关并注视排矿口测定系统刻度盘，就能很容易地通过遥控将排矿口调到需要的尺寸。

（3）颚式破碎机。

1）垫片调整。在后推力板支座和机架后壁之间，放入一组厚度相等的垫片。利用增加或减少垫片层的数量，使破碎机的排矿口减小或增大。调大排料口，只需求拧紧顶丝迫使调整座往前移，到达必定空隙后，把调整座与后机架之间的垫片抽出，调小添加垫片。调整好以后，将松开的顶丝旋回本来的方位，使调整座紧挨颚式破碎机的后底座。此法结构紧凑、调节可靠，大、中型颚式破碎机多用这种调节方法。

2）拉杆调整。调节后面的拉杆弹簧装置，以增大或减小排料口尺寸。

3）楔块调整。借助后后肘板支承座与机架后壁之间的两个楔块的相对移动来实现破碎机排矿口的调整。转到螺栓上的螺帽，使调整楔块沿着机架的后壁做上升或下降移动，带动前楔块向前或向后移动，从而推动推力板或动颚，以达到排矿口调整的目的。适宜小型颚式破碎机采用。

4）液压调整。近年来还有在此位置安装液压推动缸来调整排矿口的。排矿口大时，打开截止阀，启动液压油泵，排矿口调至合适位置后关闭截止阀。排矿口过小需要放大时，应打开截止阀门，不启动油泵，靠动颚的自重将液压油缸的油压回油箱里面，排矿口随之增大，调到合适位置时关闭截止阀。

（4）排矿口的检测方法。

1）采用压铅法检测。适用于中细碎圆锥破碎机，调整后的排矿口，采用钢丝系铅球的方法，通过破碎腔到排矿口处测量排矿口尺寸。经过加工的新衬板测量一点即可，未经加工或已磨损的衬板应测量 6~8 点。排矿口达到尺寸要求后，利用锁紧缸将调整环锁紧，才能再次开车。

具体操作方法即用事先制作原铅块，用一根绳或钢丝吊在铅块的环中，手牵住绳子的另一端，使铅块在排矿口中通过 2~3 次，在破碎机的圆满周方向上测 3~4 点，被挤压过的铅块（铅块制成截锥体，其大端尺寸大于要求排矿口尺寸的 25%~30%），用直尺可测出。各点的平均值可作为实际排矿口的尺寸，如果各次测得的排矿口尺寸差别太大，可能是动、定锥衬板出现凹坑，应及时更换，否则保证不了产品的质量。

2）圆球通过法。适用于深破碎腔的旋回破碎机，停机状态检测。用厚度为 2mm 的钢板制成焊接钢球，球的直径为排矿口要求尺寸。用三根绳拴住铁球，另一端握在手中。使球在排矿口处上下移动，球正好通过排矿口时测得的值为最佳排矿口数值，根据测量情况进行调整。

上述的两种测量方法，在检测时应注意，一只手提住检测工具，另一只手要紧紧握住破碎机的结构等固定物体，身体的重心尽可能不移进破碎腔，防止掉入破碎腔。

3）目测排矿口，操作者站在破碎机上部平台及上部矿槽或下部检查也用肉眼进行检测。也可借助 4~8 倍望远镜进行观测。

采用铁球检测和目测认为实际排矿口的尺寸与要求尺寸相差悬殊时，应立即停车用直尺检测（一般指深破碎腔的旋回破碎机），操作者由检查孔进入破碎机底部进行测量。

3.1.8.6 给矿粒度的判断及处理

A 给矿粒度过大的判断与处理

判断方法：

（1）给矿的粒度及块矿含量由给入物料可直观看出来。

（2）由于破碎粒度较大及块矿含量较多的矿石时，破碎力增大、功率消耗增加，故反映破碎机的工作电流较高，油温也有所上升，工作时破碎机机体振动较大，破碎腔内声音也较大。

（3）破碎速度较慢，矿石经几次破碎才能排出，所以有时出现呕矿的现象，或积存于破碎机。

（4）由于破碎力增大，机体振动加剧，破矿机的衬板及齿轮副等其他部件，磨损加快，容易产生松动或损坏。

（5）破碎机产率降低。

（6）排矿口调整频繁。

处理措施：

（1）减少给矿量或断续给矿，防止破碎机噎矿或囤住。生产时要经常检查破碎腔的矿石排出情况，有呕矿或噎矿时，应停止给矿，待排尽后再给矿。另外应经常注意电流的波动，如果电流较大，而且指针停留在最大的极限位置时间较长时，可能噎矿，甚至可能囤矿，要立即停止给矿，否则囤矿时，处理很困难。

（2）搭配给矿，即将含粉较大，粒度较小的矿石搭配给入破碎机，以缓解破碎力或增加产率。

（3）适当增大排矿口的尺寸，一般不能超过实际要求排矿口尺寸的5%～10%。使给入物料中粒度稍小的矿石顺利通过排矿口排出，粒度较大的矿石能得到较长的破碎或排矿时间。防止噎矿或囤破碎机，另外可以增加破碎机产率。

（4）经常检查下列部位，防止设备事故发生。

1）检查衬板有否松动，应及时检查更换；

2）监听齿轮啮合处的声音，有异常声响要立即停机检查，否则断齿后容易产生机械伤害。

3）注意传动三角带是否打滑，动锥丢转（转数减少）容易造成呕矿或囤矿。

4）经常观察电流表的指针波动情况。

①如果发现工作电流长时间超额定电流时，要立即停止给矿，估计有呕矿或噎矿可能。

②如果发现工作电流达到极限值后，又立即减少到低于工作电流，传动轴转而动锥不转或稍稍转动，很可能产生主轴、传动轴及大小齿轮的轮齿折断，要立即停止主机进行检查。

③电流表指针波动范围较大，机内噪声较大，但动锥没有明显丢转时，可能是断齿。

（5）注意排矿口的检测和调整。

B　给矿粒度小的判断与处理

判断方法：

（1）由给入矿石可直观看出给入物料情况。

（2）工作电流较小，波动范围也较小。

（3）给入矿石经常供不应求，小粒度矿石进入破碎腔后迅速由排矿口排出，稍大粒度的矿石也很快破碎排出。

处理措施：

（1）搭配一定比例的块矿，使其破碎作业处于正常情况，也可防止块矿集中破碎时给破碎机造成危害。

（2）增加给矿量，提高产率，防止破碎机功率无价值消耗，解决物料供不应求的矛盾。

C　给矿粒度大的判断与处理

给矿中含粉量大，含水量大（超过6%～10%）的判断与处理。

判断方法：

（1）物料比较潮湿，用手捏一下成团，黏性较大，在筛分机的筛面上容易造成堵塞筛孔，使筛分效率降低。

（2）物料由于黏性较大，在破碎腔出现了"拍饼"现象，停留时间较长，不能及时排出而造成堵塞排矿口或囤矿。

（3）工作电流较高，电流表指针在高电流的位置上停留时间较长。

（4）破碎机负荷明显增大，容易产生主轴传动轴以及轮齿超负荷折断。

（5）皮带打滑，动锥转数降低。

（6）过载保护容易动作并使破碎机囤住。

（7）长时间破碎黏性矿，润滑油温有所升高。

（8）堵塞给矿漏斗或堵塞下部排矿。

处理措施：

（1）控制给入矿量，限制破碎机满载运行。

（2）搭配定量的粒度较小的块矿，用以平衡黏性物料。

（3）分析物料水分偏高的原因，并进行消除。如防尘给水量太大应控制给水量，如果物料存放产生的水分或泥质含量较大时，应疏通料场的排水渠道，堵塞矿石（或矿槽）的进水点，减少矿石的含水量。

（4）采用热风干燥的办法，消除或降低物料中的含水量。

（5）经常注意电流表指针的变化情况。

1）如果工作电流较长时间偏高时，应停止给矿，待破碎腔"拍饼"消除后再给矿，防止产生断轴或断齿等事故。

2）如果工作电流达极限并迅速回落，有可能断轴或断齿，要立即停机检查。

（6）堵塞给矿漏口，处理时要做好防护，防止进入破碎机。

D 物料硬度很大时的破碎操作方法

矿石的硬度是衡量其可碎性的重要指标，矿石越硬，其机械强度越大，可碎性越小，越难破碎，破碎时消耗功越多，所以正确掌握破碎硬度很大的矿石（普氏硬度值 $f>10$）操作方法对破碎产品的产量、质量及能源消耗都具有一定的实际意义。

由于物料的物理机械性质不同，其破碎方法选择也不同，对于破碎坚硬物料应采取下面措施：

（1）由于坚硬物料的抗弯曲和抗冲击能力较差，所以采取弯曲并配合冲击来破碎效果较好，操作时可适当减少给矿量，使矿石破碎时构成弯曲作用的条件，另外有一定的冲击行程矿石容易被破碎；如果给矿量较大则使矿石失去弯曲和冲击破碎的条件，而产生压碎和磨剥作用的破碎，效果较差，对产率有一定的影响。

（2）破碎坚硬矿石时也应十分注意电流表指针的变化情况，防止噎乱、囤矿、轴断、齿断等设备事故发生。

（3）破碎坚硬矿石，衬板磨损、松动、裂纹等容易发生，应经常注意检查并及时更换。

（4）经常检测或调整排矿口，保证产品质量。

3.1.8.7 组织生产操作

A 冬季生产

冬季气温基本低于0℃，厂房内取暖或保温不好，作业条件也很差，这样给生产操作带来很多麻烦，采取措施不适当将影响破碎产品的产量和质量。

（1）漏斗堵塞。由于外面的矿石自身温度很低，进入漏斗后，与热空气接触，融化后又重新结冻、矿石块之间，或与钢制衬板冻结在一起，堵住漏口使矿石排不出来，对破碎生产影响较大。

采取的措施：

1）少给或间断给矿，使漏斗内不充满矿。

2）漏斗内蒸汽加热，使矿在漏斗内不具备重新结冻条件。

3）通冷风降低漏斗内温度，使矿石保证在漏斗内同在厂房外同样温度而达不到表面的融化和再结冻。

4）用橡胶衬板代替锰钢衬板。

（2）油温低。油温低会使其黏度增加，破碎机启动负荷增大，主机不能启动或启动后跳闸。另外可产生润滑油路不畅，而造成设备事故。

油温低时要进行加热，使其油温达到20℃以上。冬季生产要在开机前首先检查油温，以便提前加热，防止影响生产。

（3）水封水在水封槽内结冰。应在停机时不停止水封水，避免结冻，也可在水封水给入管中间，制一个水箱，用蒸汽加热，或将水封水管由蒸汽管内通过来提高水温。

（4）破碎机衬板冬季时容易产生冷脆性，降低韧性而使衬板破裂，冬季生产时要注意检查衬板是否产生裂纹，并及时更换掉，防止脱落后堵塞和损坏破碎机。

（5）冬季生产容易产生破碎机断轴或断齿事故，应尽可能减少破碎机负荷，并使油温稍高于夏季生产时的正常油温。

B　夏季生产

夏季的气温较高，当自然温度达35℃以上，会使破碎生产有一定困难。如不采取有效措施，将使产品的产量和质量受到影响。

（1）油温高。由于自然温度的影响，加之设备运转时，摩擦件摩擦时所产生的热量，夏季生产经常出现油温高达50~60℃或更高。容易产生研瓦、抱轴等事故。应采取如下措施：

1）增加冷却器的清扫次数，提高冷却效率。

2）延长润滑油泵运转时间和油冷却时间，根据油温情况，油泵可连续运转。并同时增大冷却水的给水量，但注意水压必须低于油压。

3）增加一台冷却器，使润滑油在进入机体内经过两次冷却。

4）沿给油或回油管路增设冷却水箱。

5）特殊情况，可在水平轴轴瓦外壳处进行水冷却，要应注意水不要混入润滑油。但是在轴瓦处温度高于60℃时，不能在轴瓦外壳上直接冷却，防止外部冷缩轴瓦将轴抱住。

（2）轴承（滑动或滚动轴承）温升较高。各部轴承在夏季容易产生温升，有时超过允许温度，故在夏季生产时应特别注意轴承处的温升检查和冷却可用水冷却轴承座外壳或冷却传动轴。防止轴承研住，但注意水不要流进润滑进位。

（3）电气线路绝缘老化或电气设备潮湿，防触电。电气线路的绝缘层在夏季时容易老化或脱开，失去绝缘作用，发生电气故障或触电等设备或人身事故。应采取下面措施：

1）注意电气设备及其线路有否可能被水浸入，应堵塞或排除掉各进水点。

2）经常检查接地线是否完好。

3）对于岗位操作台、控制箱，事故开关电机出口线等经常接触的电气设备，应经常检查其线路的绝缘层，用试电笔检查是否漏电，如果漏电应及时找电工处理。

4）加强操作间的通风，避免绝缘老化。

（4）漏斗堵塞。雨季时，矿石黏性较大，容易在漏斗内产生堵矿，并影响破碎机的产率。可采取下面措施：

1）雨季生产应减少给矿量，漏斗内不能充满给矿，间断给矿或给入含粉量小的矿石。

2）保证漏斗内尽可能光滑，使排矿畅通。

3）使用橡胶衬板代替锰钢衬板；防止潮矿粘连于衬板并堵塞漏斗。

3.1.9 筛分岗位操作

3.1.9.1 开机前检查

（1）检查三角带是否齐全，使用磨损情况、张紧度是否合适，三角带安全罩是否稳固。

（2）盘动激振器的主轴是否有卡住现象，并检查激振器两端轴承压盖螺丝是否齐全紧固及皮带轮和飞轮是否稳固。

（3）检查筛网使用情况，有漏洞要及时修补，如磨损到限应及时更换，否则将影响筛分效率。

（4）检查筛板的固定螺栓是否齐全紧固。

（5）筛子的减振器的吊挂螺栓磨损超过原直径的 1/5～1/4 应及时更换，防止带负荷生产时磨断。

（6）检查筛子的弹簧是否损坏。

（7）检查筛子下面的排料口是否堵塞。

3.1.9.2 筛子开动后检查

（1）筛子的给矿装置是否运行正常。给料量要合适，太大影响筛分效率，给料量太小影响筛分产率。另外给料应沿筛面宽度均匀给入，筛面上布料均匀，料层刚刚盖过筛面为合适。物料在筛面分布较薄，且物料运动到筛面中部时分布就比较松散，表明给矿量偏低。

（2）检查三角带，皮带轮是否运行平稳。注意三角带在运行中拉断，脱开。

（3）经常检查筛面使用情况，是否振动异常，是否有漏洞。冬雨季生产时注意是否堵塞筛孔，是否有堆积而跑大块。筛子停止振动，会压筛子跑大块。有漏洞会跑大块而影响产品质量。注意筛子接料部位，防止筛下产品和筛下产品分不开，影响产品质量。

可安装跑块报警板提示跑大块。筛子在运转中，因压筛子、筛头（上端）堵矿、筛矿漏等原因，可能出现大于筛孔尺寸的大块矿石跑入筛下产品，给下道工序带来麻烦，筛分工为避免跑矿，在筛下安装一块厚度 5～6mm 的钢板，跑块时敲击钢板，操作工可及时发现并处理。

（4）观察下部料口是否堵塞或堆积，漏口堆满料很难处理，处理时应首先停止上部给矿并同时停止下部运输皮带，由下部漏口或检查孔处理，处理时人要躲开料流可能冲击的部位，防止伤人。

（5）检查固定筛的筛孔是否被大块堵塞，并及时处理掉，处理时要首先停止上部给矿，并站稳，防止掉进下部漏子（大孔固定筛）或摔伤。

（6）目测检查筛分效率。由筛上产品和筛下产品可直观看出。筛上产品含易筛粒多表明筛分效率低。筛分效率是筛分作业的重要指标，筛分效率低，使破碎的最终产品质量下降（开路破碎）或使破碎机的产率降低，返回矿石量太大（闭路破碎），所以筛分工应时刻注意筛分效率的变化，并及时调整。使用筛析法测定筛分效率，操作麻烦，另外时间上不能满足操作要求，破碎岗位应掌握目测筛分效率的办法：

1）目测筛上产品中的小于筛孔尺寸矿石含量。含量较少时，说明筛分效率较好，反之较差。

2）由筛上物料分布情况看筛分效率。筛分效率较好时，物料在筛分布均匀，料层较薄，物料运动到接近排出端时，物料呈散状分布，肉眼可以看出，排出的物料中几乎不含有小于筛孔粒度的矿石。如果筛分效率较低，筛上物料分布不均匀，集中于筛面的中间或两侧，料层较厚。物料接近排出端时，仍然很集中，成料流排出。

3）在原矿块粉比基本平衡的条件下，可由筛下或筛上产品输送设备的工作电流量变化判断筛分效率，筛上产品输送机工作电流高于正常工作电流时，筛分效率较差。

可利用筛子安装角度的调整来提高筛分产率和效率。在下列情况可增大或减小筛子的倾角 $1° \sim 5°$。

①增大筛子安装角度，可提高筛子产率；减小倾角可提高筛分效率和筛上产品合格率。

②处理含粉矿比率较大时的物料，可适当增大倾角；处理含水分较大的黏性物料时，或冬季处理结冻的物料时可适当减小倾角。

③筛孔磨大，筛下产品粒度变粗，不能满足下道工序要求时应增大筛子倾角；

新安装的筛板，尤其厚度较大的橡胶筛板及筛上产品合格率较高或筛下产品产率较低时应减小筛子倾角。

3.1.10 岗位操作规程

3.1.10.1 破碎机岗位安全规程

（1）无工作牌，严禁操作设备。

（2）经常检查破碎机安全围栏、罩子、地面、对轮、电机接地线等设施齐全完好，现场照明充足。

（3）破碎机作业时，关上观察门，防止矿石飞出伤人。

（4）调整排矿口时，要有专人佩戴袖标负责指挥吊车。

（5）打铁楔时，不准戴手套，一定要站在安全可靠处，严禁在楔铁运动方向站人。

（6）在处理堵漏时，必须采取安全可靠站位，使用撬棍放在身体侧面进行工作。

（7）处理故障进破碎机里腔时，必须与调度室及相关岗位联系确认好，切断电源，并把转换开关恢复零位，同时设专人监护，不准在下面处理，以免落石伤人。

（8）破碎机进铁时，注意破碎机震动，以免伤人。

（9）清理囤破碎机时，要与调度室联系好，系好安全带，设专人监护，从上往下处理，以免落石伤人。

（10）事故开关必须保持处于正常状态，该横该立，不准将压扣别住运行。

（11）严禁手潮湿时或手持潮湿物检查、操作电气设备，发现电气设备故障，要立即报调度室找电工处理。

（12）不准从高处往下扔东西，严禁带负荷启动电机。

3.1.10.2　筛分岗位安全规程

（1）严格执行操作牌制度，无牌不准转车。

（2）设备安全装置必须齐全有效，否则不准转车。

（3）开车前要先检查筛体内或附近是否有人，确认安全后方可开机。

（4）更换筛子作业中，要有专人监护安全，换好电源牌，横上事故开关，挂好标志牌，确认安全后方可进行。

（5）经常检查钢绳、弹簧、拉杆等备件磨损情况，发现问题及时处理，以防伤人。

（6）小皮带和开式齿轮给油，必须停车进行。

（7）更换三角带时首先请示调度批准，必须停机、横好事故开关方可工作。

（8）除尘罩子和门必须关严，并经常洒水。

（9）严禁高空抛物，清扫时严禁往电气设备上洒水。

3.1.10.3　皮带岗位安全规程

（1）开车前对岗位设备安全状况仔细检查，确认作业区域内无人和安全设施齐全完好后，方可启动设备，不准带隐患作业。

（2）严禁乘、坐、钻、跳、跨皮带及用皮带运送物品。

（3）设备检修及岗位处理故障时，要与调度室及上下相关岗位联系确认，启动开关恢复到零位，严格执行工作牌制度，并设专人监护。

（4）皮带打滑时，严禁用手拉、脚蹬、压杠子等方法处理，必须停车处理，禁止转车打皮带油。

（5）皮带跑偏时，严禁用铁、木棒挡着正在运转的皮带。

（6）更换漏子衬板和托辊时，要与操作台及上下相关岗位联系确认好，横好事故开关，专人负责停电交换工作牌，换电源牌后方可进行处理。

（7）在检查皮带运转情况时要扎紧衣襟袖口，不准转车注油，防止绞入。发现皮带上或漏子内有异物时，要及时停车清除。

（8）严禁转车情况下清扫卫生、打泥疙瘩及处理故障，不准往电气设备上洒水。

（9）禁止手潮湿或手持潮湿物时检查和操作电气设备，电气设备发现故障，要立即报调度室找电工处理，严禁私自修理。

（10）事故开关必须保持处于正常状态，严禁将启动压扣别住运行。

（11）在高处作业或下漏子作业时，要系好安全带；捅漏子时必须站稳，将撬棍放在身体侧面作业，如需进入漏子内处理，必须与调度室及上下工序岗位联系好，关掉电源，停好皮带，并设专人监护。

（12）严禁皮带带负荷启动，因事故满负荷停车时，必须将皮带上的矿石卸下一半以上方可转车。

（13）未经本岗位允许，严禁他人开停设备。

3.2 磨矿与分级

学习内容：

掌握磨矿与分级原理，磨矿与分级流程及作用；磨矿分级的数质量流程，主要设备及辅助设备的规格和型号，按原矿计算的磨矿机的生产能力及按新生级别计算的磨矿机单位容积的生产能力。磨矿循环中的循环负荷，两段磨矿时的负荷分析，磨矿机的转数及其占临界转数的百分数，磨矿介质的装载量，磨矿介质的尺寸及配比，磨矿及分级溢流的浓度、分级机的转数，槽底斜度。按磨矿机尺寸校查分级机尺寸的正确性（自流连接条件）。磨矿机给矿、排矿、分级机溢流、返砂的筛析资料。

磨矿分级内容较多，为了方便大家记忆，结合实际工作的需要，本章仅就某选矿厂车间生产实际，讲一些实际问题，一些理论性的概念不做详尽的介绍。

工艺过程，如某选矿厂磨矿仓（粉矿仓）为 U 形矿仓，上部带卸矿车的胶带机把运进的矿石卸到磨矿仓中贮存。磨矿仓下设 17 台电液动给矿闸门，粒度−12mm 的矿石经 11 号集矿胶带机和 12 号给矿胶带机给入一段 $\phi4000mm×6000mm$ 溢流型球磨机，球磨机与 FX610-GT×6 旋流器机组（一次分级旋流器）形成闭路磨矿，分级机溢流（−0.074mm 占 55%~60%）自流给入。

3.2.1 磨矿分级概述

磨矿与分级是一个相互关联的机组，磨矿是碎矿的继续，其目的就是将粉碎后的矿石磨细到一定程度，使矿物达到单体分离状态，以便进行回收有用矿物。分级就是将磨矿产品中已经符合选别要求的粒级，及时地分离出来，避免不必要的再磨，把不合格的粗粒返回磨矿机再磨。分级效果的好对磨矿机的工作效果有一定影响。

3.2.1.1 磨矿的目的和意义

矿物加工（选矿）的目的是将有用矿物从矿石中分离提纯，因此，除了化学选矿工艺，矿石中有用矿物单体解离达到一定程度，是其分离提纯的前提条件。另外不管是什么工艺，都有合适的入选粒度要求。这两点就是通过磨矿和分级作业来完成的，足见磨矿分级的重要性。

磨矿分级作业是选矿前准备作业，为各道选别作业创造有利的选别条件，以获取好的选别工艺指标，要达到这样的目的，必须使矿石中的有用矿物与其他各种脉石矿物彼此最大限度地分离开来，使其成为单体状态，也就是人们常说的单体分离。同时，在磨矿过程中既要求达到单体分离，同时也要防止"泥化"现象，也就是所说的"过粉碎"。因为不管采用什么选别设备和选别方法，都对粒度的上限和下限有一定的要求，超过这个界限选别指标将明显的变坏。对磨矿产品粒度的分离界线常用 0.074mm（即现场常用的 200 网目）粒级含量来衡量。

3.2.1.2 磨矿机的分类

按磨机的结构、筒体形状、磨矿介质与工作原理不同，磨机可分为球磨机、管磨机、棒磨机、砾磨机、自磨机。常见的球磨机因结构的不同又分为格子型球磨机和溢流型球磨机。

（1）球磨机。球磨机是选矿厂最常用的磨机。横放的圆柱形筒体，筒体内装入一定数量的钢球作为研磨介质。矿石和水从给矿端给入球磨机，当电机带动球磨机运动后，磨机内钢球也随筒体一起运动，由于受离心力作用，钢球被抬高，当达到一定高度后，钢球则脱离筒壁，并以一定初速度抛落，这样就会对磨机内矿石有一个冲击作用，使矿石粉碎，同时，在钢球与钢球间及钢球与筒壁间的矿石，因为钢球绕轴公转及自转，而被挤压和磨剥，使矿石磨碎，被磨碎的矿石和水形成矿浆从排矿端排出机外。因结构不同，分为格子型和溢流型两种，溢流型球磨机可大型化，目前使用最为普遍。

（2）棒磨机。棒磨机和溢流型球磨机基本相似。棒磨机是采用圆棒作为研磨介质。具有选择性破碎作用，可以得到粒度比较均匀的磨碎产品。

（3）砾磨机。砾磨机用砾石或卵石作研磨介质。砾磨机的筒体尺寸（$D \times L$）要比相同生产率的球磨机筒体尺寸大。常采用网状衬板或梯形衬板，或者两者的组合。特别适用于对物料有某些特殊要求的场合。国外将砾磨机用于处理金、银、重晶石等金属和非金属矿石。

（4）自磨机。无介质磨矿机称为自磨机，利用矿石本身在筒体内连续不断地相互冲击和磨剥作用来达到粉碎矿石的目的。粉碎比非常大，能使直径 350mm 以上的矿块，在一次磨碎过程中排矿粒度小于 0.074mm。可以简化破碎流程，并降低选矿厂基本建设的设备投资及其日常维护和管理费用。

3.2.1.3 分级作业及设备

分级是与磨矿作业配合的生产过程。将粒度、形状和相对密度不同的矿粒在介质（水或空气）中，按沉降速度的差异，分成若干级别的作业。在闭路磨矿循环中，磨矿机的排矿进入分级机，分级机再将其分为合格产物（溢流）和粗砂（返砂），粗砂返回磨矿机中再磨，溢流进入下一步作业。

（1）分级作业分类。预先分级是将入磨原矿中的合格产品事先分出，从而可提高磨矿效率；检查分级是将磨矿排矿中的不合格产品分出，返回磨矿机再磨。它可以控制合格产品中的最大粒度，减少过粉碎现象，提高磨矿效率；控制分级是对检查分级后的溢流再行分级的作业，分出混入其中的不合格产品，使它符合下一作业的粒度要求；预检分级是闭路磨矿时，预先分级和检查分级往往合一，称为预先和检查合一的分级，简称预检分级。

（2）分级设备分类。按分级机分级过程的不同，分机设备分为水力分级机和机械分级机两大类。其中水力分级机是利用旋转流离心力场进行分级，在一定压力作用下，矿浆给入锥形柱中，被分级的矿粒群在液体介质中由于沉降条件（如给矿速度、压力，浓度等）的不同而分成若干级别。机械分级机包括螺旋分级机、耙式分级机和浮槽分级机等，利用重力自然沉降，在一定条件下，不同大小的颗粒沉降速度不同而分级。

历史上螺旋分级机应用最广泛，工作原理是矿浆给入分级机后，矿粒在分级区内做自由沉降运动，其中粗的密度大的粗粒沉降速度快，首先沉降到槽底，在螺旋叶片的作用下，由底部返回到上部，成为返砂，而细的密度小的颗粒沉降速度小，在还没有沉降到底部时，就在矿浆流的作用下，由溢流堰排出成为溢流，使之达到粗细分离。

3.2.1.4　分级与筛分的区别

筛分是比较严格地按几何尺寸分开，而分级则是按沉降速度差分开。筛分产物具有严格的粒度界限，而分级产物则因受密度影响，在同一级别中，密度大的颗粒的粒度将小于密度小的颗粒的粒度，因而使粒度范围变宽。

3.2.1.5　影响磨矿作业的因素

给矿量、给矿粒度、磨矿浓度、钢球配比、介质充填率、磨矿时间、循环负荷（返砂比）、磨机转速率、作业率（检修效率）等。

3.2.2　球磨机

3.2.2.1　球磨机的结构

以格子型球磨机为例，其主体结构如图 3-23 所示，主要结构有：

（1）筒体及端盖。是由钢板焊接而成的圆筒，筒体内镶有耐磨衬板，保证良好的耐磨性。筒体两端有焊接的突缘，突缘上有很多孔（类似法兰），以便固定两端端盖。筒体上有多排螺孔，以便固定衬板（磁性衬板不用留螺孔），开有一个椭圆形的检修孔（也叫人孔），便于检修人员和材料出入。筒体一端安装有回转大齿轮，采用铸件滚齿加工而成。除衬板外，磨机内填装有钢球作为磨矿介质（研磨体），有的磨机筒体内还有箅板、隔仓板。

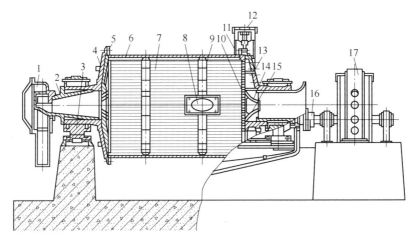

图 3-23　格子型球磨机结构图

1—给料器；2—进料管；3—主轴承；4—端盖衬板；5—端盖；6—筒体；7—筒体衬板；
8—检修孔（人孔）；9—楔形压条；10—中心衬板；11—排料格子板；12—大齿轮；
13—端盖；14—锥形体；15—楔铁；16—联轴器；17—同步电机

（2）中空轴。在两端的端盖上固定有中空轴，中空轴也是轴颈。它除了将筒体的全部质量传给主轴瓦外，也是进矿和排矿的通道。工人叫它轴脖子，给矿端短些。排矿端的轴脖子较长，而且直径稍大于给矿端。中空轴采用铸钢件，内衬可拆换。

（3）进、出料装置。分别为给料器、出料器。给矿端中空轴内镶有带螺旋的铸铁内套以防止中空轴磨损及便于进料。给矿器用螺栓固定在内套的端部，用来给矿，送进分级返砂和补加水的装置。如联合给矿器，它是鼓形给矿器和泥勺机的联合体。格子型磨机在排矿端有格子板、格子室用于强制排矿和阻隔小球及碎球。与格子型磨机不同，溢流型球磨机的排矿端中空轴装有反螺旋搅笼，利用反螺旋把排矿中的块状矿石及小球、碎球返回磨机内。

（4）轴瓦及润滑。球磨机两端的中空轴下部直接与巴氏合金瓦接触，轴瓦的润滑采用集中循环润滑，设有油泵站，油泵从油内将油抽出，并以一定压力打到各润滑部位中去，然后由各润滑部位流出的润滑油，分别经其下部的回油沟，回油管返回油箱。然后经过过滤，净化和冷却再循环使用。

（5）磨机衬板。磨机的筒内装有"衬铁"，也叫长铁。长铁是由压梁铁通过压梁螺丝紧固压住的，给矿端盖内侧装有三角衬铁，格子型磨机透过格子室大筋装花格子箅铁，小箅子中心部分有保护板，排矿端装有端盖衬板。球磨机人孔盖，也装有衬铁。

（6）动力装置。包括电机（同步电机）、减速机、联轴器（胶皮接手）、大小齿轮及控制装置等。大型磨机还具有辅助启动系统。

除上述之外，联合给矿器有水箱及外罩。排矿端还有水箱和溜槽。前后设有水管等。另外附属设备，如主电机润滑油站、主减速机润滑油站、主轴承润滑油站、大小齿轮喷油装置、慢传动系统等。

3.2.2.2 球磨机的工作原理

球磨机是各选矿厂普遍采用的磨矿设备，顾名思义，它的磨矿介质是钢球。因此，叫做球磨机。

它主要由筒体（筒体内加有一定数量的钢球）、给矿器、传动设备和支撑轴等主要部件组成。

它的作用原理是当筒体旋转时产生离心力，这个离心力使磨矿介质（钢球）贴附筒壁并随之上升至一定高度脱离点，如图3-24a中所示。然后沿抛物线轨迹下落，靠点冲击力将矿石磨碎。与此同时磨矿介质在被提升的过程中，在筒体内还绕轴线公转和进行自转，因此在磨矿介质（钢球）之间及钢球与筒壁之间不断地产生对矿石的挤压力和磨剥力，从而将矿石磨碎。球磨机运转中靠着三种力的作用来完成和达到磨矿的目的。

磨矿机内钢球作用力的大小与筒体转速有着密切的关系，因此，球磨机周速度 v（或转速 n）是决定磨矿效果和能力的重要因素。

当球磨机转速超过临界转速的，钢球的离心力大于钢球的自身的重力时，钢球开始随筒体一起转动，而失去冲击力。如图3-24c中所示。临界转速的理论推导这里不做介绍。其计算公式为：

$$n = \frac{42.4}{\sqrt{D}} \tag{3-2}$$

式中　n——临界转速，r/min；

　　　D——球磨机的内径，m。

当球磨机转速过慢时，钢球所受的离心力很小，不能被筒壁提升到一定的高度，而在筒内底部滑动，只能对矿石有一定的磨剥作用，而其冲击力和挤压力就很小，如图3-24b中所示。

因此，球磨机的转速过高过低都不好，球磨机要有一个合理的转速，这个合理的转速都要小于它的临界转速。磨机实际转速与临界转速之比叫磨机转速率，一般磨机转速率在

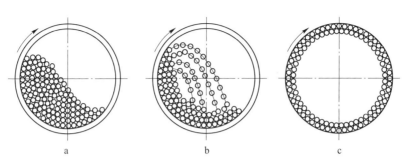

图 3-24　球磨机钢球介质运动状态
a—泻落式；b—抛落式；c—离心式

80%左右，具有较好的兼顾冲击与磨削作用。生产中当球磨机转速率小于76%时，称为低转速磨矿；转速率高于88%时，称为高转速磨矿。在实际生产中，球磨机工作转速选用范围很大。总的规律是棒磨机转速比同规格的球磨机转速约低10%；并且在球磨机中，小直径的球磨机工作转速高于大直径球磨机的工作转速；用于粗磨矿的磨机转速高于细磨矿的磨机转速。同时在确定球磨机最佳转速率时，应兼顾设备的生产率和节省能耗、钢耗等方面。实践证明，从提高球磨机单位容积生产率出发，最佳转速率为76%~88%；从节省能耗、钢耗而言，最佳转速率应为65%~76%。而且，适当降低转速，有利于提高单位能耗的生产率。为了综合考虑选矿厂的技术经济指标，球磨机的最佳转速应通过试验确定，并在生产过程中进行调整。如某选矿厂浮选车间球磨机的临界转速25.8r/min，其实际转速为21.7r/min，转速率84.1%，钢球处于抛落式运动状态。

3.2.3　分级机

分级机有很多种。螺旋分级机和水力旋流器最常用。螺旋分级机分低堰式、高堰式、沉没式三种，每种又有单螺旋和双螺旋等很多规格之分。螺旋分级机占地面积大，操作简单容易控制，所以在中小选矿厂应用普遍。因提升沉砂高度有限，不适用于直径3.6m以上磨机。

3.2.3.1　螺旋分级机

A　螺旋分级机结构与工作过程

螺旋分级机分为单螺旋分级机和双螺旋分级机两种，大型选矿厂以双螺旋高堰式分级机为主，其结构见图3-25。

高堰式分级机有别于低堰式和沉没式。高堰式分级是指它的下托架和末端轴头浸在矿浆中（低于溢流堰）只是末端螺旋叶露出水面，这样的螺旋分级机叫高堰式分级机。它的沉降区大于低堰式、小于沉没式。

螺旋分级机的结构主要有：

（1）槽体。用钢板焊接而成的，侧面有一给矿口，上面返砂槽连接，下部与溢流槽连接，槽内装有两根（或一根）螺旋轴矿浆给入槽内，矿浆在槽内完成沉降分级。

（2）螺旋。是分级机的关键部件，其螺旋轴采用无缝钢管（也有焊接管），两端焊有轴颈，上端支承在传动架上，下端支承在下部支座中（即下托架放入分级槽内）。螺旋轴

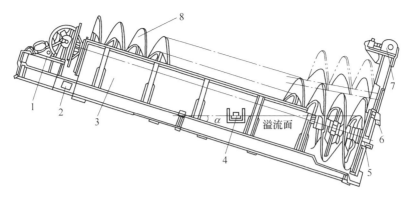

图 3-25　螺旋分级机结构图

1—动力装置；2—沉砂口；3—槽体；4—给矿口；5—下部支座；6—溢流堰；7—升降机构；8—螺旋

上用卡箍的方式装与螺旋导角相适应的支架，其支架上固定有螺旋叶板（现场叫螺旋叶），在螺旋叶的最外缘固定有白铸铁耐磨衬铁，工人叫它分级刮板。轴上安装等螺距双头螺旋叶片。

（3）下部支座。指的是下托架，下在分级槽末端的导槽中，工作期间浸在矿浆中，目前采用机械密封滚动轴承支座。其上部与提升机拉杆相连。

（4）上部支座。现场叫"十字头"，分级机的上部支座要承受螺旋的径向力和轴向力。

（5）分级机的传动装置。螺旋分级机的运转是电机经减速机传动到水平轴上的主动齿轮，水平轴两端的伞齿轴与分级轴头的伞齿轮咬合，驱动螺旋轴旋转，双螺旋分级机用一台电机带动两根大轴。轴头及齿轮润滑采用干油润滑。减速机为稀油润滑。

（6）螺旋的升降机构。螺旋升降机构的作用是带负荷停车时，防止矿浆泥将螺旋压住造成起车困难，在停车时将螺旋提起；另一作用是分级局部检修时将螺旋提出水面，它的机械升降机构为电机带动蜗轮蜗杆减速机和一对伞齿轮带动丝杠拉杆而使螺旋升降。

（7）返砂口。沉砂口连接分级机前部装的返砂槽，返砂槽接受螺旋带回的返砂，并经过它传递给联合给矿器水箱。返砂槽底和槽帮镶有辉绿岩耐磨衬里，返砂槽上部装有高压水管（返砂水）它是用来推进返砂，其落水点应对准螺旋返砂的落点，因此要求它压力要高、落点要准、角度要适宜。返砂槽的角度一般要大些为好。

（8）溢流堰和溢流槽。分级槽体末端的边缘为溢流堰，溢流从此溢出，所以溢流堰要安装的水平，防止偏流。溢流槽上部铺有 6mm 孔隙的铁箅子，以防止杂物和矿块碎球进入下段作业。

螺旋分级机的分级过程：磨矿后排出的矿浆或其他作业返回的矿浆，从分级槽体的中下部给入分级槽。由于槽体向溢流方向倾斜。矿浆自然向溢流堰方向流动，在矿浆流动过程中，矿浆开始沉降分级，直径大和密度大的颗粒沉降速度大，于是他们克服了各种阻力（水流、浮动、颗粒干涉、机械搅动等）沉降到槽底。自然后被螺旋运至返砂槽成为返砂，以备再磨，而直径小的细颗粒和密度小的颗粒由于他们的沉降速度小被矿浆流带走，从溢流堰排出，成为溢流产品，从而达到分级的目的。相关干涉沉降理论这里不做介绍。

B　影响螺旋分级机工作的因素

（1）分级面积及倾角。当分级的给矿浓度一定时，分级区（沉降区）面积的大小决定

86

着分级溢流粒度的粗细和返砂量的大小，沉降区面积的大小取决于槽体的倾角和溢流堰的高低。一般来说螺旋分级机槽体的倾角不是任意调整的，因为它涉及螺旋提升的返砂量的大小和返砂粒度性质的。如果需要增加或缩小沉降区面积时可是适当增高或降低溢流堰的高度。

要求一次分级溢流粒度细一些，就采取加高溢流堰的办法。因为溢流堰越高，分级面积越大，分级区的容积增大，螺旋的搅动对分级面的影响较小，因此溢流粒度较细。如果求粒度粗些时也可适当降低溢流堰的高度。

（2）矿浆浓度对分级的影响。浓度是分级操作中的主要因素，操作工人一般都是利用调节浓度的手段来调节分级溢流粒度的。当分级的浓度大时，溢流浓度也大，溢流粒度变粗；分级浓度小，分级溢流浓度也小，则溢流浓度变细。因为分级浓度高时，颗粒沉降受到的干涉阻力较大，沉降速度慢（小）来不及沉入槽底就被溢流带走，因此溢流粒度粗；反之就变细。

在分级机的正常工作中，矿石性质经常在变化，球磨机的给矿量、工作状态也经常变化，因此分机操作应勤测定分级的溢流浓度，以跟上磨矿的变化，保证比较稳定的溢流粒度。调节分级浓度要用球磨机排矿水来调节，不要用返砂水来调节。操作中个别工人有不正确的认识，用开大返砂水的方法，认为开大返砂水即可保证返砂顺利下泄不堵槽子，又能降低分级浓度，结果适得其反。由于返砂水过大磨矿浓度小。球磨排矿粒度粗，造成了返砂的恶性循环。因此，操作中调节分级浓度要用球磨排矿水。

（3）设备的影响。设备的影响包括分级螺旋轴是否落到底，下托架是否落到导槽的底部，否则等于分级槽变浅，有效容积减少。分级螺旋是否变形耙板是否齐全，溢流堰是否平整等，也会影响分级的工作效果。

（4）轴头螺旋位置。如果一次分级轴头螺旋不到头，缺1~2块板叶，就相对增加了分级槽内的"死区"，影响分级效率。

分级的轴长度，槽宽及机械额运动状态等方面的影响不作一一介绍。

3.2.3.2 水力旋流器

水力旋流器，是利用离心力来加速矿粒沉降的分级设备。它需要压力给矿，消耗动力较大，占地面积小，价格便宜，处理量大，分级效率高，可获得很细的溢流产品。得益于自动控制水平和耐磨材料的进步，水力旋流器是目前主要分级设备，与大型设备配合没有限制。

（1）旋流器的结构。旋流器的结构有给矿管、矩形（或圆形）给矿口、上端盖（也叫大盖子）、插入管、外部溢流管、圆柱体、椎体、沉砂口、耐磨内衬（辉绿岩或橡胶等），如图3-26所示。

水力旋流器用砂泵（或高差）以一定压力（一般是0.1MPa左右）和流速（5~12m/s）将矿浆沿切线方向旋入圆筒，然后矿浆便以很快的速度沿筒壁旋转而产生离心力。通过离心和重力的作用下，将较粗、较重的矿粒抛出。

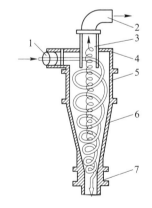

图3-26 水力旋流器结构
1—给矿管（口）；2—外部溢流管；
3—插入管；4—上端盖；
5—圆柱体；6—椎体；7—沉砂口

（2）旋流器的工作过程。选矿厂除尘使用的是干式风力旋流器之外，各车间使用的旋流器都是水力旋流器，给矿有动压（泵给）或静压（高差）两种方式，它们的工作过程都是一样的。简单地说，使具有一定压力的矿浆从旋流器的给矿口沿切线口方向给入旋流器内，矿粒在旋流器中依据他们切线速度分布规律、径向速度分布规律和轴向速度的分布规律，不同的颗粒所受离心力的大小方向不同，从而实现分级。一般来说，粒度大、密度大的颗粒所受的离心力作用也大，因此被抛向筒壁，然后呈轴流线下降通过沉砂口排出，称为沉砂；而粒度小、密度小的颗粒所受到的离心力作用相对要小一些，因此不能抛向筒壁，在周围矿浆的挤压下沿溢流中心管排出，成为溢流（细粒）产品，从而达到粗细粒分选的目的。

水力旋流器的操作及影响旋流器作用的主要因素对选矿厂日常生产保证选矿工艺技术指标是十分关键的。如某选矿厂使用直径 500mm 水力旋流器，采用静压给矿，压力为 0.12MPa，该旋流器是用来作为对一次粗磨后的分级溢流进行粗细粒分级设备。该旋流器分级的沉砂产率占总产率的 65% ~ 70%，溢流产率占总产率的 30% ~ 35%，沉砂部分的浓度一般在 74% 左右，这部分产品的粒度 -0.074mm 含量在 35% ~ 40%。细粒（旋流器溢流）的 -0.074mm 含量在 90% 以上，旋流器的分级效率根据实际考查值为 48.89%，处于较好的工作状态。但是，根据工业试验的情况看，由于一次磨矿磨的较细，原生矿泥次生矿泥都较大（考查结果为 -10μm 含量高达 23.29%），使旋流器沉砂与溢流量的分配比例比工业试验的数据偏小（工业试验为 7 : 3），基本上为 6 : 4。这样在一定程度上，使阶段选的作用有所降低，也影响了流程的平衡，显得弱磁选部分的矿量偏大。从这个意义上讲，也可以看出旋流器环节在整个流程中的重要作用。

（3）水力旋流器结构参数。

1）水力旋流器直径 D。指水力旋流器圆柱体直径，主要影响生产能力和分离粒度的大小。一般来说，生产能力和分离粒度随着水力旋流器直径增大而增大。直径 D 也是表示旋流器规格的参数。另外旋流器的直径与其他各部技术参数均有一定的关系。圆柱体高度（H）响矿浆在旋流器内的停留时间长短，从而影响其分级效率，一般 $H = (0.6 ~ 1.0)D$。

2）入料管直径 d_i。入料口的大小对处理能力、分级粒度及分级效率均有一定影响。入料管直径增大，分级粒度变粗，其直径与旋流器直径呈一定比例，$d_i = (0.2 ~ 0.26)D$。大型旋流器给矿口一般采用矩形，可按当量面积折算给矿管直径。

3）锥体角度 θ。增大锥角，分级粒度变粗，减小锥角，分级粒度变细。一般来说对细粒级物料分级，采用较小锥角的旋流器，通常取 10° ~ 15°；粗粒级分级和浓缩用旋流器一般采用较大的锥角，通常在 20° ~ 45°。水力旋流器内的流体阻力随着锥角的增大而增大。在同一进口压力下，由于流体阻力增大，其生产能力要减小。分级粒度随其锥角的增大而增大，总分离效率降低，而底流中混入的细颗粒较少。

4）溢流管直径 d_o。增大溢流管直径，溢流量增大，溢流粒度变粗，底流中细粒级减少，底流浓度增加。根据筒体直径确定溢流管直径，取值范围 $d_o = (0.2 ~ 0.4)D$，溢流管内径是影响水力旋流器性能的一个最重要的尺寸，它的变化会影响到水力旋流器所有的工艺指标。当进口压力不变，在一定范围内，旋流器的生产能力近似正比于溢流管直径。

5）溢流管插入深度 h。溢流管插入深度是溢流管插入到旋流器内部一节长度，指的是溢流管底部到旋流器顶盖的距离。溢流管插入过浅时，矿浆会出现"短路"流动现象，过深时，因粗粒颗粒进入多，也会使溢流粒度变粗。总之，减小溢流管插入深度，分级粒度变细；增大溢流管插入深度，分级粒度变粗。通常溢流管插入深度 $h = (0.3 \sim 0.7)D$ 或柱体高度 H 的 $0.7 \sim 0.8$ 倍。

6）溢流管壁厚。研究表明，溢流管壁厚增加，可以在某种程度上提高旋流器的分离效率，并降低其内部能量损失，而且还能提高水力旋流器的生产能力。

7）进料口断面尺寸。进料口的形状和尺寸对其生产能力、分离效率等工业指标有重要的影响。进料口的作用主要是将作直线运动的液流在柱段进口处转变为圆周运动。进料口按照截面形状可以分为圆形和矩形两种。

8）沉砂口直径 d_c。沉砂口直径是旋流器的可调因素之一，沉砂口直径增大，分级粒度变细，沉砂口直径减小，分级粒度变粗（沉砂口堵塞变小是溢流"跑粗"的原因之一）。根据旋流器直径确定沉砂口直径，取值范围 $d_c = (0.15 \sim 0.25)D$，沉砂口是旋流器中最易磨损的部位。沉砂口直径的增大，会使水力旋流器的生产能力相应的增大，但其影响比进料口尺寸及溢流管直径的影响相对来说小。适当大小的沉砂口，排出的沉砂为伞状。

9）内表面粗糙度及装配精度。水力旋流器的内表面粗糙度及装配精度对其生产能力、分离效率等性能参数的影响较小，但是在生产实践及研究发现，水力旋流器的内表面内衬耐磨橡胶，将会增大流动阻力。

10）进料黏度。分离粒径和进料黏度的平方根成正比，亦即进料黏度的增加会导致分离粒径的增大。水力旋流器的生产能力和分流比也会随着黏度的提高而增加。

11）锥比。锥比是沉砂口直径和溢流口直径之比，是设计旋流器的主要参数，也是操作调整分级指标的重要因素。锥比大，分级粒度小，锥比小，分级粒度大，锥比取值范围在 $0.15 \sim 0.65$。由于溢流口直径是不可调参数，所以在生产中主要通过更换不同的沉砂口来选择适宜的锥比。

（4）水力旋流器操作参数。

1）入料压力。入料压力是旋流器工作的重要参数。提高入料压力，可以增大矿浆流速，物料所受离心力增大，可以提高分级效率和底流浓度，但通过增大压力来降低分级粒度收效甚微，动能消耗却大幅度增加，旋流器整体特别是底流嘴磨损更加严重。处理粗物料时采用低压力（$0.05 \sim 0.1$MPa）操作，处理细粒及泥质物料时采用高压力（$0.1 \sim 0.3$MPa）操作。在厂房标高落差允许的情况下，采用静压给矿可保持给矿压力稳定。

2）入料量。增大入料量，分级粒度变粗，减小入料量，分级粒度变细。

3）入料浓度。当旋流器尺寸和压力一定时，入料浓度对溢流粒度及分级效率有重要影响。入料浓度高，流体的黏滞阻力增加，分级粒度变粗，分级效率降低。实践表明，分级粒度为 0.074mm 时，入料浓度以 $10\% \sim 20\%$ 为宜。

4）入料粒度。入料粒度的变化会明显地影响水力旋流器的分级效果。在其他参数不变时，入料中小于分级粒度的物料含量少时，则底流中的细粒含量少，浓度高，而溢流中的粗颗粒含量增加，旋流器的分级效率下降；当入料中接近分级粒度的物料多时，则底流中的细粒物料多，溢流中的粗粒物料多，分级效果下降。

（5）旋流器的操作。旋流器的设备虽然简单，操作从表面上看也不复杂，只要给矿矿浆有一定的压力，就会有一定的溢流和沉砂排出。其实不然，旋流器工作好坏操作是大有文章的，其操作内容主要有以下几个方面：

1）掌握旋流器的给矿浓度。因为旋流器的浓度对旋流器分级效率是至关重要的。旋流器给矿浓度的太大，则分级效率下降，沉砂中细粒含量增加，重选分选效率不好（精矿产率高，品位下降）；浓度太低也不好（沉砂浓度下降，溢流粒度变粗），影响选别作业，特别是影响弱磁部分的选别。旋流器较为合理的给矿浓度应该控制在 25% ~ 35%。所以，操作中对旋流器的给矿浓度要严格控制。

2）严格控制恒压箱的矿液面。静压旋流器，所需要的压力是靠矿浆的落差来实现的。如果矿液面忽上忽下，旋流器的给矿压力就不能相对稳定，就会使分级状态产生变化。尤其是当旋流器恒压箱管口"漏眼"时，就会使压力急速下降，大量空气抽入管道，造成旋流器"喘气"，这时的旋流器的分级状态被空气破坏，造成旋流器沉砂"拉棍"，成为圆柱形沉砂，大量的细粒进入沉砂，沉砂浓度大幅下降，有时甚至接近给矿浓度。沉砂箱也会出现"跑槽"现象，重选的分级效果也受到破坏，与此同时细粒溢流量也会产生很多变化，也破坏了弱磁选的正常生产。动压给矿道理一样，要保持泵池液面稳定，泵的工作压力稳定。

3）断定旋流器工作的好坏在操作中要从两低入手，一是观察旋流器的沉砂，二是观察旋流器的溢流。

4）旋流器的沉砂。正常情况下应为"旋转切线放射的伞状沉砂"浓度较高，一般在70%以上和溢流量合适而比较稳定为正常。如果当出现"拉棍"现象，多数原因有以下几个方面：一是给矿"漏眼"，压力下降；二是给矿浓度太大；三是旋流器沉砂口堵了。比较少见的是溢流管进杂物，沉砂口进杂物而没有完全堵死，或者是内衬辉绿岩坏了，改变了旋流器内矿浆运动状态的分布规律造成。

出现上述情况操作工人要及时检查，如果是由于恒压箱进气和浓度大造成的，就应及时的将该旋流器停下，检查旋流器沉砂口是否过大，或者有其他杂物进入。如果沉砂口过大，应及时更换，如果有杂物及时排出，如果怀疑是其他问题就请检修配合卸掉大盖子及给矿口检查处理。

5）在旋流器的操作中如果出现沉砂浓度变小，溢流浓度增大，液流量增大，液流粒度粗时，首先应怀疑可能是中心导管磨漏，造成矿浆"短路"的原因所致。如果是这种原因，应及时地请检修工人拆卸大盖子，进行溢流导管的检修。

除以上操作之外，旋流器岗位工人对旋流器应做到勤检修，测其给矿、液流、沉砂的浓度上下工序及时联系，观察各部分是否有变化，只有这样才能使旋流器的操作好，分级效果好。

3.2.4 阶段磨矿的流程结构及作用

为什么在磨矿工艺中采用阶段磨选流程呢？这主要是由原矿的矿石性质决定的。在讲这个问题之前，首先要弄清一个概念，什么是阶段磨矿。

所谓阶段磨矿时区别于连续磨矿的。连续磨矿顾名思义就是在一般磨矿之后的分级产品（即一次分级溢流）没有进行选别，而直接送到下一段磨矿分级作业，这就叫连续磨矿，如图 3-27 所示。阶段磨指矿石在经过一段粗磨之后。就有一部分颗粒达到单体分离的状态。这部分已经单体分离了的矿物颗粒不需要再磨（如果再磨即可能造成过磨，造成金属流失和浪费能源及材料），就可以给入选别作业，提前选出部分合格产品或中间产品，同时丢弃部分尾矿。而没有达到单体分离的矿粒再达到下一段磨矿分级作业，这样的磨矿工艺叫阶段磨矿，如图 3-28 所示。

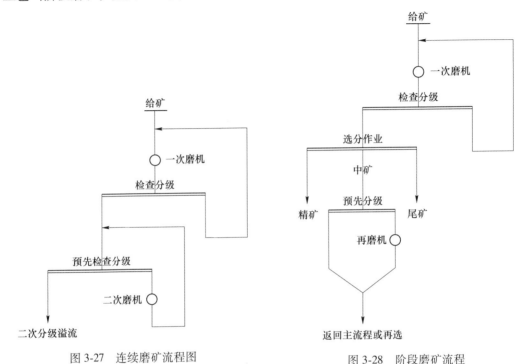

图 3-27　连续磨矿流程图　　　　　　　　　图 3-28　阶段磨矿流程

阶段磨矿的目的和意义：

有的矿石性质中，重要的一条就是具有结晶颗粒粗细不均匀的特点。也就是说粗的很粗，细的很细。如鞍山式铁矿石，磁铁矿的嵌布粒度是铁矿物中最粗的，其结晶粒度为 0.039~0.080mm，呈不均匀嵌布，有的呈 0.015~0.035mm 包裹在石英中。假象赤铁矿嵌布粒度为 0.040~0.656mm，赤铁矿的粒度更细些，但也很不均匀，多数在 0.03~0.05mm 之间。正因为矿石结晶粒度不均匀这一特点，就决定了磨选工艺可以采用阶段磨矿。

另外，从不同磨矿细度来看铁矿物的单体解离度也可说明这一点，见表 3-8。

表 3-8　鞍山式铁矿石磨矿细度与铁矿物单体解离度关系　　　　　　　　（%）

项目	磨矿细度与铁矿物单体解离度对应关系				
磨矿细度（-0.074mm）含量	47	59.8	68.0	80.4	92.4
铁矿物的单体分离度	57	69.0	80.81	83.0	91.4

磨矿细度-0.074mm 达到 59.6% 的时候铁矿物的单体分离度为 69.0%，改造前流程一次磨矿分级一次溢流粒度要求在-0.074mm 占 45%~50%。实验证明，当磨矿粒度-0.074mm 达 47% 的时候，铁矿物的单体分离度达 57%。这就说明，在这个时候就有 57% 的铁矿物达到单体分离，这部分已经达到单体分离的铁矿物还要进行再磨，造成了一定数

量的过磨（过粉碎）现象，既浪费了能源、设备、材料，同时也造成了一定数量的金属流失。

为了适应这种矿石性质，在一段磨矿之后，将已经单体分离了的铁矿物和单体脉石矿物优先提前分选出去是比较经济的做法。从而获得部分高品位的合格精矿和提前舍弃部分尾矿，没有达到单体分离的矿物再进行再磨再选。这样既可减少二次的磨矿量，也可以节约能源，节约再磨设备降低各种消耗，提高精度矿品位和金属回收率，从而达到降低生产成本提高企业经济效益的目的。

在鞍钢矿业选矿厂的流程沿革过程中，经一次磨矿分级后，再粗细分级，粗粒级与细粒级分别入选是一次里程碑式的工艺进步。所遵循的理念有两条，一是遵循矿石中矿物天然特性理念，二是窄级别粒级入选理念。前者说明弄清矿石性质并使工艺流程适应矿石性质，后者说明窄级别入选是能够提高分选效率和精度的。

3.2.5 磨矿与分级操作

（1）磨矿与分级设备。以某选矿厂为例。磨矿设备技术参数见表3-9，分级设备技术参数见表3-10。

表 3-9 磨矿设备技术参数

作业名称	一次磨矿	二次磨矿
设备名称	湿式格子型球磨机	湿式溢流型球磨机
型号及规格/mm×mm	MQG2700×3600	MQY3600×4000
设备台数	11	4
有效容积/m³	17.7	36
台时能力/t·h⁻¹	35~55	60~70
工作转速/r·min⁻¹	21.7	19
最大装球量/t	40	80
钢球直径	100mm	45mm×50mm
转动齿轮齿数，大齿轮/小齿轮	198/23	208/24
主电机功率/kW	380/400	1100
主电机型号	JDG215/32-32	TL260/44-36
主电机转速/r·min⁻¹	187.5	167

表 3-10 分级设备技术参数

分级设备	一次分级	二次分级	粗细分级
设备名称	渐开线旋流器	渐开线旋流器	渐开线旋流器
型号及规格/mm	φ500	φ660	φ500
设备台数	22	16	20
返砂比/%	150~250	—	—
主电机型号	Y280-4	Y315S-4	—
主电机功率/kW	90	110	—

分级设备	一次分级	二次分级	粗细分级
溢流管直径/mm	160	215	160
沉砂口直径/mm	90~100	120~140	95~105
给矿口尺寸/mm×mm	100×100	100×250	80×110
溢流管深度/mm	300	440	300
工作压力/MPa	0.05~0.15	0.05~0.15	0.05~0.15

（2）一次磨矿作业的操作要求。一次磨矿分级在整个流程中起着十分重要的作用，无论连续磨矿、阶段磨矿，一次磨矿分级生产指标的好坏对全流程的影响是至关重要的。尤其是阶段磨矿中一次磨矿后就有选别作业，其作用就更为重要。一次磨矿分级操作不好，要想使流程平稳，获得好的生产指标是不可能的。因此，所谓的"磨矿是龙头，头不动尾不摆"就是这个道理。

1）指标要求。如某选矿厂，一次磨机规格为 MQYφ5.49m×8.83m，设计作业率90.41%，其生产指标要求为：一次磨矿台时，336.5t/h；一次磨矿浓度，80%；一次分级溢流浓度，45%；一次溢流-0.074mm 含量60%。

2）操作要求。选矿厂采用阶段磨矿、粗细分选工艺。一次磨机的检查分级溢流再送到粗细分级旋流器，粗细分级后的沉砂为粗粒部分，给入重选作业；溢流细粒部分给入弱磁、强磁、阴离子反浮选部分。粗粒重选部分的中矿进行二次磨矿，二次磨矿产品返回粗细分级。最终精矿由重选精矿和反浮选精矿合并构成。

阶段磨矿的一次磨矿操作，首先要求给矿均匀稳定。要根据矿石性质在规定的台时能力范围波动，不能过高和过低。如果波动大，会立刻影响到旋流器分级，影响重选和弱磁等作业。因为重选作业对矿量、矿浆浓度的要求比较严格，矿量一波动，重选指标立即就波动，现场称之为"直肠"。这种阶段磨矿不同于连续磨矿，两段闭路连续磨矿的循环负荷有一定的缓冲调节能力，对处理量的稳定要求就没有阶段磨矿这样严格。

其次磨矿浓度要求高浓度操作。为了达到必要的磨矿时间，以充分保证磨矿粒度，保证一次分级溢流粒度达到-0.074mm 占60%以上。为了达到这样的目的，设计上已做了考虑，一次的台时能力设计为 336.5t/h。实际生产为保证磨矿粒度合格，其一次磨机处理量实际为309~312t/h。在降低台时的情况下，保证了磨矿时间达到细磨的目的。

一次分级要求采取低浓度、大返砂、小水量。一次分级作业浓度60%左右，溢流浓度35%左右，保证一次分级的返砂量，返砂比（循环负荷）控制在300%~350%。返砂水力求小开，以保证磨矿浓度。对分级设备的使用要求按技术标准，如果是螺旋分级机，要求分级叶片和叶板要整齐，不能高低参差，末端螺旋叶应上全头螺旋应落到合理位置。为了满足粒度的需要可对分级溢流堰应适当加高找平，分级溢流形状应均匀成"片"不能成几条线溢出。两条轴的返砂，力求均匀，分级溢流堰的算子要求完好，以防跑碎块碎球。以免影响螺旋溜槽的选别，造成堵塞。水力旋流器则要保证各部分磨损量合格，给矿量、给矿浓度尽量不波动，不夹带空气。

球磨的操作还应从以下几个方面加强，尽量减少开停车次数，如停车紧螺丝次数要减少、时间上要抓紧，否则会立刻反映到重选的指标上。

添加钢球要合理。应克服有时几天不加球，一次加很多，球荷做到心中有数。尽量避免补球现象。一次球磨机的球荷要在 35% 以上。在球磨操作中，由于操作跟不上矿石性质、水压等变化，球磨胀肚现象时有发生的，不要由于胀肚等原因丢了台时，然后就不顾指标追台时造成生产不均衡，带来一系列的生产波动。这是得不偿失的，应实事求是，正规操作。

（3）二次磨矿的操作要求。阶段磨选的二次磨矿，有别于两段连续闭路磨矿要求，给入物料为中矿，其性质、矿量和粒度特性等与一次磨机给入的原矿有改变。鞍山某选矿厂，阶段磨矿的二次磨矿是重选部分的中矿，给入的物料是粗螺的尾矿、精螺的尾矿，扫螺的精矿和扫中磁的精矿（有的选矿厂是精螺尾和扫中磁精两部分），这四部分产品又经过二次分级将细颗粒分级除去一部分，其返砂作为二次球磨的给矿；这部分产品属于中矿，比连续磨矿二次分级给入的物料的粒度范围窄，而且比较细，粒度也较均匀。在二次分级的操作中要力求返砂大、返砂水小，以保证二次磨矿浓度和磨矿时间，二次磨矿浓度控制在 60%~75%。

鞍山某选矿厂二次磨机与一次磨机规格型号相同，一次磨机与二次磨机比例为 5:3。二次球磨采用开路磨矿，分级设备为直径 660mm 旋流器组。如果磨矿浓度、磨矿时间不能保证，除浪费钢球衬板外，主要是再磨目的达不到，对选矿指标带来影响。二次分级操作要求为：分级溢流粒度 -0.074mm 达 80%~85%，分级作业浓度 50% 左右，溢流浓度 25% 左右。

二次磨矿是用来进行重选作业的中矿再磨的作业。所处的地位十分重要。如果二次磨矿作业的作用发挥不好，大量的连生体（中矿）就会在流程中反复循环，影响选别指标。因此要使流程中的中矿控制的较为合理，趋近一个常数值，这样流程中各部量才能平衡、平稳，生产指标才能保证，所以要加强二次磨矿的操作管理。

3.2.6　影响磨矿分级的因素

（1）原矿性质的影响。球磨机磨矿效果的好坏与矿石的物质组成及物理性质有着极其密切的关系。矿石性质包括矿石的硬度、含泥量、结晶粒度的粗细和均匀程度、球磨机的给矿粒度尺寸，对磨矿产品的粒度要求等。

矿石结构致密、结晶微小、硬度较硬的矿石属难磨性矿石。相反，松散软脆、结晶粒度较粗的矿石属易磨的矿石。

浮选的入选矿石虽然也有难磨和易磨之分，但总的是属于较难磨的矿石。首先它的结构是致密不均匀的结构，特别是 FeO 含量低的块状矿石尤其难磨。对于含泥大，含透闪石较高的条带结构的矿石是相对比较易磨的。

矿石硬度为（普氏）10~12 是属硬矿石，它的可磨度为 0.75~0.85（以大孤山矿石为标准）。

矿石性质的另一方面就是球磨机的给矿粒度，球磨的给矿粒度要求为 0~12mm，要注意破碎筛子出现问题，造成"跑大块"的现象。

球磨工操作中和接班时，除了进行其他方面的检查之外，要重点检查掌握矿石性质。

对于难磨矿石，含块量大、粒度大的矿石操作方法要进行适当调整，操作的节奏也要加紧。一般在处理难磨矿石时对其台时要掌握下限，或适当的低于下限，防止和减少胀肚，当矿石性质变化时再适当增加，不能因为有规定而不顾磨矿效果只求台时数量。在处理难磨的矿石时球磨工也不能只在减少台时上做文章，还应该采取如下的手段：如球磨机的钢球不足，大球偏少，应及时的补加一定数量的钢球，以适应矿石难磨的需要；要测定一次排矿浓度和分级溢流浓度和粒度，进行综合分析改变操作条件。越是矿石难磨越要适当地增加返砂量，使磨机内矿浆粒度黏稠度适宜。如果矿石硬、块大，返砂量小，球磨内的磨矿浓度会明显下降，造成吐块胀肚。所以强调当矿石难磨时。操作工人要加速操作节奏，重点看好返砂及球磨排矿。

（2）磨矿介质（钢球）的影响。球磨机磨矿介质主要是钢球，因此钢球成为磨矿效果好坏的重要因素。铁球影响磨矿效果主要有三个方面，一是球磨机内钢球的填充率；二是合理钢球的尺寸；三是合理的球比。

1）球的装入量，反映指标为充填率（球荷）。球磨机中钢球的充填率与球磨机的生产率、消耗的能量有关。当充填率在一定范围内增大时，所消耗的能量增加，当充填率大于50%时，能耗下降，但生产率也下降，球磨机给矿困难。一般球磨机的钢球充填率在35%~45%。

充填率是衡量钢球装入量的一个概念，它表示钢球在球磨机中所占的容积（包括钢球间的间距）占球磨机总容积的百分数。其测量与计算见流程考查相关章节。

球磨机内没有足够数量的钢球，球磨机的生产能力就会下降，从球磨机的工作原理可知磨矿主要是钢球对矿石产生冲击力、磨剥力及挤压力的三种作用，钢球少作用力就小，作用机会就少。

2）钢球的合理添加，一是合适的量，二是合适大小的球径。在磨矿过程中，球磨机内的钢球不断地消耗，其直径由大变小，最后全部耗尽或成为碎块从球磨机内排出。为了保证球磨机内的球荷值和适宜的球径比（简称球比），要求根据消耗定时加一定数量的钢球。如鞍山某选矿厂，一次球磨加110mm直径的大钢球，按天加球（按小时加更为准确），加球量一次1.25kg/t$_{原矿}$，每天加一斗。二次球磨加45mm×55mm的小锻球，单耗按0.75kg/t$_{原矿}$，平均每台两天加一斗左右。

球磨机内钢球的消耗由于材质、矿石性质、衬板新旧、球磨工的操作水平高低等多种原因，使其实际消耗不好控制。因此，在操作中要经常注意球磨机的"吃矿"情况，工作电流是否低于要求值，还要在球磨机检修时实际检查测量球荷。当发现钢球球荷不足时，开车后要补齐；球多时开车后要停加，待达到要求值后，在按正常补加钢球。

3）合理的球比和定期清球。球磨机内球比不合理和碎球过多就会影响球磨机的磨矿效果。正常生产的球磨机的球比是自然形成的，在正常消耗、正常补加的情况下，球磨机内钢球的磨矿面积从理论上讲是接近一个常数的。但由于钢球质量不好，每批球的材质变化和添加失调等多种因素会造成球磨机内碎球过多。生产实践表明，球磨机内积累的碎球太多，使球磨机的磨矿效率明显下降。特别是长期生产，球磨机吐出的碎块重新返回给球磨机，使球磨机无形中增加了一种相当于全是硬块的循环量，导致处理量降低。从节约的角度讲，能够利用的碎球尽量利用，不能利用的碎球尽量清除。这应形成一种制度，每月定期排放舍弃废球，以保证球磨机合理的球比和生产效率。

工业生产按比例加球是有困难的，一般第一次装球可按球比添加，其后正常补加一个规格的钢球。或第一次就添加大球，在15~20d内自然形成球比。

（3）磨矿浓度对磨矿的影响。磨矿浓度是指球磨机中的矿浆浓度。磨矿浓度可以使钢球与矿浆之间保持一定的摩擦力，关系到矿粒在钢球上黏着量的多少，矿浆的流动速度等。因此，磨矿浓度的大小事影响球磨机工作的一条重要因素。

磨矿浓度过大和过小都不好。浓度低时，钢球在矿浆中的有效密度大，因此所产生的冲击力较强，但由于物料在钢球表面黏着的少，矿粒受研磨的机会少，磨矿效率下降。操作工人当时可以听到磨矿的声音尖脆，严重时吐块，这就是操作工常说的"湿（稀）胀"。当磨矿浓度适当时，钢球的有效密度降低矿浆的黏度增大，钢球表面黏的矿粒增多、增厚，钢球的各种作用力较为合理，磨矿效率就能充分地发挥出来。因此，操作中强调提高磨矿浓度。但磨矿浓度太高也会对磨矿效果产生坏的影响，由于磨矿浓度过高，会降低钢球的冲击力和对矿粒研磨的活动性，使磨矿效果明显下降，严重时由于矿浆流动性不好，矿浆黏稠度太高，钢球带不起来，球磨机排不出矿或从给矿端倒矿，这就是操作工常说的"干胀"。因此磨矿浓度过大或过小都不好，要提高磨矿浓度是指一定的范围内，不是越高越好。

（4）分级效率对磨矿的影响。闭路磨矿的球磨和分级是密不可分、相互影响的，分级效率的高低对磨矿效果影响很大。分级效率高，返砂中合格产品（如 -0.074mm 含量）就少，过磨现象就轻，磨矿效率就高；反之就严重，磨矿效率就低。减少这种影响一是要提高分级效率，二是要提高分级的返砂比。

（5）其他方面的影响。其他方面的影响包括球磨机转数，衬板的新旧和安装形式，球磨机结构等方面的影响，请参阅相关文献，这里不做详细介绍。

3.2.7 球磨岗位的设备开停及维护

（1）球磨开车。岗位工人在接到开车指令后，首先必须弄清设备停车原因，停车过程所处理的设备问题是否处理完，是否有遗漏，安全设施是否完善，以及停车时是否属于事故停车，球磨及分级内的负荷情况。然后与泵坑联系，转泵，检查确认后再进行盘车，一切准备工作就绪后要执行作牌。开车时先启动油泵，检查各部位的上油情况，待正常后进行开车调试，操作盘调整正常方能启动主机。在主机启动之前先开排矿水，开分级，待分级落到一定位置（返砂接近返砂槽时），再启动主机，运转正常后再给矿，调整返砂水，对设备进行一次全面的巡回检查。

盘车指运转的设备在启动时，用吊车等非自身动力进行预先转动几圈，用以判断由电机带动的负荷（即机械或传动部分）是否有卡死而阻力增大的情况，从而不会使电机的启动负荷变大而损坏电机（即烧坏），或者使运转部件活动起来为顺利正常开车进行减轻负荷的准备工作。一般在停机一个班（8h）后，再启动电机时，就要盘车。

（2）球磨停车。

1）计划停车：先停止给矿，球磨断矿后要运转5min左右。待球磨分级内的负荷基本处理完再陆续停分级球磨和油泵，关闭各部水门，换回电源牌，做好设备运行记录、存在问题、停车原因等，然后报调度室，对设备及现场进行清扫。

2）事故停车：迅速断矿、停分级球磨、关闭各部水门，将分级提起停止油泵，然后弄清事故停车原因，上报有关人员，其他方面按正常停车处理。

（3）设备维护的巡回检查。选矿生产的工艺指标的好坏与设备的工作状态是密不可分的。没有好的设备，肯定不会有好的生产指标。然而，设备工作状态的好坏与岗位工人的维护水平又是不可分的，岗位工人维护的不好，设备工作状态肯定不好。一个单位的计划检修维护检修的水平也是十分必要和重要的。

属于磨矿分级岗位的设备维护内容很多，不能十分详细的介绍，一些重点，前面各节均有介绍。本段重点强调设备维护中的巡回检查。

"巡回检查"是提高生产水平、防止设备故障的重要手段。搞好设备巡回检查，确定较为合理的检查路线，可以节约检查时间，同时也可以防止检查中漏掉检查内容，巡回检查线路和检查点如图 3-29 所示。

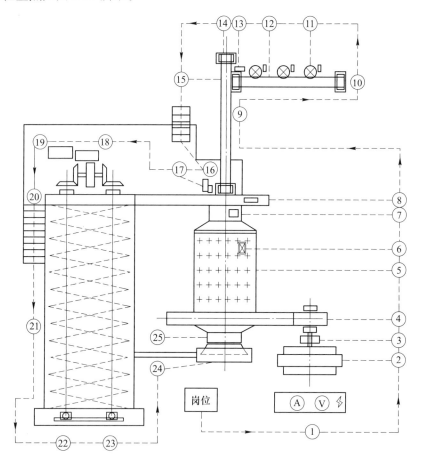

图 3-29　球磨机巡回检查线路图

图 3-29 中球磨机巡回检查线路以球磨岗位为起点，各岗位检查内容为：

① 操作箱各表盘显示及灯铃情况；

② 同步机、地脚、瓦、润滑、温升；

③ 胶皮接手（联轴器）；

④ 大小牙、润滑、端盖螺丝、副轴地脚轴承、温升、地脚螺丝、大牙连接螺丝、防泥圈、罩子；

⑤ 人孔（滚子内门）；

⑥ 筒体螺丝；

⑦ 给矿端盖螺丝、大瓦润滑及温升；

⑧ 联合给矿器、勺头、罩子；

⑨ 给矿皮带、托辊、栏板、增面轮、计量数值、给矿盘、矿石性质；

⑩ 集矿皮带尾轮、润滑、温升；

⑪ 圆盘、电机、减速装置、润滑、温升；

⑫ 集矿皮带、托辊；

⑬ 集矿皮带头轮、电机、减速机、漏子、润滑、温升；

⑭ 给矿皮带尾轮、润滑、温升；

⑮ 给矿皮带；

⑯ 给矿皮带头轮、漏子；

⑰ 给矿皮带电机、减速机、润滑、温升；

⑱ 分级机轴头、水平轴、明齿轮、温升及润滑、咬合、颤动；

⑲ 分级机电机、减速机、润滑、温升；

⑳ 返砂流动情况及返砂水；

㉑ 螺旋轴、板叶的坏损、负荷量；

㉒ 分级机下托架、声音、轴颤的情况；

㉓ 分级溢流、浓度、粒度；

㉔ 球磨排矿水、排矿浓度、吐块、排出球的情况；

㉕ 磨机排矿端大瓦、温升、油压、油泵站情况。

最后回到岗位原点。

球磨岗位根据现场设备的实际情况（如分级设备为水力旋流器）设计合理的巡回检查点，采取普遍巡回检查，两小时一次。重点部位每小时或每半小时检查一次，油泵每班可检查 2~3 次。发现问题及时报告处理，填写岗位交接班记录，认真交班。

3.2.8　磨矿分级操作中的故障及处理

磨矿分级的故障及故障处理是操作的内容，因其内容较多、地位较重，因此单开一节。

如果磨矿分级设备陈旧，自动化、现代化水平较低，尤其是对于一些事故、故障的反映，自动调节，报警显示都落后的选矿厂，人工的操作地位就显得十分重要。

磨矿分级经常出现的各种故障较多，不能详尽地全部列举，只能就其中较为重要的举例如下：

（1）突然停电或停水。突然停电及停水工作中时有发生。要求磨矿工要坚守岗位，对故障处理才能及时，不致酿成不良后果。突然停电发生后，其处理方法是：球磨工人首先应立即关闭各部水门，以防止跑水淹泵坑；然后将所有的电气开关恢复到停车的"○"位。弄清事故原因后，在岗位等候开车指令。

突然停水发生后，岗位工人首先应立即停止给矿，然后迅速停下分级机与球磨机，螺旋分级机要将分级提起，关闭各部水门，再报调度及有关人员，弄清事故原因，待事故处理完毕，等待开车指令。停车超过 4h 一定要在启动前进行盘车。

（2）瓦热。球磨机瓦热分为三种情况，第一种是新瓦瓦热，一般新装瓦瓦热基本属正常情况，原因大都属于研磨的操作质量问题，是新瓦面粗糙，局部着力所致。岗位工人在这种情况下应尽量在回油允许的情况下，开大油门。另外在瓦壳外加冷水管冷却。一般运转 8h 左右就会缓解，瓦温就能下降至正常，不超过 65℃。如果仍不能缓解说明瓦没有研好，应找修理工处理。第二种是由于油质不好、老化、黏度低，形不成油膜，失去润滑作用，以及由于油脏，油内杂质太多，其处理方法是经过判定后及时换油、油箱清扫及过滤器检查。第三种是由于油管堵塞或连锁保护失灵时油泵偷停造成的瓦热，在这种情况下，如果瓦的温度很高（上不去手），有时甚至轴脖子抱（黏）到一起，使事故扩大，应立即采用人工加油冷却，待其温度降下之后，再停车处理。

（3）掉衬铁。球磨机衬铁脱落，首先是能听到球磨机内有较沉重的冲击音响和螺孔漏水现象，判断为长铁或压梁脱落，球磨工应立即停止给矿，停车，防止越掉越多，然后开门检查。如果有跑大球（大于 85mm）判定为掉算铁也应停车检查处理。

（4）打"牙"。这里的"牙"指的是大小齿轮的轮齿，当球磨机大小轮齿咬合，在正常运转中出现周期性有节奏的"咯噔"声时，判定为打"牙"。球磨工这时停车盘车，逐步检查，不能在运转中站在正面观察，以防碎齿甩出击伤。

（5）勺头活。"勺头"是磨机联合给矿器的一部分，连接在鼓形给矿器上，球磨工当听到联合给矿器内有异常声响时应马上意识到是勺头"活"，应立即停车，盘车检查勺头，切不可拖延，否则会酿成基础损坏和空心轴、大瓦损伤等严重后果。

（6）电机瓦热。正常运转中同步机瓦热，其原因可能有三条，一是同步机油圈带油情况不好，或者是根本不转；二是缺油；三是油质不好。如果是油圈不转应停车找电钳处理；如果是缺油要立即加油；如果是油质不好要立即换油。

（7）电刷和同步机冒火。应迅速断矿停车，将现象反映给电工，然后检查处理。

（8）分级下托架轴承坏。现象为分级十字头瓦热或有异响，找钳工处理，平时要加强润滑防止研瓦。

（9）球磨机"胀肚"。球磨机胀肚现象，是生产中比较常见的故障。胀肚分为两种，即"干胀"和"湿（稀）胀"。

1）干胀。其现象为球磨机磨矿音响沉闷，听不清钢球的冲击声；排矿浓度很大，严重时排不出矿，甚至从给矿端倒矿，球磨机正常的工作电流下降。

造成干胀的原因很多，如球磨机给矿量太多、矿石太硬，超过了球磨机的负荷要求，使磨矿浓度很高，黏稠度很大，钢球带不起来，磨机内的动料位减少。除此之外，由于磨机内的球荷不足，球比不合理在正常情况下也会出现胀肚现象。

干胀的处理一般情况下，要适当减少给矿，增大返砂水或球磨联合给矿器后边的补加水，待磨机内浓度恢复正常后再适当关水和增加给矿。严重时，应停止给矿，增加给水处理，待正常后再恢复正常操作。

2）湿（稀）胀。湿胀的现象主要是球磨机排矿浓度明显小，排块，球磨磨机磨矿的声音尖脆，螺丝漏水球磨机工作电流表的指针有一定幅度的摆动，有时由于分级浓度低返砂量明显增大，甚至堵返砂槽。

产生湿胀的原因，一般是矿石块多、变硬、球磨粒度粗，球磨机的磨矿浓度小等原因造成的。其处理方法比干胀筒稍便些，一般采取尽量减少返砂水，提高磨矿浓度或适当开点排矿水，提高返砂量，改变磨机内的浓度及粒度的组成，经过一段时间以后即可缓解，在矿石性质较好的情况下也可采取适当增加给矿的办法。

（10）螺丝漏水。球磨机螺丝漏水是球磨机最常见的故障。造成螺丝漏水的原因很多，但总的说只有两条：一是磨矿浓度低、台时处理量低造成的，是在正常情况下填塞在衬板缝隙和筒体螺孔内的矿泥被稀释掉导致的；二是属衬板在运转中磨损和压实造成的螺丝松动。在处理螺丝漏水操作中要强调准备工作，在麻圈、垫、工具准备齐全的情况下停车，停车位置要准确，开停车操作要紧张，以最大限度地减少影响生产的时间。紧螺丝要求麻圈油浸。操作中保持稳定合理的磨矿浓度以减少螺丝漏水现象。

另外一条，球磨机新装衬板，空载第一次紧螺丝尤为重要，一般第一次紧螺丝不彻底，荷载后矿粒进入衬板及筒体间，以后生产中会经常造成螺丝漏水。所以第一次紧螺丝要紧好、紧彻底。

（11）返砂槽堵。常出现在螺旋分级机操作中，堵返砂槽是磨矿工最苦恼的。造成堵返砂槽的原因有返砂水开得过小，返砂量增大，分级浓度突然降低；矿石性质变化，块矿增多，硬度变硬，球磨排矿太多等原因，以及返砂水压力下降造成返砂量大堵槽子。为了避免堵返砂槽要求岗位工人经常检查返砂量的变化，来调整给矿和给水，保持磨矿浓度和分级浓度的相对稳定。

（12）大牙进泥。球磨机大牙进泥，应看作是生产操作事故。由于球磨机大牙进泥，破坏了齿轮的正常润滑而导致大小牙的快速磨损，缩短了机械的使用寿命。因此，要求生产工人当螺丝（尤其是端盖螺丝）漏矿时要及时紧固；球磨机的防泥圈坏损时要及时抢修，以防大牙进泥。

总之，操作中的各种故障是很多的，不能一一列举。生产岗位应经常总结操作及维护中的经验教训，掌握生产及设备的规律，加强责任心，把球磨岗位看好。

3.3　磁　选

磁选、重选、浮选岗位均在主厂房，详细的车间与设备情况参考第 2 章。本节主要讲述岗位操作与维护等内容。

学习内容：

磁选基本原理，磁选流程及其作用，磁选机构造，选分过程，影响选别的因素，在流程中的作用，日常操作与生产调整，检修维护与开停车要求，事故原因与处理。

3.3.1　磁选概述

磁选是利用矿物的导磁性差异进行分选的一种方法，是磁铁矿选别，获取磁铁矿精矿的有效工艺，是赤铁矿等弱磁性矿物的粗选或扫选工艺，也用于选别铬、锰等黑色金属矿石和稀有金属矿石的选别。

磁选是利用矿物的磁性差异，在磁选设备的磁场中，受到不同的作用力来进行分选的选矿方法。受非均匀磁场作用的磁性颗粒在磁场力作用下克服机械力作用，从粒群中分离出来靠的是磁极吸引偏离、吸住等方式。

当矿物颗粒的混合物料给入到磁选机的选别空间时，磁性矿物颗粒被磁化，受到磁力（$F_磁$）的作用，这个磁力克服了与磁力方向相反的所有的机械力（$\sum F_机$，包括重力、离心力、介质阻力、水流动力等）的合力，使磁性矿物吸收在磁选机的滚筒上，随滚筒的旋转，直到离开磁场时在其自身的重力和其他机械力的作用下（主要是在冲洗水的作用下）离开滚筒排入精矿箱中，这部分产品为磁性产品，也是精矿。而非磁性矿物颗粒，不受磁力作用，或很少受磁力作用。因此，在其他机械力合力的作用下，由磁选机底箱排矿管排出，成为非磁性产品，也就是尾矿。

为保证磁性矿物颗粒与非磁性矿物颗粒分开，必须使用在磁性矿物颗粒上的磁力与它方向相反的机械力的合力，即必须满足 $F_磁 > \sum F_机$ 条件。如果要使磁性较强和磁性较弱的两种矿物很好的分开，必须使磁性较强的矿粒所受的磁力与磁力方向相反的机械力的合力，而磁性较弱的矿粒所受的磁力必须小于与磁力方向相反的机械力的合力。所以对非磁性或弱磁性的矿粒必须满足 $F_磁 < \sum F_机$ 条件。

上述说明了不同矿粒的分离条件，同时也说明了磁选的实质，即磁选是利用磁力与机械力对不同磁性颗粒的不同作用而实现的。

3.3.2　常用磁选设备简介

3.3.2.1　弱磁选机

（1）筒式磁选机。永磁筒式磁选机是选矿厂普遍应用的一种磁选设备。永磁筒式磁选机适用于矿山、选煤厂等单位，用于弱磁场湿式选别细颗粒的强磁性矿物，或者除去非磁性矿物中混杂的强磁性矿物。

筒式磁选机主要由给矿箱、圆滚筒、磁系、底箱、动力装置、机架、卸矿水管等部分组成。结构示意图见图 3-30。通常用筒体直径 ϕ、筒体长度 L 表示其规格，即 $\phi \times L$。如 CTB1230 磁选机，其中 C 表示磁选设备，T 表示筒式，1230 表示圆筒直径 1200mm，筒长 3000mm。

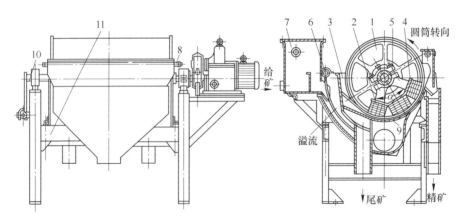

图 3-30　半逆流永磁筒式磁选机

1—圆筒；2—磁系；3—磁导板；5—喷水管；6—磁系支架；7—给矿箱；
8—卸矿水管；9—底板；10—磁系偏角调整杆；11—机架

通常圆筒由 3mm 厚的不锈钢板卷成，筒表面加一层耐磨材料（玻璃钢、铜线、橡胶等）保护筒皮。其保护层不仅可以防止筒皮磨损，也有利于筒表面对磁性矿物的携带。保护层厚度一般为 2~3mm 为好，不宜过厚，过厚会降低筒表面的磁场强度。圆筒的端盖是用铝或铜铸成的，圆筒各部分所用的材料都应是非磁性材料。圆筒由电机减速传动带动，圆筒旋转的线速度一般为1~1.7m/s，鞍山地区现场用的磁选机转速为36r/min，筒皮线速度为1.41m/s左右。

磁系是磁选机产生磁场力的机构，采用多极磁系。弱磁系多为三极和四极磁系，中磁机为五极磁系，磁极的极性是沿圆周交替排列的（N-S-N或S-N-S或N-S-N-S）。弱磁机的磁极是锶铁氧体制成的永磁磁块，用铜螺钉穿过磁块中心孔，固定在马鞍状导磁板上。导磁板经支架固定在筒体的轴上，多数磁选机磁系是固定的，不能转动。有的磁选机的磁块是用特殊黏胶黏结组成磁系，用黏结方法固定在底板上，再用上述方法固定在轴上的。

磁系分旋转式、固定式两种机构，固定式主要适用于弱磁场湿式选别细颗粒的强磁性物质，或者除去非磁性矿物中的强磁性矿物。旋转式适用于细粒强磁性矿物的干选，由于高速旋转的作用，使磁性颗粒的磁滚翻次数大大高于普通磁选机，这对于破坏磁团聚，提高分选精度具有显著的效果。

对弱磁机而言，磁系两边的磁极宽度一般为130mm（65mm×2），中间磁系宽度多为170mm（85mm×2）。同一磁极沿轴向极性相同。磁系包角一般为100°~120°。磁系偏角为15°~20°，磁系偏角是可调的，可以通过装在轴上的拉杆螺丝来调节。

槽体靠近磁系部位应用非导磁材料制造。其余部位可用普通钢板制作。也可用硬质塑料及其他材料制作。

槽体的下部为给矿区，其中插有底水喷水管，用来调节选别空间的矿浆浓度，把矿浆中的矿粒吹散成较"松散"的悬浮状态有利于提高选别指标。

底板也叫尾矿堰板，底板上开有矩形孔，从此处排出尾矿。底板和圆筒之间的间隙叫底箱间隙，是可调的，调节幅度一般为25~40mm，底箱间隙小有利用磁性矿物回收，但太小影响矿浆通过，处理量小。

永磁筒式磁选机工作过程：矿浆经给矿箱流入槽体后，在给矿喷水管的水流作用下，矿粒呈松散状态进入槽体的给矿区。在磁场的作用，磁性矿粒发生磁聚而形成"磁团"或"磁链"，"磁团"或"磁链"在矿浆中受磁力作用，向磁极运动，而被吸附在圆筒上。由于磁极的极性沿圆筒旋转方向是交替排列的，并且在工作时固定不动，"磁团"或"磁链"在随圆筒旋转时，由于磁极交替而产生磁翻滚现象，被夹杂在"磁团"或"磁链"中的脉石等非磁性矿物在翻动中脱落下来，最终被吸在圆筒表面的"磁团"或"磁链"即是精矿。精矿随圆筒转到磁系边缘磁力最弱处，在卸矿水管喷出的冲洗水流作用下被卸到精矿槽中，如果是全磁磁辊，卸矿是用刷辊进行的。非磁性或弱磁性矿物被留在矿浆中随矿浆排出槽外，即是尾矿。

底箱结构、给矿和选别产品移动方向不同，筒式磁选机分为顺流型、逆流型和半逆流型三种形式，见图3-31。

1) 顺流型永磁筒式磁选机。这种磁选机的给矿方向和圆筒的旋转方向或磁性产品的移动方向是一致的。矿浆由给矿箱直接给入圆筒的磁系下方，底箱中矿浆流与筒体旋转方向一致，非磁性或磁性很弱的矿粒由卸矿下方的两底板之间的间隙排出，磁性矿粒在圆筒表面上，随圆筒一起旋转到磁系边缘的弱磁场处。顺流型磁选机由于矿浆受磁系作用时间长，磁性矿物的回收率较高。

2) 逆流型永磁筒式磁选机。给矿方向和圆筒旋转方向或磁性产品的移动方向完全相

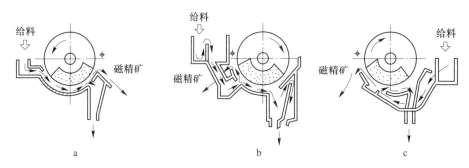

图 3-31　三种磁选机底箱形式示意图
a—顺流型；b—逆流型；c—半逆流型

反。矿浆由给矿箱直接给入磁选机的磁系下方，非磁性矿粒或磁性很弱的矿粒由磁系左边缘下方的底板上的尾矿孔排出，磁性颗粒随圆筒逆着给矿方向移到精矿排出端，排入精矿槽中。由于吸附于筒体的磁性矿物洗涤作用较好，逆流型磁选机的精矿品位较顺流型高。

　　3）半逆流型永磁筒式磁选机。给矿方向与筒体方向一致，但刚进入底箱时，矿浆流并不接触筒体，从中间折返后接触筒体，矿流与筒体转向相反逆流进入尾矿管，吸附于筒体的磁性矿物转至卸矿端排出。半逆流型磁选机应用最广泛，可以兼顾较高的精矿品位和金属回收率。

　　（2）磁力脱泥槽。又称磁力脱水槽，它是一种磁力和重力联合作用的选别设备。广泛应用于磁选工艺中，用它可脱去矿泥和细粒脉石，也可以作为过滤前的浓缩设备。目前应用的磁力脱水槽从磁源上分为永磁脱水槽和电磁脱水槽两种；按磁系位置分为顶部磁系和底部磁系两种。见图 3-32 和图 3-33。

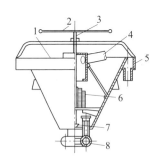

图 3-32　底部磁系磁力脱水槽
1—槽体；2—调节手轮；3—丝杆；
4—给矿管；5—溢流管；6—塔型磁系；
7—排矿胶砣；8—给水圈

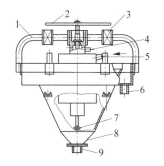

图 3-33　顶部磁系磁力脱水槽
1—磁轭；2—调节手轮；3—磁系；
4—给水管；5—给矿管；6—溢流管；
7—返水盘；8—槽体；9—排矿口

　　（3）磁选柱。磁选柱是一种电磁式脉动低弱磁场磁重选矿机。

　　磁选柱自上而下依次分为溢流区、给矿区、分选区、精矿排矿区。磁选柱结构简单，分为选分筒体、电磁磁系和控制装置三部分，由给矿斗、选分筒体、电磁系、供水管与电控自控装置等构成，基本结构见图 3-34。

　　磁选柱电磁磁系采用特殊的供电机制使励磁线圈在分选空间产生特殊的磁场变换机

制。分选区磁场为低弱、不均匀、时有时无、非恒定的脉动磁场，磁感应强度和变化周期可以根据入选物料的性质不同进行调整。

励磁磁系由 3~6 组直线圈构成，供电采用由上而下的断续周期变化的方式，形成磁选柱特殊的励磁机制。磁性颗粒在磁选柱内会受到连续向下，而又上下脉动的磁场力。在切向旋转上升水流共同作用下，对分选物料产生反复多次的"磁聚合－分散－磁聚合"作用，能充分分离出磁性产品中夹杂的中、贫连生体及单体脉石。因此该设备可以精选低品位磁选精矿，生产出高品位铁精矿，甚至超纯铁精矿。

3.3.2.2　强磁机与中磁机

（1）SLon 立环脉动高梯度磁选机。SLon 立环脉动高梯度磁选机，结构见图 3-35。

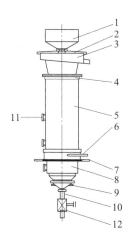

图 3-34　磁选柱结构图

1—给矿斗及给矿管；2—给矿斗支架及上部给水管；
3—溢流槽；4—封顶套；5—上分选筒、电磁系和外套；
6—主给水管（切向）；7—支撑法兰；
8—下分选筒、电磁系和外套；9—底锥及下部给水管；
10—精矿排矿管及阀门；11—磁选柱电源；12—调节阀

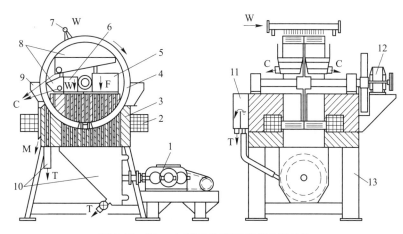

图 3-35　SLon 立环脉动高梯度磁选机结构

1—脉动机构；2—激磁线圈；3—铁轭；4—转环；5—给矿斗；6—漂洗水斗；7—磁性矿冲洗装置；
8—磁性矿斗；9—中矿斗；10—非磁性矿斗；11—液位斗；12—转环驱动机构；13—机架；
F—给矿；W—清水；C—磁性产品；M—中矿；T—非磁性产品

立环脉动高梯度磁选机由脉动机构、转环、给矿斗、精矿斗、尾矿斗、供水装置、传动装置等部分组成，结构紧凑。采用脉动机构，分散团聚颗粒作用较好，选分效率高；采用立式转环，单机处理量大，不易堵塞。适用于 -1.3mm 的赤铁矿、褐铁矿、菱铁矿、锰矿、钛铁矿、黑钨矿等多种弱磁性金属矿的湿式分选和黑白钨分离、钨锡分离，也可用于非金属矿如石英、长石、霞石、高岭土等除铁提纯。应用中体现了高场强，高梯度，高富集比，不易堵塞，分选粒度范围宽，选别指标好，可连续作业、可靠性好（设备作业率高达98%以上）的优点。

利用磁力、脉动流体力和重力的综合力场进行分选。立式旋转方式冲洗磁性精矿的方向与给矿方向相反，因此不易堵塞。驱动矿浆产生脉动，使位于分选区磁介质堆中的矿粒群保持松散状态，磁性矿粒更容易被捕获，非磁性矿粒可尽快穿过磁介质堆进入到尾矿中去，利于提高磁性精矿质量。

转环内装有导磁不锈钢棒或钢板网磁介质。选矿时，转环作顺时针旋转，矿浆从给矿斗给入，沿上铁轭缝隙流经转环，转环内的磁介质在磁场中被磁化，磁介质表面形成高梯度磁场，矿浆中磁性颗粒被吸着在磁介质表面，随转环转动被带至顶部无磁场区，用冲洗水冲入精矿斗中，非磁性颗粒沿下铁轭缝隙流入尾矿斗中排走。

（2）超导磁选机。超导技术是一门重要新技术，近年来已被引入到选矿工业中，并研制出超导磁选机。图3-36为一种超导磁选机结构示意图。

超导磁选除与常规磁选有共同点外，也有不同点。它是以超导磁体代替普通电磁铁或螺线管，因

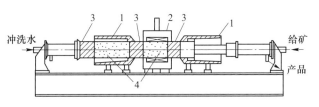

图 3-36　超导磁选机
1—铁磁屏及冲洗室；2—低温恒温器和超导磁体；
3—磁力平衡罐；4—分选罐

此，利用超导体制成的磁选机有自己独有的特点。第一，磁场强度高是其主要特点，采用超导材料做线圈，在极低温度下工作容易产生大于2T的强磁场；第二，能量消耗低，超导磁体只需很小的功率就可以获得，维持强磁场唯一的能耗是系统中保持超导温度所需的能量；第三，超导磁选机具有体积小、质量轻、处理量大等特点。基于上述优点，超导磁选机适用于细粒弱磁性矿物的选别，如赤铁矿、褐铁矿等，从而解决了选别空间与磁场强度之间的矛盾。超导材料昂贵，还需附属设备和绝热设备，因而设备费用昂贵。

鞍山地区选矿厂使用中磁机处理粗螺尾矿和弱磁尾矿，抛弃合格尾矿，中磁机精矿作为中矿返回或再选。

（3）中磁机。中磁机结构上有的和弱磁机结构一样，有的和强磁机结构一样。只是中磁机的磁场强度高于弱磁机低于强磁机。一般弱磁机的磁极表面磁感应强度在0.2T以下；中磁机磁极表面磁感应强度在0.2~0.5T之间；强磁机磁极表面磁感应强度在0.5T以上。

除了磁选机，现场还常用脱磁器处理分级前的中矿和细筛的给矿，目的是防止磁团聚造成不能按矿物实际颗粒进行分级和筛分，从而影响分级效率和筛分效率。实习时请仔细观察理解其作用。

3.3.3　磁选在流程中作用

以鞍山某选矿厂为例进行讲述。流程中弱磁机在两处使用，一是处理粗细分级后的溢流产品；二是作为扫弱磁作业设备处理粗螺尾矿。中磁机作为扫选作业处理重选流程中的扫弱磁尾矿。粗细分级后溢流细粒部分由弱磁机回收强磁性的磁铁矿，强磁机处理弱磁作业尾矿，回收弱磁性的赤铁矿。

为了理解这些磁选机的作用，首先要清楚原矿的性质。原矿是鞍山式混合型矿石，有

用矿物为磁铁矿和赤铁矿，其中磁铁矿为强磁性矿物。赤铁矿为弱磁性矿物。矿物的嵌布粒度也不均匀，有用矿物的结晶颗粒有大有小，所以采用了阶段磨矿阶段选别的工艺。其次对"阶段磨矿-粗细分级-弱磁强磁反浮选联合"工艺的各部分结构和作用要理解，流程图见第 2 章。重选工艺处理的是粗细分级粗粒部分，这部分的矿量与细粒溢流的比例为7∶3，所以在整个工艺中，重选处理的矿量占大部分，因为只经过一次磨矿，粒度较粗，但这部分矿物的解离度并不好，在粗螺尾矿中存在大量未单体解离的磁铁矿和赤铁矿，所以重选无法抛出合格尾矿。而是采用扫弱磁回收中贫磁铁矿连生体，扫中磁用来处理扫弱磁尾矿，回收中贫赤铁矿连生体，并抛弃合格重选尾矿。之所以不能省略扫弱磁，主要是考虑磁铁矿颗粒磁性较强，直接用中磁机处理易出现堵塞，另外中磁机处理量也较弱磁机低，从效率上讲也不合适。所以扫选弱磁机的作用是高效率回收磁铁矿，并为中磁机提供合适的入选物料；中磁机的作用是为重选工艺把关，抛出重选部分的合格尾矿。粗细分级溢流首先进入弱磁作业，弱磁尾矿给入强磁机。弱磁作业的作用有两个，一是提出磁铁矿粗精矿供浮选作业；二是将弱磁尾矿中的强磁性矿物尽可能地分选出来，以防止强磁性矿物进入强磁作业，造成强磁选机的介质板堵塞。弱磁作业的尾矿给入强磁机，目的是进一步回收弱磁性的赤铁矿，获得赤铁矿粗精矿作为浮选给矿，并抛弃合格尾矿。

3.3.4　影响磁选效果的因素

（1）影响永磁筒式磁选选别效果的因素。

1）磁场强度的影响。磁场强度高，矿粒受到的磁场力就越大，一些磁性较弱的矿粒（中、贫连生体颗粒）也能被吸引到精矿中，因此，磁场强度高能使精矿品位降低，尾矿品位也降低，金属回收率提高。所以粗选和扫选使用较高的磁场强度，尤其扫选，中磁机较为常见，从而保证流程的总回收率较高；而精选作业则应用低磁场强度磁选设备，如磁选柱等低弱场强磁选设备，从而获得较高品位的最终精矿。

2）磁系的磁极排列方式。磁选机磁系一定要强调 N、S 交替排列，否则就没有磁翻动和磁搅动作用，也会在局部形成磁短路现象降低磁场强度，对质量的提高没有好处。

3）选别带长度。选别带长，磁场作用时间充分，对收率有好处，但要注意对精矿质量的影响。选别带短，磁场作用时间不充分，会造成精尾不分，或精矿较好，回收率较差的情况。

4）给矿点的位置。一般给到磁场强度较强的点上，可以降低尾矿，提高金属的回收率，注意不能给在磁场的边缘，尽管可能磁场强度够用，但易在介质流体作用下产生短路流，造成部分矿浆分选不充分。

5）磁偏角的位置。磁偏角大，选别的时间段，等于缩短了选别时间，对质量有点好处，但尾矿中磁性矿物含量会较高，收率损失较大。

（2）影响磁选柱选别效果因素。除设备因素（选别带长度、给矿点、线圈位置与间距、给水方式等）外，磁选柱工作时有磁场强度、励磁周期、上升水流速度、底流排矿浓度四个重要影响因素，在生产中要根据实际矿样的性质和选别要求，并视运行状态，进行参数调整，可以调整电压（改变励磁电流）、励磁周期、切向给水阀门开度、精矿排矿口大小，以获得最佳选别效果。

励磁周期只与磁选柱设备本身高度关系密切，不同规格型号的磁选柱应选用不同的励磁周期，相对高的磁选柱励磁周期要长一些，即与磁性颗粒通过磁选柱选分带的时间成正比。

生产时，根据矿石性质及对产品质量的要求进行相应的操作，一般在励磁周期一定的条件下，主要调节磁场强度、切向给水量及控制底流浓度即可。

（3）强磁机。操作参数包括激磁电流（A）、脉动冲程（mm）、脉动冲次（r/min）、矿浆流量（m^3/h）、漂洗水量（m^3/h），这些参数调节范围应根据选矿要求来确定。

1）如果液位太低，脉动不起作用，会导致精矿品位大幅度下降和尾矿品位升高。提高液位的方法有关小尾矿阀；增大给矿量；增大漂洗水量。

2）增大脉动冲程或冲次，在一定的范围内精矿品位提高，回收率基本不变，但冲程冲次太高会使尾矿品位升高。

3）磁场强度越高，尾矿品位越低，但精矿品位略有下降。

4）如果磁介质堵塞或不清洁，会严重降低选矿指标，应及时清洗或更换。

3.3.5　磁选岗位操作

3.3.5.1　永磁磁选机的操作

磁选机的生产操作调整范围是较广的，内容也是较多的。总的来说有五个方面：给矿条件的调整；水的使用及其调整；底板（工作堰板）的调整；磁系偏角的调整；卸矿堰板间隙的调整。生产时根据不同的矿石性质及选别效果，对磁选机可调工作参数进行适当调整。下面逐一说明具体操作。

（1）给矿条件的调整。指磁选岗位应该掌握能够发现和能够调整的因素，如磁选机给矿浓度，一般磁选机要求的给矿浓度15% ~ 18%，不能大于20%，对于旋流器溢流的细粒部分尤其是这样，浓度大会相对造成精矿质量低，尾矿品位高。因此，经常测定给矿浓度是岗位操作中的一项重要工作。给矿量要分配均匀，不能过大或过小，开机台数要与矿量相匹配合理。

给矿条件的另外一条就是弱磁部分对粒度的要求，弱磁的给矿粒度-0.074mm，含量要大于90%，甚至95%以上，如果粒度达不到这样的要求，势必造成弱磁部分的精矿质量下降。同时所得到的粗精矿粒度较粗，对浮选作业的精矿尾矿影响也是很大的。同时由于粒度粗，一段弱磁尾矿中有一定数量的磁性矿物连生体，也易造成后续强磁作业设备的磁介质堵塞。因此，强调磁选岗位经常观察粒度，发现粒度粗时，要及时联系磨矿分级岗位，来改善弱磁的给矿粒度。

（2）水的使用及调整。弱磁岗位的生产的好坏，水的因素是重要的。因此，研究和掌握水的使用是十分必要的。

1）补加水。补加水的作用主要是调节磁选机的给矿浓度。因为给入磁选设备的矿浆浓度往往高于磁选机适宜的矿浆浓度，造成磁选机给矿盘（簸箕）分矿不均匀，也有析离现象，使磁选机给矿筒体方向浓度不均匀造成分选不好，所以在磁选机给矿前要有补加水管，来稀释给矿矿浆。一般磁选机给矿比较适宜的浓度是10% ~ 20%，浓度小些比大些分选效果好，因为浓度大往往造成精矿质量降低和尾矿品位升高，使磁选机作业的富集比下降。

2）磁选机底水。磁选机底水是由磁选机给矿端下方插入磁选机底箱中的水管。它的主要作用有两条，一是底水具有一定的压力（一般在 0.1MPa 左右），它在底箱对矿浆中矿物起冲散作用，有利于选别，也能把沉积于下部的矿粒翻转到上部来，使之接近强磁场。同时能使脉石和泥与有用矿物有效的分离，带有洗涤清洁意义，这样也是提高选别效果所必须的。二是由于底水具有一定的压力，对矿浆有一定的冲散力，冲散矿物在磁选机底箱内沉积，能防止造成底箱堵塞。

由于底水给入是隐蔽状态，操作者对其是否畅通要技术检查，特别是要掌握它的压力。防止"假给现象"，即水门是开的，实际不通水或水压很低。一般来说，磁选工在接到转车指令之后，首先应该打开磁选机的底箱水门，观察尾矿管是否有水流出和水量大小来确认底水的畅通情况。在停车时，一般底箱水门要最后关闭，以便将其底箱中的矿泥冲洗干净。

3）卸矿水。卸矿水的作用顾名思义，就是卸矿用的。磁选机选上来的精矿脱离了磁场之后，由于有自身的重力应该下落到精矿的接矿箱中。但是，由于矿浆有一定黏度，以及一定的磁场力，更主要的是磁选机有一定的惯性力，使大部分精矿不能自动地落下来，而随着滚筒的转动重新进入选别区，还有部分会落入尾矿区。由于精矿的返回，除了给磁选机增加一定的负荷之外，更主要的是，高品位的精矿重新入选之后，增加了入选量、入选浓度和入选品位，入选品位的增高会提高磁选机的尾矿。因此，要求磁选机卸矿要卸净，不能带矿。卸矿水的作用是很大的，操作中要看好卸矿水，勤透卸矿水管。使滚筒上的矿尽量卸净；同时要尽量减少用水，一是节约，二是减轻下段作业矿浆量的负担。操作者要经常观察卸矿水的工作条件。一般，卸矿水压力控制在 0.12~0.15MPa；卸矿水角度控制在水线与筒外缘垂直地面的切线角 45°~50°较为适宜；卸矿水的折射角一般为 70°~90°；落水点要求不高于滚筒的水平直径，以防止溅水，较为合适的高度应为低于滚筒水平直径 30~50mm。

（3）底板（工作堰板）的调整。磁选机正常工作中如发现尾矿高（跑黑），首先要想到两个问题，一是磁极老化造成的磁场衰退，必要时进行筒表面的磁场强度的测定，并绘出它的磁场特性。二是工作间隙大，造成工作磁场减弱。磁选机底板工作间隙范围较大（25~65mm）。如果需要增大选别区间的工作磁场强度时，就在底箱支撑架的支撑连接处加一定厚度的垫，使工作间隙缩小。需要减弱磁场时就是撤下一定厚度的垫，使间隙增大，如尾矿品位较低的情况下，如果精矿品位不高就可以考虑加大底板工作间隙。

（4）磁选机磁系偏角的调整。磁选机的磁系偏角，是磁极的中线偏向精矿排出端与其垂线的夹角。这个夹角是可以通过调整磁系拉杆螺丝来调整的。

一般来说弱磁机的磁偏角最小不能小于 15°，最大不能超过 20°。每台磁选机的轴头处都有指针和刻度盘，调整时指针要对号刻度盘，调整到所要求的角度。磁偏角的大小根据不同矿石性质调整，需要选别时间长，把磁偏角调整小一些。需要选别时间短，把磁偏角调整大些。中磁机的选别对象主要是一些磁性很弱的假象矿和少部分连生体，在弱磁场中不易被选上来，所以进入中磁机进行选别，中磁机选别这部分矿物，除了要求磁场强度较高（240mT 以上）以外，其选别时间相对要求也要长一些。因此，它的磁偏角比弱磁机相对要小一些，要求的最佳值为 11°~15°。

（5）磁选机卸矿堰板间隙的调整。对筒式磁选机的卸矿来说，除要求卸矿水有一定的压力、角度、落点合理之外，卸矿堰板的间隙也是十分关键的。

卸矿堰板的间隙一般要求在15~25mm，其宽度是根据磁选机给入的负荷和精矿产率大小而定。过大过小都不好，间隙过大，圆筒带上来的精矿卸下后仍会有很大一部分返回到磁选机的选别区，除了增加磁选机的负荷以外，会使磁选机的入选品位人为的提高，降低了富集比，使尾矿品位大幅度上升，作业收率大幅度下降。

卸矿堰板间隙过小，在精矿产率高的情况下，筒表面洗上厚厚的精矿层，这个矿层厚度超过了卸矿堰板间隙，在滚筒转动时，势必有一定厚度的精矿会被堰板刮回去，造成"贴饼子"现象，卸矿也有一定的困难，造成磁选机筒体带矿，在生产指标上也会出现间隙大同样的后果。

中磁机的卸矿堰板间隙在15mm左右，不能过大，因为它的精矿产品较少。

对卸矿堰板，除了要求它的角度和间隙之外，还要求它的各部的间隙要均匀，表面要光滑，不能有锯齿状的坏损现象。

3.3.5.2 磁选柱的操作

前面已经分析，磁选柱的操作参数主要为励磁周期、磁场强度、上升水流速度、排矿口阀门开启度。要根据矿石性质和产品质量要求进行调整。

通常矿石好磨、易选、给矿粒度细、给矿品位高、对精矿质量要求不高时，磁选柱磁场可调大一些，上升水流小一些，给矿量大一些；矿石难磨、难选、给矿粒度粗、给矿品位低、要求精矿品位较高时，磁选柱磁场可适当降低一些，上升水流大一些，精矿排放口小一些，给矿量小一些。

正常操作时给矿量及磁场强度已经确定，一般磁选柱精矿排矿浓度50%~65%，通过改变上升水量使溢流浓度维持在1%~6%。处理"青矿"时矿浆颜色是灰黄至灰白色，现场可取一样勺磁选柱尾矿倾倒水，样勺底部有一定矿量，观察样勺中矿粒集合体呈灰白至灰黑色，烘干后矿粒大多数是连生体，此时底水与磁场强度较为合适。当原矿中含有一定量的红矿，矿浆颜色发红，这时主要看溢流矿浆中带出矿量的多少决定选分的质量，此时矿粒颜色暗红，溢流面有沙沙拉拉感较为合适。

磁选柱选分指标、状态与调整因素关系如图3-37所示。

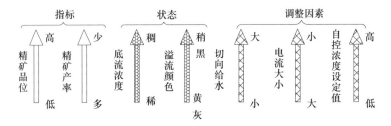

图3-37 磁选柱指标、运行状态对应调节因素的关系

指标、状态和调整因素三者中，以获得设定的技术指标（精矿品位、精矿产率）为目的，调整操作参数各因素，观察磁选柱底流和溢流的状态反映工作状态。从磁选柱工作状态能反映出技术指标情况，便于对应调整操作因素。调整时可单因素进行，也可以多因素同时调整。

3.3.6 磁选设备开停及维护

磁选岗位，除了要保证岗位的技术指标之外，另一个重要的方面要搞好设备维护。因为设备维护的好坏会直接影响生产指标的。

3.3.6.1 筒式磁选机

（1）开停车要求。

1）开车要求：接到开车指令后要先盘车，然后开底水，补加水，卸矿水，最后再转磁选机，一起正常再给矿。

2）停车要求：必须在停止给矿以后，将底箱中的负荷全部处理干净再停各部水，最后停磁选机，中磁机和弱磁机的维护检查，开停要求是一致的。

（2）维护内容。

1）润滑。磁选机的减速机齿轮轴采取干油润滑，每班检查加油一次，使设备在良好的润滑状态下工作，延长设备使用寿命。

2）底箱检查。不能进杂物，前面已经讲过，磁选机的工作间隙很小（25~40mm）如果有杂物进入筒会使圆筒受损坏。因此操作中发现底箱中出现"咔嚓"的音响，应联系停车检查。

3）磁系维护。注意磁块脱落，磁选机磁块脱落会造成筒皮破坏和烧电机现象。因此，操作中听到筒体内有异常音响应找有关人员鉴定及时处理。

4）卸矿水、底水的检查调整。应经常检查底水的水压表，鉴别底水是否堵塞（根据选别状态制定或停车抽出检查），卸矿水堵及时放透。卸矿水角度不正、落水点不合理，用管钳子调整。

5）检查电机与减速轴承温升，一般不超过55℃。

6）保持筒皮外部的保护层（铜线、玻璃钢等完好无损，发现损坏及时报修）。

7）当尾矿突出高时要判定底箱是否有漏电或串通现象。

8）计划检修时，除了将设备隐患上报外，岗位工人要清理底箱，将底箱中的杂物，矿泥处理干净。

9）正常情况下保持设备清洁，经常擦磨，地面经常清扫。

3.3.6.2 强磁机

（1）强磁作业的开停车。强磁作业的开车分为全面开车和单机开车。全面开车是指强磁作业全部停车后的开车，单机开车是指某一台强磁机的开车。

1）全面开车。全面开车前，岗位工人应得到班组长的直接命令，对本作业的所有设备进行全面的检查，并找电工对电气设备进行检查，并与强磁前大井、浮选大井的岗位工人取得联系，一切准备工作就绪之后，按单机开停车操作，逐台开动。

2）单机开车。岗位工人要首先对该机设备进行全面检查，掌握该机停车原因，检修项目是否按规定进行完，然后找电工对电气设备进行检查，换取操作牌准备开车。

开车顺序：检查介质板面无杂物、无松动；检查并清除运转部件附近是否有零星铁块或其他杂物；通水，确认各路冷却水管无脱落、漏水现象，转环启动、脉动启动、激磁启动、除渣筛启动；如无异常现象则暂停脉动并给矿和漂洗水至液位斗满至溢流面，然后启动脉动(因只有液位达到液位斗溢流面时脉动负荷才最大),如整机无明显晃动或振动,则设备可正常运转。严禁先给激磁后转主机,严禁主机带负荷启动。

停车顺序:停给矿,停除渣筛,断磁(2min),停脉动,停转环,关闭电源,关水阀。

任何情况下停机必须先停给矿,禁止带负荷停车。停机断磁后必须空转 2min 以上,将磁选机内积累的强磁性物质冲洗出来后才允许关水关机。

3)开车要求。每两小时检查一次磁介质松紧程度。如有松动,应马上停机紧固螺栓。

开动主机前要将水管的水门打开,检查供水压力是否正常,观察水嘴是否有堵塞现象,整流器冷却水压应控制在 0.03~0.1MPa 的范围。检查冷却水出水量和温度是否正常,出水温度不得超过 70℃。

检查脉动部分和转环是否运转正常,激磁电压和电流是否在要求的范围内。

冷却水压过低或激磁电路短路,整流器保护装置自动切断激磁电源,警铃自动发生报警。操作时如遇警铃报警,应检查水压是否过低顺激磁电路是否短路,排除故障后,按复位键,再重新激磁。若一时无法处理,应停机。

4)数值式冲程箱的冲程调节方法。松动刻度盘上的两个螺栓,用扳手扳住刻度盘上的凸块,然后扳动皮带轮,将刻度盘上的指示线对准所需冲程值,然后紧固螺栓即可。

(2)强磁机工作条件。以鞍山某选矿厂为例,强磁选设备技术参数见表 3-11。

表 3-11 强磁选设备技术参数表

名称	扫中磁		强磁
	立环脉动中磁场磁选机		立环脉动高梯度强磁机
型号及规格	SLon-1500	SLon-1750	SLon-2000
转盘直径/mm	1500	1750	2000
转速/r·min^{-1}	2~4	2~4	2~3
脉动冲程/mm	18~40	0~26	0~14
脉动冲次/r·min^{-1}	0~450	0~350	0~300
背景磁感应强度/T	0~0.4	0~1.4	0~1.0
处理量/t·h^{-1}	30~50	35~50	50~70
额定激磁电流/A	930	1400	1080
额定激磁电压/V	17	44	71
转环电机功率/kW	1.5	5.5	5.5
脉动电机功率/kW	4.0	4.0	7.5
给矿粒度上限/mm	1.3	1.0	1.0
给矿浓度/%	10~40	10~40	20~50
冲洗水压/MPa	0.1~0.2	0.1~0.2	0.1~0.2

(3)强磁机维修和保养。

1)转环主轴轴承。主轴上装有防卡,以免矿浆和水进入到轴承座中去。主轴旋转速度很慢,轴承磨损极小,只要坚持每月向每个轴承座加一杯黄油,轴承的使用寿命可达多年。但是如果不坚持加油,轴承在无油状态下工作,将大大缩短其使用寿命,并且更换轴承也较麻烦。

2）转环传动大小轮。转环传动大小齿轮均是彩优质钢制造的。安装减速器时，应注意调整好大小齿轮啮合间隙，如果发现齿轮不沾油或有咬齿根现象，应调整齿轮间隙。在部隙合适和有润滑油条件下，齿轮寿命可达多年。每个月加齿轮油一次。

3）转环。应勤检查磁介质是否松动和压杆销是否掉出，棒介质应勤检查紧固螺栓是否松动。磁介质松动容易造成网破和卡环，压杆销或螺栓掉出容易造成卡环。每天检查1~2次，发现问题及时处理，从而避免出现卡环和网破现象。为了防止卡环损坏设备，转环电动机至减速器的三角带不可太紧，一旦卡环，让三角带打滑，从而使其他重要部分得到保护。

4）脉动部分。安装鼓膜要求位置正确，内外锁紧圈应锁紧，不漏矿。内锁紧圈的两个锁紧螺栓应对称装在水平位置，禁止装在下方，因冲程箱的机械磨损会使鼓动盘下沉，有可能造成锁紧螺栓刮坏鼓膜。一旦发现脉动斗任何部位有漏矿现象，必须尽快修补，因脉动斗各部位受的是交变力，且矿浆压力大，如不及时修补，漏洞会很快扩大，很可能损坏机件。脉动冲程箱应谨防矿浆入内，较容易进水进矿的地方是冲程出端，冲程箱及其电动机的上方装有挡水板，冲程箱应三个月补加或更换一次机油，如果剩油很脏，则必须更换机油。

5）尾矿阀。尾矿阀既要起节流作用，又要承受矿浆的脉动冲力，因此磨损较快，普通的工业阀只能使用1~3个月。耐磨夹管阀使用寿命是普通阀门的十倍左右。

6）整流器。整流器下方的变压器初级线圈应保持干燥，因此，应经常检查各胶管及其接头是否漏水，一旦发现漏水，应及时处理。万一初级车圈常受潮，应晾干或用风机干燥后再将激磁电流调至低档激磁，彻底干燥后方可使用高档。

7）其他。平均每小时监测一次前后浓缩大井排矿浓度。检查一次各种仪表等，其他设备要做经常地巡回检查。保证矿箱不跑回流。保证除渣筛无破损。

3.4　重　　选

学习内容：

重选基本原理，重选流程及其在总流程中的作用，重选设备分类，规格型号，工艺参数，技术性能，选分过程，影响选别的因素，日常操作与生产调整，检修维护与开停车要求，异常情况原因与处理。

3.4.1　重选概述

重选是根据矿粒间密度的差异，矿物颗粒在运动介质中所受重力、流体动力和其他机械力的不同，在运动的介质中密度或粒度不同的矿物粒群产生不同速度的沉降，从而实现按密度分选矿粒群的过程。颗粒的密度、粒度、形状都影响重选的效果，在分选过程中，应降低矿粒的粒度和形状对分选结果的影响，以便使矿粒间的密度差别在分选过程中起主导作用。

重选条件：矿粒间必须存在密度（粒度）差异；分选过程在运动介质中进行；在重力、流体动力及其他机械力的综合作用下，矿粒群松散并按密度（或粒度）分层；分好层的物料，在运动介质的运搬下达到分离，并获得不同最终产品。

松散是分层的条件，分层是分离的基础。沉降是最基本的运动形式，颗粒在介质中有静止、上升、下降三种运动。矿粒在介质中的沉降有自由沉降、干扰沉降两种方式，前者是单个颗粒周围没有其他颗粒的影响情况下的沉降方式，后者是粒群在有限介质中的沉降。

前述水力分级过程也是基于重选原理。分级过程是按颗粒在介质中的不同运动速度进行的，所以水力分级时不仅按粒度，同时也按密度进行分级。沉降速度小于上升水流速度的矿粒将被水流冲走，成为溢流；沉降速度大于上升水流速度的矿粒将下沉，成为沉砂。

除分级设备外，重选设备主要有摇床、跳汰机、螺旋溜槽、重介质、TBS 等设备。

鞍山某选矿厂重选流程：粗细分级旋流器沉砂经粗选螺旋溜槽选出的粗螺旋精矿给入精选螺旋溜槽并得到精螺精矿作为重选作业的最终精矿。粗螺中矿返回本作业自身循环，粗螺中矿经过扫选螺旋溜槽得到的扫螺尾再经过扫弱磁、扫中磁选别，丢掉的扫中磁尾矿作为重选作业的最终尾矿。精螺尾矿，扫螺精矿和弱磁、扫中磁精矿合起来作为重选作业中矿（连生体）并给入第二段磨矿作业，经过再磨后返回粗粒分级旋流器后再选。

3.4.2 螺旋溜槽

螺旋溜槽是选别粗粒（0.2~0.3mm）铁矿的有效重选设备，它与中磁机配合使用，既可以回收高品位的粗粒精矿，同时又能丢掉大量的粗粒尾矿。该设备具有结构简单，本身无传动设备。易于操作与维护等优点，所以很早就在我国应用。螺旋溜槽在铁矿选矿中的工业应用是从 1979 年首先在弓长岭选矿厂开始的，后来于 1983 年在得到进一步推广。该设备经过了较长时间的生产验证，是铁矿选矿中的可靠重选设备。特别是在阶段磨选流程中起到了举足轻重的作用。所以掌握螺旋溜槽的操作与调整，对流程的全面达标具有至关重要的作用。

铁矿石具有矿物结晶粒度粗细不匀的特点，也就是说矿石经过一段磨选后，结晶粒度的矿物已经呈单体状态存在。只有一部分结晶粒度较细的矿物还没有充分达到单体分离。在这种情况下，应该将已经呈单体的矿物及时分选出来，得到粗粒高品位精矿并丢掉粗粒尾矿，剩下的没有充分解离的连生体矿物进入第二阶段磨矿使其达到单体解离。这样即可以减少进入第二段的磨矿量，降低二次磨矿费用又可以避免通过一段磨矿后已经呈单体的矿物再经过第二段磨矿而产生泥化，从而加剧金属流失。

阶段磨选流程就是根据上述想法而设计的。原矿经过一段磨矿后，用螺旋器分成粗细两部分，粗粒部分即旋流器沉砂经螺旋溜槽和中磁机选别。得到品位 66% 以上的粗粒精矿，并丢掉大量的粗粒尾矿，只剩下原矿量一半左右的呈连生体状态存在的中矿再经第二段磨矿后，返回选别作业再选，所以螺旋溜槽是阶段磨选流程能够在工业上得以实现的关键设备。

（1）螺旋溜槽构造及技术性能。螺旋溜槽是利用矿物与脉石矿浆中运动时所受的重力、离心力、摩擦力及流体动力等联合作用，使矿物达到按密度分选的斜面回转设备。

直径 1500mm 螺旋溜槽的主要结构有六部分组成：四管分矿器；给矿斗；螺旋槽；接矿槽；接矿斗；支架。螺旋槽是设备的主体部件，材质采用玻璃钢。结构示意图见图 3-38。表 3-12 是直径 1500mm 螺旋溜槽技术性能。

（2）螺旋溜槽分选过程。螺旋溜槽选矿是利用矿物与脉石在矿浆运动时所受的重力、离心力、水流作用及摩擦力的差异，使矿物达到按密度进行分离的方法。矿浆经给矿槽从上部均匀给入槽面，在向下作回转流动过程中，矿浆中的矿物与脉石开始以不同的速度沉降，并按密度、粒度和形状进行分层。密度大、粒度粗的矿粒位于下层，密度小粒度细的矿粒位于上层，下层的矿粒由于浓度大，与槽面接触所受的阻力和摩擦力较大，所以流速慢，上层的矿粒由于浓度大，与槽面接触所受的阻力和摩擦力较大，矿浆沿槽面作回转运动时，上层矿浆由于流速大，受到的离心力也大，而下层流速小，其离心力也小，所以矿物与脉石在槽面流动的过程中，受到槽面形状和离心力的协同作用，在径向发生按密度分带，密度大，粒度粗的矿粒向槽面的内缘移动。下层矿粒向内缘移动，这样就是槽面的矿流中产生横向环流，从而加速了分选过程。

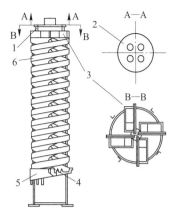

图 3-38 螺旋溜槽结构示意图
1—支架；2—分矿斗；3—给矿槽；
4—产品截取槽；
5—接矿槽；6—螺旋槽体

表 3-12 直径 1500mm 螺旋溜槽参数

外径/mm	内径/mm	螺距/mm	圈数	头数	断面形状	槽面宽/mm	处理能力/t·h^{-1}	给矿粒度/mm
1500	280	750	4	4	立方抛物线	610	15~25	0.03~0.2

3.4.3 影响螺旋溜槽选别效果的因素

影响螺旋溜槽选别因素主要有三个方面：结构参数、工艺参数、矿石性质。

（1）结构参数。影响螺旋溜槽选别的结构参数主要有直径、断面形状、横向倾角、螺距、圈数以及槽面粗糙程度等。但是，这些因素，在设备制造安装后，均已固定，无法进行调整和改变，所以关于结构参数对选别指标的影响，这里就不加以叙述。

（2）工艺参数。主要包括给矿浓度，给矿体积，截取产品的滑块位置。

1）给矿浓度。浓度大小主要影响矿粒的松散度及矿浆的流速，适宜的矿浆浓度能使物料得到明显的分带。浓度过高时，矿浆黏度增大，流速减慢，导致分带不清，造成精矿品位和回收率均有所下降。如果浓度太低，不仅仅使处理能力下降，而且使槽面的料层变薄，不具备分带的选别条件。同时因浓度小，矿浆的流速过快，细粒铁矿物容易被甩到外援，从而使尾矿品位升高，回收率下降。根据试验和生产实践证明，粗选给矿浓度 40%~50%，扫选 35%~40% 较为适宜。

2）给矿体积。螺旋溜槽的给矿体积也是影响选别指标的重要参数，最适宜的给矿体积取决于物料的性质（品位、粒度及形状），当入选品位较高（精选）粒度变粗时，给矿体积应该适当增加，如果入选品位较低（扫选）而粒度又较细时，可适当降低给矿体积。一般在给矿体积过大时，由于矿浆流速增大，一部分细粒铁矿物来不及沉降就被高速流动的矿浆甩到外缘进入尾矿中，从而造成尾矿品位升高。给矿体积过小，矿浆在槽面流速变低，结构使粗粒脉石和连生体由于离心力小，不能甩到外侧混杂在精矿中，造成精矿品位下降。

3）截取产品的滑块位置。直接影响螺旋溜槽选别指标的好坏。首先是槽面矿浆能否形成清晰的矿带，其次，取决于调节滑块位置将分带后的产品精确的截入对应接矿槽内。在生产过程中，螺旋溜槽的产品截取宽度是由滑块的调节来实现的。正常情况下，滑块位置应根据分带情况来调整。在生产过程中还应根据矿石性质（品位和粒度），以及对产品的要求来调整截取宽度。如果入选品位低，而要求得到高品位精矿，则精矿滑块的街区宽度应适当变窄，尾矿的截面宽度要适当加大，这样调整的结果是精矿品位高，但产率和回收率都较低；当入选品位较高时，为了降低尾矿品位，可适当加宽精矿截取宽度，并适当减少尾矿截取宽度，使这部分连生体返回二次磨矿作业进一步磨细。总之，滑块位置的调整要及时，截取宽度要适当，调整范围应小些，避免大幅度频繁调整，同时还应注意不能只片面考虑精矿越高越好，尾矿越低越好，这样会造成中矿循环量过大，影响其他作业和全流程指标，滑块截取宽度应按下面的范围进行调整。

直径 1500mm 的螺旋溜槽，粗螺精矿带 200～250mm；扫螺精矿带 250～300mm；精螺精矿带 150～180mm，中矿带 100～130mm。

岗位操作工通常是根据经验进行调整，螺旋溜槽适宜工艺条件见表3-13。

表 3-13　螺旋溜槽适宜工艺条件

作业条件	粗选	精选	扫选
给矿浓度/%	40～50	45～55	35～40
滑块位置截取宽度/mm	精矿带 180 左右	精矿带 135～145	精矿带 200～220
	边尾 50～60	中矿带 80～100	

注：表中数据为鞍山式铁矿，φ1500 四头螺旋溜槽操作参考工艺条件，入选粒度为−0.074mm 占 70% 左右，单体处理量 20t/h 左右。

（3）矿石性质。矿石性质主要指入选矿石的粒度及粒度组成和颗粒形状，矿物密度和品位等因素。

1）给矿粒度细和粒度组成特性。是影响螺旋溜槽选别指标的重要因素，螺旋溜槽选别的适宜粒度范围在 0.2～0.03mm 之间。如果给矿粒度太粗，大颗粒连生体及大粒脉石沿槽面流动时，容易沉入下层受较小的离心力，结构颗粒重力沿槽面的分力必然要大于离心力，就会沿槽面向内侧溜槽而混入精矿中，从而降低了精矿品位。如果给矿粒度太细，细粒铁矿物不易沉降而浮于上层，结构被流速高、离心力大的上层矿浆流甩到槽面外侧而带入尾矿中，使尾矿品位升高。另外随着矿泥含量的增加，矿浆黏度增大，槽面分带不清也影响精矿质量。所以要求一次磨矿粒度控制在−0.074mm 含量（55±3）% 范围内为好，同时保证旋流器沉砂含量最小。

2）给矿品位。螺旋溜槽给矿品位的高低也是影响选别指标好坏的主要原因。实践证明，螺旋溜槽选别的富集比是有一定限度的，入选品位太低，必然得不到合格的产品品位。某选矿厂螺旋溜槽粗选及精选作业的富集情况见表3-14。

表 3-14 某选矿厂粗螺及精螺富集情况

作业 取样批次	粗选			精选		
	给矿品位/%	精矿品位/%	富集比	给矿品位/%	精矿品位/%	富集比
1	29.20	45.60	1.56	45.60	66.79	1.46
2	29.76	45.12	1.52	45.12	67.41	1.49
3	30.51	46.73	1.53	46.73	66.32	1.42
平均	29.82	45.82	1.54	45.82	66.84	1.46

从表 3-14 中指标可以看出，粗选的富集比在 1.5~1.6 倍，精选的富集比在 1.4~1.5 倍，所以要想得到高品位的重选精矿，必须保证较高的入选品位。因此在重选操作中，适当减少粗细边尾量，增加扫螺尾的排出量，提高循环量的品位从而提高旋流器给矿和沉砂的品位，对提高螺精品位是十分必要的。

3）入选物料的颗粒形状。颗粒形状不同，表面积也不一样。球形颗粒表面积小，在矿浆中受到的阻力小，流速快，容易进入尾矿中；扁平状颗粒表面积大，所受的阻力也大，容易进入精矿中。当脉石颗粒为扁平状时，分选比较困难，容易混入精矿中影响精矿品位，而球形颗粒的脉石，其分选效果就好一些。

3.4.4 重选作业的操作

重选作业的要求是在保证精矿品位和尾矿品位达到要求的情况下尽量多拿精矿，多甩尾矿量，控制适宜的中矿循环量并避免贫化。

（1）根据磨矿系列开动的多少和矿量的大小，合理地开动粗螺、精螺的台数，注意粗螺与扫螺及扫中磁对应开动，正确将每台设备的矿量合理均匀。一般应按下列要求开动各段螺旋溜槽的台数。

（2）滑块截取宽度要严格按技术操作规程调整，同时防止给矿浆量不均匀造成指标波动。

（3）在调整各段给矿浓度时，尽量往泵池内加水，以防止给矿泵量不均匀造成指标波动，但补加水量应适当，避免因压泵而跑矿。

（4）各段螺旋溜槽的给矿量应按下面的要求适当控制，粗螺掌中等给矿量，即四管分矿器的液面控制在 1/2~2/3 高度；扫螺掌握偏小的给矿量，即四管分矿器的液面控制在 1/4~1/2 的高度；精螺掌握大给矿量，即四管分矿器液面在 2/3~1 的高度。

（5）螺精品位低的原因及调整。

1）粒度粗，应及时与磨矿岗位联系，保证一次溢流粒度。

2）给矿浓度大，适当增加补加水量，并根据情况增开台数。

3）给矿量过小，应适当减少开动台数，保证单台给矿量。

4）粗螺精和精螺滑块截取适当调窄一些有利于精矿品位的保证。

5）循环量过大，贫化严重时，应适当多甩尾矿量，减小循环量并提高品位。

（6）螺精品位太高，基本有两个原因，一是粗螺精截取的太窄，扫螺给矿量过大；二是精螺精矿截取太窄，大部分合格精矿在精选作业中循环，这就需要岗位根据槽面分带情况，尽量多截取螺精，并适当放宽螺精的精矿带宽度。

（7）尾矿品位高，一般有两个原因，一是粗螺和扫螺给矿量都偏大，细粒铁矿物由于流速大被带入尾矿中；二是粗螺给矿浓度过高槽面分布不好，这就要求适当调整给矿量和给矿浓度，达到槽面分带比较清晰。

3.4.5　螺旋溜槽开停车顺序及正常维护

3.4.5.1　开停车

（1）开车前必须详细检查上下管路是否畅通，有无漏矿的地方，补加水是否充足。

（2）扫中磁各部分螺丝是否紧固，润滑部位油量是否充足。

（3）上下取得联系后方可开车。开车顺序：扫中磁→扫弱磁→精螺的精矿冲洗水→粗螺精矿冲洗水→精选螺旋溜槽→扫选螺旋溜槽→粗选螺旋溜槽→各段给矿泵→各段补加水。停车顺序与此相反。

3.4.5.2　转车过程中的正常维护

（1）经常检查上下管路是否堵塞和漏矿，补加水量是否有变化，发现后应及时处理，如果自己处理不了，应及时上报调度安排检修处理。

（2）扫弱磁、扫中磁运转是否正常，有无异常响声。各部螺丝是否松动，保证开关灵活可调。

（3）各部分矿手轮丝杠上的矿泥经常清理，并要加油润滑，保证开关灵活可调。

（4）随时清理槽面上的结垢，保证矿浆在槽面有开阔的分带条件。

（5）经常清透螺旋溜槽四个头上的给矿管，保证每个头分矿均匀。

3.5　浮　　选

学习内容：

浮选基本原理，浮选数质量流程及矿浆流程。浮选机械联系图（回路图）、浮选槽、搅拌槽、给药机、泵的数量及规格型号。浮选流程在总流程中的作用，浮选机构造，选分过程，影响选别的因素，日常操作与生产调整，检修维护与开停车要求，异常情况原因与处理。

浮选药剂制度包括药剂种类、组成、特性、用量、配药方法、给药方式、给药地点等；

浮选影响因素包括磨矿粒度、矿物组成、浮选温度、浮选速度与时间、矿浆 pH 值、浮选用水、浮选浓度、充气与搅拌条件等。

3.5.1　浮选过程的理论基础

3.5.1.1　浮选过程

矿石经过细磨达到浮选的粒度要求（铁矿一般为 -0.1mm），并使有用矿物单体解离充分。泡沫浮选，按产品特性分为正浮选（泡沫为有用矿物）和反浮选（泡沫为脉石矿物）两种方式。浮选过程中，疏水性表面矿物颗粒在浮选药剂的作用下粘到气泡上，并随气泡升浮到矿浆的上面，然后排出（或刮出）成为泡沫产品（精矿），而亲水表面的矿物仍然留在矿浆之中成为槽内（尾矿），使有用矿物和脉石矿物彼此分离。

在浮选的过程中矿物的密度只起从属作用，而起主要作用的则是矿物表面的性质和药剂对矿物的选择性作用，而改变某些矿物被水润湿的程度。结果是疏水性的矿物黏到气泡上并随气泡的升浮而升浮到矿浆的表面上，而亲水性的矿物不能黏附到气泡上而留在矿浆中。

浮选的前提条件是矿石及矿物的表面性质，这是内因。矿物的单体解离、尺寸大小适合和数量充足的气泡；浮选药剂与各种不同的矿物的选择性作用，以及介质水等是缺一不可的必要条件。

浮选的矿浆是液体-水，固体-矿粒，气体-空气三相物质组成，浮选矿浆中悬浮着矿粒数量是庞大的，每立方米有几万~几百万个矿粒，浮选矿浆中存在着大量的运动着的0.5~3mm 直径的空气泡，气泡与运动着的矿粒不断地发生碰撞，疏水性颗粒与气泡发生有效碰撞并黏附，就形成了矿化泡沫。矿浆中还存在着矿化气泡的升浮兼并和破灭的过程。

各种不同的矿物表面在地下水、河水、浮选矿浆水及药剂的作用下产生不同程度的溶解和吸附，使得浮选矿浆的成份相当复杂。一般浮选矿浆中都存在着不同浓度的 H^+、OH^-、Na^+、Ca^{2+}、Mg^{2+}、Fe^{3+}、Al^{3+}等离子，统称为难免离子。

浮选矿浆中的 Ca^{2+}、Mg^{2+}、Fe^{3+}、Al^{3+}等多价金属阳离子成为不可避免的离子，对各种矿物的浮选起着不同的作用，这些作用有的是有利的，有些也是有害的。有利的就要保留甚至人工添加，有害的就要用消除其影响。

浮选矿浆中存在的 3~5μm 细的矿泥对浮选过程是极为不利的，含量较大时会严重恶化选别指标，原则上应该脱出或加入不同药剂使其分散，或选择性絮凝来消除矿泥的影响。

3.5.1.2　矿粒吸附于气泡上的机理

欲研究矿粒吸附于气泡上的过程，首先得研究矿粒与气泡之间的水化膜破裂的过程。当气泡与具有疏水性表面的矿物相碰撞（需要具有一定的动能），他们之间的水化膜被破坏才能相互靠近而有效黏附，形成矿化气泡。矿化时需要克服的能峰越低，矿化就越容易发生，当矿物表面亲水时水化膜的厚度就很大，水化膜破裂就要克服较高的峰能，需要较大的功能，因此矿化就较为困难，甚至达到克服能峰能量也不会黏附，而在能量不能持续时又脱离开，因此矿粒就无法向气泡上附着。不同表面疏水性的矿物水化膜破裂能量变化图见图 3-39，位置 c 是水化膜的变薄或破裂的能峰。

水化膜的破裂时间是极其短促的，因此矿粒附着于气泡上的过程也是极其短促和迅速的。只有百分之几秒，同时矿粒愈大，气泡愈大则所需要矿化的时间愈长，反之矿粒愈小，气泡愈小所需要矿化的时间愈短。因此矿泥是非常容易黏附到气泡上的。

亲水性矿物颗粒要想附着于气泡上形成矿化气泡，必须是矿物表面紧密的吸附一些异极性的分子。这些异极性分子的非极性基朝向水而极性基则吸附在矿物表面上或与矿物表面发生化学反应，这样就改善了矿物表面的疏水性。

还有一种异极性的分子为表面活性物质，它可以吸附到气泡的表面上，它的极性基朝向水，而非极性基朝向空气，即气泡内部，它可以降低气泡表面的自由能。可以使气泡具有一定的强度，不易使气泡破灭。

118

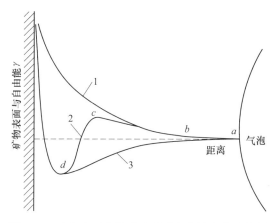

图 3-39　矿物表面水化膜破裂时自由能变化示意图
1—亲水性矿物；2—中等亲水性矿物；3—疏水性矿物

疏水性表面的矿物和中等疏水性表面的矿物颗粒，与气泡相碰撞时，它们之间的水化膜是容易破裂的，易形成矿化气泡。从图 3-39 可以看到，形成矿化气泡后，气泡处于位置 d，这一过程是体系自由能减少的过程，因此这个过程是可以是实现的。

3.5.1.3　浮选药剂

除了极少数矿物而外，各种共生矿物的天然可浮性（即自然疏水性）差距是不大的。为了达到使各种共生矿物彼此分开的目的，我们不但要充分利用他们之间的天然可浮性的差距之外，更重要的是借助于各种药剂的作用来改变矿物的表面性质，提高某些矿物的可浮性（即提高疏水性），降低另一些矿物的可浮性（即提高亲水性，降低疏水性），从而达到分选的目的。浮选药剂可根据它们在浮选过程中所起的作用分为捕收剂、起泡剂、调整剂等三大类。

（1）捕收剂。用来选择性的提高某些矿物表面的疏水性，即可浮性，提高矿粒固着与气泡表面上的能力的药剂，捕收剂按照它与矿物表面作用的极性基、非极性基的不同，可分为阴离子捕收剂、阳离子捕收剂及中性油类捕收剂等。

（2）起泡剂。用于调节空气在矿浆中的弥散度，即气泡大小与数量和泡沫强度（存活寿命）的药剂，他作用于气体-液体的界面上并能降低气液界的表面自由能，形成大小合适并稳定的气泡。常用起泡剂有松节油、2 号油、甲酚酸、嘧啶、高级醇等，有些捕收剂本身也是表面活性物质，具有起泡性，如油酸类阴离子捕收剂、胺类阳离子捕收剂、黑药类硫化矿捕收剂等。

（3）调整剂。种类较多，在浮选中起到重要的辅助作用，如调节矿物表面与其他药剂的作用的活化剂、抑制剂；矿浆 pH 值调整剂；调节矿物颗粒团聚与分散的絮凝剂与分散剂。

其中，活化剂是用以消除抑制剂的作用或提高捕收剂在矿物表面的作用能力的药剂，常用的活化剂有硫化钠、硫酸铜、硫酸、多价金属阳离子及氧气等。抑制剂的作用与活化剂、捕收剂的作用正好相反。它可以防止捕收剂或消除捕收剂在某些矿物表面上形成疏水性的薄膜，也能降低矿物表面的疏水性（或可浮性）。抑制剂的作用应是暂时的，也就是说被抑制的某种矿物能在某种条件下可再度复活。常用的抑制剂有氧化物、硫酸钠、硫酸锌、水玻璃、重铬酸盐及有机物等。

一般讲浮选药剂有六点要求：有选择性；价格低廉；易获得；性质单一；溶解度适宜且性能稳定；无毒、无臭不影响健康；易于对回水、尾矿水处理（环境友好）。

3.5.2 铁矿石浮选性质

浮选主要处理细粒浸染的赤铁矿及假象赤铁矿、菱铁矿、褐铁矿，以及处理磁选或重选粗精矿，获取更高品位精矿或超纯精矿。典型捕收剂是脂肪酸及其皂类。赤铁矿的可浮性最好，菱铁矿居中，含水的氧化铁矿物的可浮性最差。介质 pH 值对铁矿物可浮性的影响比较明显。抑制铁矿物浮选最有效的药剂是腐殖酸和淀粉，淀粉成本低，应用最为广泛。偏磷酸及其盐有活化铁矿物作用。

正浮选主要适用于赤铁矿类矿物的选别，而对磁铁矿的捕收能力很弱。当矿石中的磁铁矿含量较高时，正浮选的效果会变差。低品位铁矿，表外矿和老尾矿正浮选方式较多，主要使用的捕收剂有脂肪酸、肌氨酸和磺化琥珀酸，羟肟酸效果明显，但价格较高。

反浮选工艺较为常见。铁矿物的密度在 $5.0 \times 10^3 \, \text{kg/m}^3$ 左右，较脉石矿物的密度大得多，浮选作业矿浆密度 $(1 \sim 2) \times 10^3 \, \text{kg/m}^3$ 之间，在浮选作业矿浆中脉石的有效重力远低于铁矿物的有效重力，因此，采用反浮选是使脉石矿物在浮选泡沫中分离更为容易。

3.5.2.1 铁矿物的可浮性

（1）赤铁矿及假象赤铁矿（Fe_2O_3），易为脂肪酸类捕收剂所浮选。纯矿物在中性和弱碱性介质 pH 值 7～7.5 中可浮性最好。实践中以 pH 值 9～10 时效果较好（可减弱难免离子的影响）浮选时常用的捕收剂为脂肪酸及其皂类，如氧化石蜡皂、塔尔油、棕榈酸。也可以用硫酸化皂、石油磺酸钠等。此外，还可以用羟肟酸作捕收剂。在饱和脂肪酸中以十二烷基酸，不饱和脂肪酸中以亚油酸等浮选效果最好。

抑制剂有淀粉、糊精、单宁和腐殖酸等有机高分子化合物。活化剂有偏磷酸钠，兼有消除难免离子和分散作用。

（2）菱铁矿（$FeCO_3$），在强碱性条件下用胺类阳离子捕收剂捕收效果较好。

（3）褐铁矿（$Fe_2O_3 \cdot nH_2O$），可浮性弱于赤铁矿及假象赤铁矿，结晶水含量越高可浮性越差，而且此类铁矿物较软，磨矿时需注意避免泥化。

3.5.2.2 常用的铁矿物浮选法

（1）阴离子捕收剂正浮选。适用于处理性质简单，成分单一的矿石，使用阴离子捕收剂或螯合捕收剂。分为两种方式：

1）碱性正浮选，在苏打（Na_2CO_3）介质中以脂肪酸及其皂类（捕收能力较强）为捕收剂浮选铁矿物。

2）酸性正浮选，在弱酸性介质中（使用少量工业硫酸，pH 值 5.5 左右）经脱泥后以烷基磺酸盐（选择性较好）为捕收剂浮选铁矿物，以水玻璃为脉石矿物抑制剂，兼有分散矿泥，控制难免离子作用。

加温浮选有利于药剂分散溶解，有利于化学吸附，提高选择性。

正浮选的优点是药剂制度简单，成本较低；缺点是正浮选只适用于脉石较为简单的矿石，有时候需要多次精选才能获得合格精矿，泡沫发黏，精矿滤饼的水分偏高。

（2）阴离子捕收剂反浮选。常用于处理入选矿石品位高，脉石矿物可浮性好的富矿或粗精矿。

对于脉石为石英类的矿物，首先用 NaOH，或 NaOH 与 Na_2CO_3 的混合物，调整矿浆 pH 值在 11.5 左右，再用钙离子活化石英，然后用脂肪酸类或环烷酸类捕收剂进行反浮选，这样得到的泡沫产品为石英，而留在槽中的产物则是铁精矿。反浮选时铁矿石的抑制剂可用淀粉（玉米淀粉、木薯淀粉等加热苛化产物）、木质素和糊精等。用氢氧化钠或氢氧化钠与碳酸钠混合使用，调整矿浆 pH 值到 11 以上。石英只有用多价金属阳离子活化以后，才能用脂肪酸类捕收。常用的活化离子是 Ca^{2+}，用得最多的钙剂是氧化钙（CaO）、氯化钙（$CaCl_2$）。有研究表明石英表面吸附物为 $CaOH^+$，荷正电，因此与阴离子捕收剂相互吸附。

目前提高铁粗精矿品位的反浮选方法中，使用脂肪酸类或环烷酸类捕收剂的较为普遍，由于这类药剂不易分散，浮选时往往需加热矿浆至 32℃ 以上，耗能较高，有研究表明，在脂肪酸类、环烷酸类捕收剂中加入表面活性剂和中性油等协同作用药剂时可有效提高捕收剂的分散性，降低浮选温度。

（3）阳离子捕收剂反浮选。适用于复杂矿物。捕收剂为胺类捕收剂，以醚胺最好。捕收能力顺序为醚胺>脂肪胺>芳香胺，但醚胺泡沫较黏，不好操作。铁矿物的抑制剂为高分子有机化合物，如淀粉、木质素等。调整剂有水玻璃，用来分散矿泥，兼有抑制铁矿物作用，pH 值 8~9。

阳离子捕收剂反浮选优点有：

1）可以粗磨矿，对粒度上限不严格。用阴离子捕收剂浮选铁时一般需细磨矿，而阳离子反浮选时只需将矿石磨到单体解离，胺类捕收剂就能很好地把石英等脉石浮起来，较正浮选免去脱泥作业，铁损失少。

2）回收率较高。尤其是当铁矿中含有磁铁矿时，用阴离子捕收剂正浮选，磁铁矿易损失于尾矿中，而用阳离子反浮选时，磁铁矿则可以一并回收。

3）可以提高精矿质量。用阴离子浮选时，含铁硅酸盐会大量进入泡沫，影响精品位，而阳离子反浮选时含铁硅酸盐与石英一并进入尾矿，故精矿品位较高。

4）作业简化。用阳离子反浮选可免去脱泥作业，故也可减少铁矿物的损失。该法适用于含铁品位高，且成分较为复杂的含铁矿石的浮选。

嵌布粒度细的矿石一般采用选择性絮凝-脱泥-阳离子反浮选方案。细磨后以苛性钠为介质调整剂，在强碱介质中以水玻璃为脉石矿物的分散剂，以淀粉为铁矿物的选择性絮凝剂，然后脱泥，用阳离子捕收剂浮选大颗粒石英等脉石。

胺类阳离子捕收剂反浮选的缺点是泡沫黏度较大，操作困难，精矿质量也较阴离子反浮选方式要稍差，采用与中性油类等药剂的联合用药方式可降低泡沫黏度，改善精矿质量。

（4）浮选药剂使用时注意事项。

1）为增强捕收剂的选择性，必须严格药剂的用量。

2）矿浆的温度不应低于药剂的凝固点。

3）浮选用水有时需要软化，即对水中的 Ca^{2+}、Mg^{2+} 离子先要予以消除，以免影响捕收剂的选择性，避免消耗大量的捕收剂，因此不能用 CaO 做 pH 值调整剂。当然不能一概而论，鞍钢矿业采用阴离子反浮选，就采用 CaO 来活化石英，这种情况就不需要软化水质，相反水的硬度较大，Ca^{2+}、Mg^{2+} 离子含量较高，有利于减少活化剂 CaO 的用量。

4）淀粉作为抑制剂不能直接添加，需在 90℃ 条件下苛化改性后使用。

3.5.3 浮选机械

3.5.3.1 浮选对浮选机械的要求

浮选机是在其他工艺准备（如破碎、磨矿分级、加药搅拌等）完成之后进行矿石浮选的设备，对浮选机有如下的几点要求：

（1）要使整个浮选槽内的矿浆能够充分、均匀和完善的充气，并能使空气很好弥散。

（2）应强烈的搅拌矿浆，其目的是使固体粒子呈悬浮状态，均匀地分布在整个矿浆中，并能创造与气泡有充分接触的机会。由于强烈地搅拌能使浮选药剂尤其是难容的浮选药剂能均匀地分布在矿浆中。

（3）工业上使用的浮选机必须是能连续生产的，即可连续的给矿，同时可以连续的排出精矿和尾矿。

（4）希望矿浆在每个浮选槽中能有充分地循环，并能调节其循环量。

（5）能够调节矿浆液面（影响泡沫刮出速度）和充气量。

（6）工作可靠，尤其是机械搅拌式浮选机的叶轮和盖板等易磨损部件应耐磨、易更换。

3.5.3.2 浮选设备

浮选设备有浮选机及其辅助设备。浮选机的种类较多，按充气和搅拌的方式不同，工业上常见的浮选机，可分为机械搅拌式浮选机、充气（压气）搅拌式浮选机、充气式（压气式）浮选机和气体析出式浮选机四种基本类型。其中机械搅拌式浮选机、充气搅拌式浮选机应用最广泛。

（1）机械搅拌式浮选机。在国内外浮选生产实践中，机械搅拌式浮选机的使用最为广泛。这类浮选机的共同点是，矿浆的充气和搅拌都是靠机械搅拌器（转子和定子组，即所谓充气搅拌结构）来实现的，故称为机械搅拌式浮选机。机械搅拌式浮选机生产中常见的有 XJK 型浮选机、BF 型浮选机、棒形（叶轮）浮选机、SF 型浮选机等。

机械搅拌式浮选机一个共同的特点是充气过程是靠叶轮或回转子的旋转搅拌矿浆来实现的。叶轮或回转子在电机的带动下旋转，一方面对矿浆产生强烈地充气搅拌作用。叶轮或回转子内的矿浆在离心力的作用下抛出，同时在叶轮或回转子与盖板之间形成一定的真空（即形成一定的负压区），由于负压的形成便可通过进气管将外部空气导入，又通过进浆管、中矿循环孔及盖板上的循环孔将矿浆吸入，矿浆和空气在叶轮或回转子的旋转运动下混合后被甩出，于是又产生负压和吸入空气和矿浆，如此连续循环不断。矿化后的泡沫上浮升至矿浆面，形成稳定而厚实的泡沫层，泡沫经刮板连续刮出形成泡沫产品。最后一个浮选槽内流出的矿浆就是槽内产品。

机械搅拌式浮选机搅拌力强，可保证密度、粒度较大的矿粒悬浮，并可促进难溶药剂的分散与乳化。空气自行吸入，生产中多是下部气体吸入，即在搅拌器附近吸入空气，这类浮选机的搅拌器具有类似泵的抽吸作用，除自吸空气外，有些还能自吸矿浆，可依靠叶轮的吸浆作用实现中矿返回，省去大量砂泵。

因而这类浮选机不用外设送风设备与设施，在配置上也方便、灵活，浮选机中间产品的返回，不用高差或用砂泵扬送。即机械搅拌式浮选机通过搅拌器实现了空气吸入、矿浆吸入、分散空气、矿粒悬浮分散等作用。因为机械搅拌式浮选机配置上的优越性，近年来性能更加优越的新型机械搅拌式浮选机在各类浮选机中仍保持着优势地位。缺点是运动部件转速高、能耗大、磨损严重、维修量大。XJK 型浮选机结构见图 3-40。

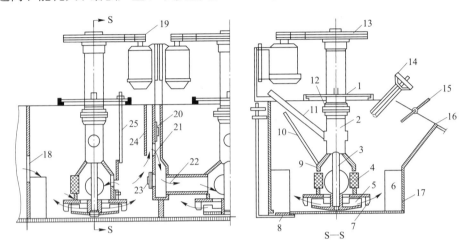

图 3-40　XJK 型浮选机结构示意图

1—座板；2—空气筒；3—主轴；4—矿浆循环孔塞；5—叶轮；6—稳流板；7—盖板；8—事故放砂孔；
9—连接管；10—粗砂闸门调节管；11—进气管；12—轴承套；13—主轴皮带轮；14—溢流板手轮；
15—刮板；16—泡沫溢流堰；17—槽体；18—直流进浆口；19—电机皮带轮；20—矿浆溢流堰闸门；
21—矿浆溢流堰；22—吸浆管；23—粗砂闸门；24—隔板；25—矿浆循环孔调节杆

XJK 型浮选机与一般机械搅拌式浮选机的主要区别还在于盖板的结构不同。它是由朝一定方向成 55°~65°，一般为 60°角的导向叶片组成。叶轮与盖板间隙一般为 8mm 以内。每两个槽构成一个组，第一槽为吸入槽，第一槽和第二槽之间是联通的，所以称为直流槽。在结构上叶轮、盖板、竖轴、进气管等装置配成一个整体，这样可以保证叶轮和盖板之间的间隙合乎要求，为检修创造方便的条件。

BF 型浮选机主要由槽体、主轴体、浮选轮（斜棒轮）、传动装置、提升轮、刮板等部分组成。它有两种槽子，一种叫浮选槽，只起浮选作用。一种叫吸入槽，除了起浮选作用外，还有吸浆能力，作中矿返回之用。特点是采用棒轮搅拌，浅槽浮选，泵轮吸浆，充气量大，搅拌力强，气泡分散度高，矿浆流动轨迹呈"W"形，适应性好，适宜于大密度、粗粒度、高浓度的浮选。

(2) 充气（压气）搅拌式浮选机。这类浮选机，除装有机械搅拌器外，还从外部特设的风机强制吹入空气，故称为充气搅拌式浮选机，或称为压气机械搅拌混合式浮选机。类型也较多，如 JJF 型、KYF 型、OK 型、丹佛-DR 型、TankCell 型等。

在充气搅拌式浮选机内，由于机械搅拌器一般只起搅拌矿浆和分布气流的作用，空气主要是靠外部风机压入，矿浆吸气与搅拌分开，所以这类浮选机与一般机械搅拌式浮选机比较，具有如下一些特点：

1）充气量易于单独调节。浮选时可以根据工艺需要，单独调节充气量，因而有可能增大充气量，从而增大浮进机的生产能力。

2）机械搅拌器磨损小。在这类浮选机内，叶轮只起到搅拌作用，不用来吸气和吸入矿浆，所以叶轮转速较低，磨损较小，故使用期限较长，设备的维修管理费用电低。

3）选别指标较好。由于叶轮转速较低，机械搅拌器的搅拌作用不甚强烈，对脆性矿物的浮选不易产生泥化现象；同时，充气量便于调节，易于保持恒定，因而矿浆液面比较平稳，易形成稳定的泡沫层。这样有利于提高选别指标。

4）功率消耗低。这类浮选机叶轮只用来搅拌，不承担制造负压和吸入矿浆的作用，故转速较低，设备便于大型化，因而生产能力大，故单位处理矿量的电力消耗较低。

这类浮选的不足之处是，流程中，中间产品的返回需要有高差自流或砂泵扬进，还要有专门的送风设备，给设备配置和生产管理带来一定麻烦。现场常与机械搅拌式浮选机混合使用，提高配置的简便性。如 JJF 型浮选机可以和 SF 型浮选机或 BF 型浮选机等有自吸浆功能的浮选机构成联合机组，实现水平配置，解决使用 JJF 型浮选机必须阶梯配置和使用泡沫泵的问题。

（3）充气式浮选机。这类浮选机在结构上的特点是，没有机械搅拌器，也没有传动部件，其矿浆的充气是靠外部的压风机输入压缩空气来实现的，故称之为充气式浮选机或称为压气式浮选机，如各种类型的浮选柱。

充气式浮选机，由压风机压入的空气，通过充气器（亦称气泡发生器），即多孔介质板或喷嘴可形成细小的气泡。

（4）气体析出式浮选机。这是一类能从矿浆中析出大量微泡为特征的浮选机，称为气体析出式浮选机，亦可称之为加压溶气浮选机或降压式浮选机。属于这类浮选机的有真空浮进机和一些喷射、旋流式浮选机。例如，我国的 XPM 型喷射旋流式浮选机，国外的达夫克拉（Davcra）喷射式浮选机及维达格（Wedag）旋流浮选机等。

对气泡矿化理论的研究认为，利用从溶液中析出气泡可以强化浮选过程。

（5）浮选辅助设备。

1）给药机。浮选药剂以溶液或粉状固体给入矿浆中。为了控制添加量的大小，保证给入药剂浓度及其性能的稳固，常采用给药机，浮选给药机的要求是构造简单，价格低廉，易制造与安装；工作可靠，调整方便；添加量有一定的精确性；耐磨损、耐腐蚀（即耐酸或碱等）。

给药机一般可分为干式和湿式两种。干式给药机用于添加粉状固体药剂，常用的有带式和盘式给药机；湿式给药机用于添加溶液和油状液体药剂，常用的有杯式，提斗式及电子数控给药机。斗式给药机的原理是靠连在提升杆上的药杯，在药槽内往复升降而将油药提起倒入漏斗中，再经管路流入加药地点，给药量大小的调节是靠松紧提升杆上的螺母改变提升杆的长度来实现的。但是，药槽内的液面是受浮止阀来保证恒定的。电子数控给药机是靠电磁阀通电时间的长短来控制药量的大小的。它也要求给药槽保持恒定的液面。

2）调节槽（搅拌槽）。为了使药剂与矿浆有充分的接触时间和作用过程。药剂与矿浆在浮选之间需要有一定时间的混合搅拌，故常采用调和槽或用浮选槽（一般情况下不准充入空气）来实现的，调和槽的选择是根据药剂与矿浆的作用时间所决定的。调和槽主要尺寸是直径（D）、高（H）和搅拌器大小及位置。

3.5.4 铁矿石浮选影响因素

浮选过程受很多因素的影响，主要是磨矿粒度、矿浆浓度、药剂制度、浮选机的充气与搅拌、浮选时间、浮选流程、矿浆温度、水的质量等条件的影响。这些工艺条件的选择要适应矿石的性质，当矿石性质发生改变，工艺条件必须随之改变，才能获得较好的技术经济指标。以下分析以正浮选为例，反浮选一般情形相反，但不是所有情况都相反，要具体灵活分析。

（1）磨矿粒度。浮选生产技术指标的好坏首先取决于磨矿的粒度，理想的磨矿粒度是使有用矿物达到完全单体解离，并符合浮选的要求粒度。即不能过粗也不能过细，但在生产实践中是不容易做到的。原则上要求在磨矿时做到生产最少的连生体，尽可能减少过粉碎，一般来说磨矿粒度 $0.02 \sim 0.2\text{mm}$ 之间最好。粒度过粗，即使达到单体解离也不易被捕收，即使被捕收上来也易从气泡上脱离，进入槽内产品中去，造成金属流失。当矿粒呈连生体状态存在时，即使进入精矿中必然会降低精矿品位，进入尾矿必然会造成金属流失。

磨矿的粒度过细会产生大量的矿泥（小于 $10\mu\text{m}$），矿泥因质量小，也极易黏附在气泡上而影响精矿质量；矿泥的比表面积大，表面活性较强，能吸附大量的药剂，因而浪费大量的药剂；矿泥能无选择性的黏附在其他矿粒表面而影响药剂的选择性；矿泥易于产生团聚恶化浮选过程，除能降低精矿品位外，还要造成金属流失。磨矿粒度过细必然增加劳动力和材料的消耗。

及时检查浮选精矿和尾矿的粒度组成，也能发现磨矿细度的变化，如尾矿中粗粒级损失增加，则所谓"跑粗"说明磨矿细度不够，如果金属主要损失在细粒级，则说明已过磨，应适当粗磨和强化分级作业，判断方法详见流程考查章节。

（2）矿浆浓度。矿浆浓度是指矿浆中干矿量占矿浆总质量的百分比。它是影响浮选指标的重要因素。

1）密度较大或粒度较粗的矿物浮选时，宜采用较高浓度，而浮选密度较小或粒度较小的矿物时宜采用较低的浓度。

2）浮选过程中如矿浆的浓度较，高金属回收率较高而精矿品位偏低；反之浓度较低时金属回收率偏低而精矿品位偏高。粗选作业、扫选作业采用较高的浓度，浓度在 $25\% \sim 45\%$ 范围，利于提高金属回收率和降低药剂的消耗；而精选作业采用较低浓度，浓度在 $10\% \sim 20\%$ 范围，利于提高精矿品位。

3）浆浓度较高还可以节省药剂，当浓度较低时则浪费药剂。

4）矿浆的浓度增大，浮选机的处理能力也增大，浮选时间增长，单位矿量水电消耗减少；反之浮选机的处理能力降低，浮选时间缩短，单位矿量水电消耗大。

（3）药剂制度。浮选过程中加入药剂种类、数量、加药地点和加药方式等称为药剂制度。俗称药方，它对指标有较大影响。

1）药剂的种类和数量。药剂的种类和数量是通过试验研究和生产实践来确定的。有些药剂混合使用时比单一用药效果好，在一定范围内，增加捕收剂和起泡剂用量，可提高浮选速度，提高金属回收率和改善浮选指标，过量用药会恶化浮选过程。调整剂、活化剂、抑制剂等要求适量添加，以保证正常的浮选条件。在生产实践中随矿石性质的变化（包括原矿品位，入选品位的变化）做适当的调整。

2）加药地点。加药地点取决于药剂的用途、溶解度、作用时间。一般都是通过理论研究和实践确定的。对于石灰、苏打、水玻璃等介质调整剂，通常是加入磨矿作业中去，以便有充分的时间与矿物发生作用，能够更好地分散矿泥的团聚，消除矿泥的有害影响。有些介质调整剂如硫酸等加入调整槽或浮选机中。

抑制剂、活化剂需要加在捕收剂之前，常加到磨矿作业或调整槽中保证药剂的作用时间。

捕收剂和起泡剂一般应该待矿物被抑制或活化作用之后再加入。一般在调整槽或浮选机中。而难溶的捕收剂也有加入磨矿作业中的，捕收剂也有加在调整剂之前的。

3）加药方式一般分为一次加药及分段加药两种。一次加药可提高浮选的初期速度，有利于提高浮选指标。一般对于易溶于水的，不易被泡沫带走，不易在矿浆中起化学反应而失效的药剂多采用一次加药，如苏打灰、石灰、油酸钠等。分批加药是指某些难溶于水，在矿浆中易起化学反应而失效的药剂，以及某些选择性较差的药剂，大多数采用分段加药的方法。一般在浮选前加入总量的 60%～70%，其余在适当地点分几段加入。这样可以改善精矿质量，提高回收率，但是浮选时间要长，降低浮选速度。

（4）浮选机的充气与搅拌。浮选是借助气泡进行分选的，气泡是浮选机的充气和搅拌产生的，所以浮选机的充气和搅拌对浮选指标的影响很大。

充气是将适量的空气吸入或压入矿浆中，并使之弥散，在矿浆中形成的大量细小气泡能与疏水性较好的矿粒碰撞，并矿化形成矿化气泡，达到了有用矿物与脉石矿物分离的目的。充气量和弥散程度是由浮选设备和矿石性质来决定的，机械搅拌式浮选机的充气量主要取决于叶轮的转数、浮选的深浅、矿浆的深度和浓度。转数快充气量就大，一般叶轮的转数提高 1%，充气量则提高 7%～8%，功率消耗也相应增加 2%～3%。浮选槽浅、矿浆浅、矿浆浓度小则充气量较大；反之，充气量较小。空气在矿浆中的弥散程度是指气泡的大小与数量，一定量的空气形成的气泡愈小，数量就愈多，弥散的就愈好。充气量的大小一般为 $0.3～5m^3/m^3$ 矿浆，气泡大小一般为 $0.5～3mm$，气泡的平均浮起速度一般为 $120mm/min$ 为宜。

矿浆搅拌的目的是使矿粒均匀地悬浮在槽内矿浆中，造成大量的微小气泡，使空气能很好的弥散，浮选时充气和搅拌是同时进行的。矿浆的搅拌应该是可调的。

（5）浮选用水。浮选用水不应含有大量能与矿石或浮选药剂反应而破坏浮选过程的可溶性物质，也不应含有大量的悬浮微粒。在大多数情况下，天然水是适合浮选要求的，但是使用回水、环水、矿坑水、河水等，若使用脂肪酸类捕收剂时，应特别注意水的硬度。最好使用软水或硬度较小的水。

水的硬度是水中钙、镁离子沉淀肥皂水能力。硬度又分为暂时性硬度和永久性硬度。由于水中含有重碳酸钙与重碳酸镁而形成的硬度，经煮沸后可把硬度去掉，这种硬度称为暂时性硬度，又叫碳酸盐硬度；水中含硫酸钙和硫酸镁等盐类物质而形成的硬度，经煮沸后也不能去除，称为永久性硬度。暂时性和永久性两种硬度合称为总硬度。我国水的硬度表示方法通常用以下两种：

第一种水的硬度表示法为德国硬度。当一升水含有 10mg CaO 或相当于 10mg CaO 为一个硬度，如 7.19mg MgO 也是一个硬度，以 G 或°dH 表示。水的德国硬度表示法是我国最普遍使用的一种水的硬度表示方法。

第二种水的硬度表示方法是水中 Ca^{2+}、Mg^{2+} 离子的总毫摩尔数。定义 Ca^{2+}、Mg^{2+} 离子的总毫摩尔数为 1mmol/L 时为 1 度，小于 4 度的水叫软水，总硬度大于 4 度的叫硬水。4~8 度叫中等硬度水，8~12 度叫最硬水。1mmol/L 硬度相当于 5.6G。

鞍山地表水的德国硬度为 15~22G，毫摩尔硬度为 2.5~4.0mmol/L。硬度不大，且工艺中使用 CaO 活化石英，所以一般不需要再软化就可以使用。如果是正浮选赤铁矿，水的硬度较大，水中含有大量的 Mg^{2+}、Ca^{2+} 时，这些离子可以活化石英，使石英浮选到精矿中去而降低精矿质量，同时 Mg^{2+}、Ca^{2+} 要消耗大量的药剂。

大多数江河、湖泊的水都属于软水，也是浮选中使用最多的一种。它的特点是含盐比较低，一般含盐量小于 0.1%，含多价金属离子较低。硬水中含有多种多价金属离子，如 Ca^{2+}、Mg^{2+}、Fe^{2+}、Fe^{3+}、Ba^{2+}、Sr^{2+}。对应阴离子也多，如 HCO_3^-、SO_4^{2-}、Cl^-、CO_3^{2-}、$HSiO_4^-$ 等，对浮选过程有不同程度的影响，使用时需根据影响情况进行软化处理。

（6）矿浆 pH 值。矿浆 pH 值的大小对铁矿石的浮选有重大影响。正浮选时，采用脂肪酸及其皂类进行浮选时矿浆 pH 值一般为 8.5~10，主要使用碳酸钠做 pH 值调整剂。反浮选使用油酸钠做捕收剂时，矿浆的 pH 值一般要求为 11 左右，主要使用氢氧化钠做 pH 值调整剂。在碱性正浮选中，碳酸钠一般加入球磨机中，当 pH 值不够时由于选择性变差导致精矿品位低，尾矿品位高。当用药量过大，pH 值过高，对铁矿石正浮选有一定的抑制作用，结果造成精矿品位提高，尾矿品位也随之提高的后果。

（7）浮选温度。在铁矿石浮选的实践中，特别是冬季生产，当矿浆的温度接近或稍低于脂肪酸类捕收剂的凝固点时，浮选过程根本无法进行。

鞍山地区使用油酸类捕收剂，浮选时矿浆的温度不得低于 28℃。冬季生产除了对厂房实行采暖保暖外，矿石的防冻问题也必然重视，可减少矿浆加温的燃料消耗。对矿浆要采取措施加热确保浮选要求的矿浆温度，矿浆温度的提高，可以加快浮选速度，节省药剂，提高浮选过程的选择性。当前低温浮选药剂的研制和应用取得了一定的成果，夏季基本不用加热矿浆。

（8）浮选速度与浮选时间。在浮选过程中当捕收剂、起泡剂等药剂加药量增大，浮选机充气量增大；矿浆温度升高等则浮选速度加快，相对来讲等于延长浮选时间。浮选时间还与矿浆浓度有关，当矿浆浓度升高时等于延长浮选时间，反之，浓度降低时浮选时间缩短。在其他浮选操作条件合适时，浮选指标的高低与浮选时间有关。浮选时间长，则精矿品位下降，尾矿品位也下降，而金属回收率则提高。例如某鞍山式贫赤铁矿石的浮选时间实验室实验结果就可以明显看出其指标间的关系，原矿品位为 36.98% 时，精矿品位与金属回收率见表 3-15。

表 3-15　浮选时间对浮选指标关系

项目	试验结果					
累计浮选时间/min	8.5	14.5	19.5	23.5	28	32
累计精矿品位/%	51.9	50.8	49.9	49.4	48.6	47.8
累计回收率/%	77.5	85.6	88.4	90.9	92.6	94

（9）浮选流程。浮选流程是由不同的浮选作业所组成的，它对浮选指标是有很多影响的。矿浆经过调整后进入浮选的第一个作业，成为粗选作业，粗选作业得到的精矿产品再

进行浮选的作业称为精选作业，而粗选的尾矿继续进行的再选作业称为扫选作业。粗选、精选和扫选作业次数可以是一次或多次，也可以有或没有。由不同浮选作业组成的选别流程称为浮选流程。

浮选流程的选择性主要是根据矿石性质、药剂制度和对精矿的质量要求等，其原则流程和流程的内部均应通过工艺试验来确定。

1）浮选流程的段数。浮选流程的段数是浮选与磨矿结合的次数，主要与矿石中各种矿物（主要是指有用矿物）的浸染特性、药剂制度及矿石在磨矿过程中的泥化程度有关。一段流程是将矿石一次磨到浮选所需的粒度，然后浮选得出最终精矿和尾矿。二段或多段流程就是属于阶段磨矿，阶段选别流程，即经过一段磨选之后仍有需要再磨再选的产品。经过再磨再选后才可以获得的最终的精矿和尾矿，一般可分为三种：粗选后尾矿再磨再选流程；粗选后精矿再磨再选流程；粗选后中矿再磨再选流程。

2）浮选流程的结构。浮选流程的段数确定之后，还要解决浮选流程的结构问题，即需要确定浮选流程中的精选、扫选作业的次数。当原矿中含有易浮的脉石矿物时应适当增加精选的次数；当原矿的品位较高，对精矿的质量要求不高，或有用矿物的可浮性较好时精选次数就少。反之就是增加精选作业的次数，为了提高金属回收率，可以对粗选尾矿进行一次或多次的扫选。

浮选流程中得到的各种精选作业的尾矿和扫选作业的精矿统称为中矿。其中矿的处理方法和返回地点视中矿的品位、连生体的含量而定。有用矿物的可浮性及对精矿的质量要求而定。当中矿中连生体较少可根据品位返回到适当的浮选循环中去，一般是循序返回方式，即逐次返回到前一作业。当中矿中的连生体较多或吸附在矿物表面上的浮选药剂严重影响选别效果时，中矿可以返回到磨矿作业中去。如果中矿量较大，对磨矿作业或选别作业的生产带来很大困难时，可采用单独流程进行处理。

（10）入选矿石性质及矿石特点。入选的矿石性质是浮选的主要根据。矿石性质是随时在一定范围内变化的。然而不同的矿石性质采用同一种工艺制度及操作方法是不行的。必须根据变化了的矿石性质采用相适应的对策方能取得较好的工艺指标。因此选矿工人必须首先掌握矿石性质及其变化的规律，也必须掌握不同的矿石性质所采用的工艺知道和操作方法。

1）矿物的浸染特性（即指矿物的结晶颗粒的大小及数量）。矿石中有用矿物（磁铁矿、赤铁矿、假象赤铁矿等）的浸染粒度比脉石矿物（石英等）的浸染粒度要小，且不均匀，尚含有大量的包裹体。石英的浸染粒度是最粗的，一般为 0.085mm 左右，呈不均匀浸染，但在石英颗粒中大部分含有微细粒（即 0.013mm 以下）铁矿物包裹体。

2）磁铁矿的浸染粒度在铁矿物中是最粗的，一般为 0.039～0.08mm。有的则呈 0.015～0.035mm 颗粒包裹在石英及闪石矿物中。

3）假象赤铁矿的浸染粒度为 0.04～0.056mm，与磁铁矿紧密共生。因此在磨矿过程中必然会产生一部分连生体。由于这一特性使得一部分假象赤铁矿可以被选入磁选精矿中去、磁铁矿也可跟随假象赤铁矿上浮进入浮选精矿中去，同时也是造成强磁选机介质磁性堵塞的主要原因。

4）赤铁矿的浸染粒度为最小。一般在 0.03～0.05mm，呈不均匀的皮带状分布。多数呈板状，自型晶程度较佳，颗粒粗大的多数为不规则的它形晶。

5）透闪石、阳起石多数呈针状，纤维状集合体。为白色或浅灰色，有的具有不同程度的浸染。它不均匀地分布在铁矿和脉石矿物的皮带中，在闪石类矿物中含有铁矿物的包裹体。当闪石类矿物含量较多时就构成了以闪石为主的灰绿色条带。闪石类矿物的硬度较小，在磨碎的过程中极易泥化，是产生大量的次生矿泥的主要原因。具有较好的天然可浮性。

总之，矿石属于细粒不均匀浸染的贫铁矿石。适宜于采用阶段磨、阶段选的复杂流程，或采用细磨（−0.074mm 含量占 90% 以上，即磨矿至 0.1mm 以下）后脱泥浮选。矿石中脉石矿物组成复杂、含量变化较大类型较多，对生产指标的影响较大。

3.5.5　浮选操作

浮选岗位是浮选厂最主要的岗位。它的操作直接关系到浮选厂的技术经济指标，是浮选厂上下工序的纽带。因此浮选岗位必须做到精心操作，及时调整，上下配合，精选多收。

3.5.5.1　浮选操作

（1）工艺操作。

1）熟练掌握浮选流程、设备配置及矿浆的流动方向。

2）熟练掌握各浮选作业的操作指标、作业调整和设备调整手段。

3）熟练掌握各种浮选药剂的作用原理、配置方法、添加地点、添加量及其调整方法。

4）熟练掌握最合适的选别条件（包括磨粒粒度、矿浆浓度、药剂制度、浮选用水、矿浆 pH 值、矿浆温度等）。

5）熟练掌握矿石性质的变化和浮选过程泡沫的变化，并能很好地与上下工序配合，调整到最佳的操作条件。

6）稳定压倒一切。从头开始控制稳定，如球磨控制给矿量、分级机返砂量及前后给水量稳定。浮选控制药剂加入量、液面、泡沫大小稳定。这些控制就要求尽量稳定，不能乱调，而且调整时要留出时间反应，让浮选机慢慢稳定下来，不要急于求成，稳定下来需要时间，不是马上见效，调整时小量调整，观察一段时间再慢调，逐渐稳定下来。

（2）设备操作。

1）了解和掌握本岗位设备性能和调整方法。

2）主要设备的维护和润滑，做到安全可靠，性能良好，操作方便。如发现异常时要及时检查处理。

3）严格执行设备开停机等各种规章制度，要按标准化程序操作，杜绝违章操作和习惯作业。

3.5.5.2　不同情况下的浮选操作

浮选工艺条件比较复杂，影响因素很多，所以浮选过程极易发生变化。要求浮选岗位务必随时掌握和判断各种变化情况，及时调整以便获得要求的生产指标。

（1）正常情况下的浮选操作。浮选工艺条件具备之后，指标的好坏主要取决于浮选岗位对浮选泡沫层的厚度、矿液面的高低、泡沫刮出量的控制。铁矿石浮选的显著特点是精矿的产率大，一般为 30%～50%，鞍钢各大选矿厂，浮选处理弱磁精和强磁精，给矿品位在 45%～50%，采用反浮选工艺，正常的粗选作业精矿产率约占给矿产率的 50% 左右（作业产率），品位 65% 左右。扫选精矿的产率相对浮选给矿应低于 30%，其品位与浮选给矿接近。如果粗选作业泡沫产品的刮出量过多，则品位必低，势必影响精矿品位。相反的粗选尾矿则高，回收率下降。各作业中矿产率控制的不适当，也会造成浮选回路的不正常，使作业指标变坏。粗选区的泡沫层的厚度应该是从头至尾逐渐减薄的，主要操作前两个槽或前几个槽及末尾的两个槽。精选区的泡沫层一般都应比粗选区薄。扫选区的泡沫层同粗选区的控制应是一样的，一般还要比粗选区厚些，矿浆的浓度比粗选区要显著减小，浮选机的转数要小，充气量要少，要特别注意泡沫的二次富集作用会降低尾矿品位。如果最终尾矿高时可以在扫选作业中加入少量的捕收剂。

浮选工要依靠对浮选产品的化验分析和对浮选工艺条件的检测来判断浮选过程的好坏，此外，要学会观察矿化泡沫的虚实、颜色、矿化泡沫的大小和泡沫层的薄厚来判断浮选过程是否正常。当发生不正常时及时迅速调整。下面以正浮选为例说明生产中如何根据化验分析与观察结果进行调整。反浮选情况可参考但一般与正浮选在操作上为相反情形。

（2）矿石性质发生变化时浮选操作。矿石性质是浮选主要依据。当矿石中的含泥量、原矿品位、氧化亚铁和结晶粒度发生变化时要对磨矿细度、药剂制度等工艺条件做相应的调整。因为浮选过程的平衡是相对的、暂时的，不平衡则是绝对的、正常的。当原矿以石英型即低氧化亚铁矿石为主时，浮选指标较好，操作也比较稳定，虽然矿石较硬但较脆易磨、粒度均匀，浮选泡沫颜色黑又亮，矿化泡沫比较整齐。原矿若以闪石型矿石即高氧化亚铁矿石为主时矿石的硬度虽然较小，但由于脉石矿物密度较小、磨矿粒度不均匀、浮选时因一部分易泥化易浮游的闪石类矿石的存在势必造成浪费大量药剂，还影响精矿质量。可以采用浮选前脱泥或反浮选的办法脱出这部分细粒易浮的脉石矿物的办法改善选别指标。对于结晶的矿石只好采用细磨的办法来解决。

（3）浮选指标发生变化的操作。

1）"两高"（精矿品位高，尾矿品位高），这时应多加捕收剂，增加调整剂，增加粗精选泡沫刮出量，减少中矿的返回量。

2）"两低"（精矿品位低、尾矿品位低），操作上首先要检查浮选矿浆的浓度是否过大，特别是精选矿浆的浓度是否过大，药剂（捕收剂）的加入量是否过多，原矿品位是否过低。查明原因，采取对策。当原矿性质发生变化时要适当变更操作条件，来提高精矿质量。

3）"一低一高"（精矿品位低、尾矿品位高）产生的主要原因可能是磨矿粒度过粗，或者是原矿的结晶粒度过细，磨矿粒度不够，也可能是捕收剂加入量过少或浓度太低，调整剂加入量不合适等，这种情况下要立即查出原因，及时采取对策调整。

（4）浮选泡沫的观察。浮选矿化泡沫的观察是浮选工的基本功，不单是颜色问题，还有矿化程度（矿化泡的虚实和矿化泡的大小）和泡沫层的厚度等。

1）泡沫的虚实。浮选泡沫的虚与实反映气泡表面的矿化程度，即气泡表面附着矿粒的多少，气泡表面附着的矿粒多而密，称其为"实"，也就是结实的意思；气泡表面附着的矿粒少而稀，称其为"虚"，也就是空虚的意思。现场操作中所谓的"虚"或"实"，要观察同一作业点不同时段的情况进行比较。当原矿品位高，药剂用量适当时，粗选头几个槽的泡沫是正常的实，如果捕收剂用量过少，抑制剂用量过多，泡沫就会变虚，捕收剂用量过大时，就会发生泡沫过于"实"的所谓"结板"现象。

2）气泡的大小。与起泡剂的用量有关系，一般起泡剂用量多时，气泡较小。还与气泡的矿化程度有关，气泡矿化良好的气泡尺寸适中，故粗选区和精选区常见中泡；气泡矿化较差时，容易兼并形成大泡，气泡矿化过度（捕收剂用量过大），会阻碍矿化泡沫兼并，形成不正常的小泡；气泡矿化极差，小泡虽然不断兼并变大，但它经不起矿浆波动等破坏因素的影响，容易破灭。

3）泡沫颜色。泡沫的颜色由气泡表面附着的矿物粉末颜色和水膜的颜色决定，气泡矿化越好，则泡沫金属光泽越强。如选金厂浮选的泡沫颜色应根据主要载金矿物的颜色来观察（因为金含量很低，泡沫颜色被其他矿物颜色所掩盖），如黄铜矿的泡沫呈金黄色，而且黄中带绿，黄铁矿的泡沫颜色为浅黄色，方铅矿泡沫呈铅灰色，扫选尾部泡沫常为浅灰或白色（水膜的颜色），扫选区浮游矿物的颜色越深，金属损失率越大，粗、精选区浮游矿物的颜色越深，则精矿质量越好。

鞍山地区假象赤铁矿正浮选，浮选矿化泡沫的颜色大体上可分为三种：黑褐色，精矿泡沫呈黑褐色且发亮，矿化泡大小均匀，说明精矿品位较高；红褐色，精矿品位呈红褐色且发亮，矿化泡大小均匀，也说明精矿品位较高；黄褐色或灰白色，精矿泡呈黄褐色或灰褐色、无光亮，泡沫大小不均匀，且有泥，这时精矿品位要偏低。

一般来说粗选泡沫矿化好时，形成的泡沫层较厚，铁矿石浮选刮出的泡沫呈黑褐色、红褐色，大小均匀且有亮光，刮入泡沫槽有"唰唰"或"沙沙"的声音，这时精矿品位必然较高。除此之外浮选工要学会用淘洗的方法来判断精矿和尾矿的高低。用白底色的盘子等容器，舀取一些泡沫或底流，待泡沫破灭一些，用清水慢慢冲洗，使泡沫完全破灭，水变得较为清澈后倒掉澄清水，在光亮环境下从某个角度观察产品的粒度、色泽等特性，根据经验就能判断品位高低，这需要长时间的练习才能判断较准确。

4）泡沫层的厚度。泡沫层的厚薄主要与起泡剂用量、气泡矿化程度、浮选机液面控制有关。起泡剂用量大、原矿品位高、浓度大、矿化程度好，泡沫层一般就比较厚；反之就比较薄。当浮游矿粒过粗时，也难形成较厚的泡沫层。一般浮选厂为了在精选区有良好的二次富集作用，来提高精矿品位，经常控制较低矿浆面以形成较厚的泡沫层。而为了在扫选区增加回收率，减少矿物在泡沫层中的停留时间，经常保持较高的矿浆面，使其形成较薄的泡沫层，以便将被浮起的矿物立即刮出。

3.5.6　浮选设备开停与维护

3.5.6.1　浮选机操作

（1）开停车程序。浮选机（矿用浮选机）开机前应先检查各部件，并与上下工序联系后方可启动。包括与球磨工、尾矿泵工联系好，待尾矿泵、精矿泵启动后，再启动浮选机；浮选开车前2min，浮选机、搅拌槽还无溢流时开始停车给药。开车运转正常后，才能通知球磨机开车。

启动前应先手动代轮旋转（盘车），以防沉淀物淤积增加电动机负荷。开车顺序：开车前检查及准备→工段开车指令→从后往前依次启动扫选槽、粗选槽、精选槽电机→启动刮板电机→启动搅拌槽电机→调节给风量、矿浆给入量。

停车与开车顺序相反。在球磨机停止供矿、停车后，浮选机必须经过充分循环，然后方可停车，搅拌槽停止给矿后，应立即停止添加油、药。浮选机停车后，应关闭泡沫槽冲洗水阀门。无通知突然停电时，应立即关闭各电机开关，拉下闸刀开关，停止加药剂，关闭冲洗水阀门。

（2）检查维护。

1）开车后经常巡回检查设备、电器有无异常现象，发现问题及时处理或报告。泵体内轴承每三个月要保养一次。主要零件要 3~4 个月进行一次仔细的检查，新浮选机最初工作的几个月要经常检查。

2）经常检查矿浆浓度、供风、加药、泡沫矿化、中矿返回量、液面高低等情况，根据工艺条件要求随时检测和调节。

3）细心调整闸门高度，使液面保持稳定。个别浮选槽出现冒槽、沉槽、翻花等现象，要根据情况采取适当措施进行处理；需要停车处理时，要请示厂领导或工段长批准后，方可进行；突然停电或事故停车，要做好防止沉槽的处理工作。

3.5.6.2　常见的异常现象及排除方法

浮选过程中常会发生一些异常现象，比如跑槽、翻花、沉槽、加药量异常等现象，使浮选无法正常进行。

（1）跑槽。在正常生产过程中，浮选泡沫会在浮选机或泡沫槽中形成一定的高度，但不会溢出，如果浮选产生大量的泡沫并从泡沫槽中大量外溢，称之为"跑槽"或"冒槽"。

其原因大致是药剂的用量变化幅度较大，如分散剂大量减少或断药，矿泥不易分散，矿浆发黑发黏，泡沫发红，发虚不易流动，并有一种腥味。原矿含泥量过大，使泡沫发黏，流动性变差。起泡剂添加过量，捕收剂用量过大，精矿管中掉入杂物堵塞及精选叶轮脱落不吸浆，石灰添加量过大，使泡沫发黏及不小心混入少量机油等也造成跑槽。

解决办法是迅速查明原因，检查起泡剂等药剂用量。调整药剂加入量，增加精选浮选机的转数，加高压水消泡及暂时停止刮泡等办法。

（2）翻花。浮选机内矿浆翻花一般是有用矿浆浓度较低，药剂用量过小，充气量过大及浮选机叶轮盖板之间间隙不合适，充气式浮选机风管闸门失效及稳流板残缺等原因引起的。叶轮与盖板安装不平，引起轴向间隙一边大一边小，间隙大的一侧会翻花。翻花会造成精矿品位低、尾矿品位高的后果，要及时查明原因处理。

（3）沉槽。浮选机的"沉槽"与"跑槽"表面现象刚好相反，"沉槽"就是浮选机内浮选泡沫过低，以至于刮板不能刮出浮选泡沫。引起"沉槽"的原因主要有充气不足；捕收剂用量过大，浮选矿物过度矿化；起泡剂添加量不足，浮选机内泡沫层变薄；浮选机充气量不足，不能形成一定厚度的泡沫层；浮选浓度过高，粒度过粗时，也会引起"沉槽"；混入大量机油，会引起"消泡"；设备故障矿浆液面降低、闸门控制液面过低、浮选机皮带过松叶轮丢转等。

发现浮选沉槽时要及时处理：

1）首先要观察"沉槽"的泡沫情况，如果是因为液面过低，应马上提高液面。

2）如果发现泡沫层不稳定，且泡沫易碎，应增加起泡剂用量，但不能过大。

3）因充气量不足时，对于压气式浮选机只要调节进气阀门即可，而对于自吸式浮选机来讲，要及时更换叶轮和盖板。

4）因浮选浓度过高或粒度过粗造成"沉槽"，应通知磨矿工及时调整操作条件。

5）因矿浆进入异物造成"沉槽"，要及时加以处理，并提高液面或加大充气量，以满足生产技术条件的要求。

6）捕收剂"跑药"或浮选机闸门不紧造成"沉槽"，通过及时调整即可克服。

（4）加药量异常。

1）捕收剂药量异常。用量大于正常用量时，气泡表面附着的矿粒变多，气泡直径变小，泡沫层变厚，气泡颜色变深，捕收剂用量过大时，气泡会过"实"，气泡矿化过度，阻碍矿化气泡的兼并，形成不正常的小泡，并且气泡易碎；当捕收剂用量不足，小于正常用量时，气泡表面附着的矿粒少而稀，气泡矿化不好，气泡直径变大，泡沫层变薄，气泡颜色变浅。

浮选作业没有捕收剂，如加药系统长时间断药没有及时发现，这时气泡附着的矿物极少，气泡没有金属光泽，只有水泡产生，且水泡较大。

处理方法是：调整捕收剂用量，使之按正常用量添加，调整顺序从后往前。首先增大扫选作业的捕收剂用量以强化扫选，再依次按照粗选、精选作业的顺序往前加药，根据浮选时间的要求，完成一个浮选循环后，再把捕收剂用量调整到正常操作要求。

2）起泡剂药量异常。当起泡剂用量增大（相对于正常用量）时，气泡直径变小，泡沫层变厚，泡沫变黏，如果起泡剂用量过大时，泡沫过于稳定，会使浮选机"跑槽"。当起泡剂用量减少（小于正常用量）时，气泡直径变大，泡沫层变薄，泡沫发脆。缺少起泡剂时，浮选作业气泡很少或没有气泡，且易碎，能看到整个浮选矿浆表面，刮板刮不出泡沫。

处理方法：根据泡沫情况，如果用量偏大，要减少起泡剂用量，如果起泡剂用量过大，造成"跑槽"，应立即在"跑槽"的"作业"中停止加入起泡剂，待泡沫黏性合适后，再按正常量加入起泡剂。

作业中缺少起泡剂时，首先要在扫选作业增大起泡剂用量（但不能过多，因为起泡剂用量突然加大甚至超出正常用量的十几倍时也不会立即产生泡沫），然后依次按照粗选、精选作业的顺序往前加起泡剂，直到泡沫正常后，再调整到合适药量。

3）活化剂药量异常。当活化剂用量过大时，泡沫过"实"，造成"沉槽"。活化剂用量少时，气泡矿化不好，附着的矿粒也少，气泡因发"虚"而使直径变大，颜色变浅，泡沫层变薄。

浮选作业需加活化剂时，如果活化剂药管断流或其他原因不能给浮选系统加入活化剂，气泡矿化不好，气泡附着的矿粒变少、光泽变浅。

处理方法：活化剂用量过大时，应停止加入活化剂，待浮选作业泡沫正常后。再按要求加入活化剂，当活化剂用量少时，可增大活化剂用量。

当作业中缺少活化剂时可参考缺少捕收剂时的处理方法来调节。

4）抑制剂药量异常。当抑制剂用量增大时，气泡附着的矿粒少，气泡"虚"。气泡直径变大，颜色变浅，泡沫层变薄。当抑制剂用量减少时，气泡附着的矿粒增多，气泡过"实"，气泡直径小，颜色变深，泡沫层变厚，被抑制矿物也附着在气泡上，气泡颜色同正常生产时不同。

处理方法：抑制剂用量过大时，要减少抑制剂用量；抑制剂用量偏少时，要慢慢向矿浆中添加抑制剂，但不能过量，因为抑制剂用量过大会抑制含金矿物上浮，把本应该浮出的矿物也抑制下去了，影响回收率，只需按正常要求添加抑制剂即可。

5）分散剂药量异常。使用分散剂的浮选矿浆时，如果没有添加分散剂，大量矿泥上浮，这时气泡会变黏，不易碎，且气泡比较大，气泡呈现矿浆颜色，泡沫层变厚。其处理方法参考抑制剂处理方法相同。

3.5.6.3 浮选机及搅拌槽故障的判断与处理

（1）浮选机叶轮盖板磨损。浮选机叶轮盖板磨损后浮选作业会出现如下一些现象：

1）自吸式浮选机叶轮盖板磨损后，进气量不足，浮选气泡量不足，气泡少，泡沫层薄。

2）叶轮磨损后，浮选机搅拌能力下降，部分粗矿粒搅拌不起来，造成"压槽"。

3）叶轮、盖板及稳流板磨损后，会使浮选机矿浆面产生"翻花"现象。

4）自吸式浮选机叶轮和盖板磨损后，如果浮选机有吸浆装置，会使吸浆能力下降，造成被吸泡沫槽"跑槽"。

处理方法：

浮选机叶轮和盖板磨损后，要重新更换叶轮和盖板，并调整好叶轮和盖板之间的间隔。

（2）搅拌槽叶轮磨损。搅拌槽叶轮的作用是靠叶轮旋转将矿粒和药剂充分混合，并使药剂吸附在矿粒上，有利于浮选，当叶轮磨损后，会产生以下几种情况：

1）搅拌槽内矿浆面平稳，加入的药剂漂浮在矿浆液面上，不能与矿浆充分混合。

2）电机负荷变轻，输出功率下降。

3）由搅拌槽进入浮选机的矿浆矿化不好，气泡大，泡沫层薄。

4）如果在检修电机时，三相电接反，造成电机反转也会产生以上现象。

如果三相电接反，按正常接线调整好即可。如果是叶轮磨损，要更换新叶轮。

（3）浮选机轴承损坏。浮选机轴承损坏一般根据以下几种现象进行分析、判断：

1）轴承部位有异常声音。

2）轴承部位发热，用手触摸，温度明显高于其他浮选机轴承部位温度。

3）电机发热，相电流增大，严重时，电机跳闸。

4）浮选机搅拌能力下降，进气量下降，浮选泡沫层变薄。

处理方法：吊出浮选机主轴，更换新轴承。

（4）叶轮脱落。由于固定螺丝的松动，浮选机被压住之后强行盘车或转车均会造成叶轮脱落。叶轮脱落后矿浆不能搅动，不能充气，不能吸浆，当电机停转后用手盘车非常省劲。叶轮脱落必须立即停车处理。

（5）其他。除上述问题，浮选作业的异常情况还有多种，不能一一列举。如浮选机内或中矿矿浆循环量过大或过小，管子接头松脱，轴承发热，充气管堵塞或管口活阀关闭，中间室被粗砂堵塞，槽壁磨漏，闸门丝杆脱扣，闸门底部穿孔或是锈死等。生产中注意观察及时处理，以免影响生产。

3.6 产 品 处 理

学习内容：

精矿、尾矿产品的输送，浓缩，脱水过滤，最终处理。常用的构筑物或设备的构造，工作原理与参数控制，工艺过程的控制，异常问题的分析与排除。了解尾矿的最终处理方法，尾矿坝筑坝工艺原理，尾矿坝改造等。

3.6.1 产品脱水

在选矿过程中，绝大多数的选矿产品都含有大量的水分，例如浮选厂的精矿所含的水分约为固体重量的 4~5 倍，重选厂与磁选厂所得到的精矿也有大量的水分。因此必须对精矿产品进行脱水，不然精矿的运输非常困难，而且要增加运输费用。在寒冷地区，含有大量水分的精矿的贮存与运输会发生冻结现象。精矿脱水对于冶炼也是非常必要的，精矿含水分较大不仅增加冶炼的能耗，并且还会降低冶金炉的利用系数。此外，为了加强环境保护，或在水源较缺乏的地区为了减少新鲜水耗也需要对选矿产品进行脱水。选矿厂产品脱水，包括终精、终尾和中矿等产品。产品脱水的目的主要有：

（1）为输送提供合适的浓度。非管路运输要求水分小于 10%，防止稀相化流失；管路输送，浓度大则矿浆黏稠，阻力大，能耗高，浓度低则输送体积大，也存在较大消耗，尾矿还存在库区回水量大，精矿、尾矿的管路运输要求水分大于 20%。

（2）为后续作业准备合适的浓度，如产品的过滤、球团烧结。

（3）满足下一段选别作业浓度要求，如浮选给矿的浓缩，强磁机给矿的浓缩。

（4）水资源的充分利用。脱水作业的中水回用，提高了水的循环利用率，利于节约水资源。

常用脱水方法有：

（1）沉降浓缩。包括磁力沉降，重力沉降，离心力沉降等方式，利用力场实现去除重力水。适用于固液密度差别较大物料，沉降效率高，如分级机返砂浓度可达 70%~80%、水力旋流器底流浓度可达 75%~85%。精矿浓缩机底流浓度可达 65% 以上，一般的尾矿浓缩机底流浓度可达 20% 以上，深锥浓缩机浓缩效果会更好。

（2）过滤。借助阻留固体而能通过液体的多孔介质完成固液分离。通过压力差实现去除重力水和部分毛细水。适用于对产品水分要求较高时，如精矿运输及球团要求水分含量小于 10%。

（3）热力干燥。利用加热蒸发的方法实现固液分离，去除表面水。用于特殊要求物料，如滑石粉，要求浓度大于等于 95%。

（4）煅烧。高温去除结晶水（选矿不用，一般作为化学处理过程）。

3.6.2 浓缩机

3.6.2.1 浓缩机概述

矿浆浓缩的效率主要取决于矿粒在水中沉降的末速度，矿浆在最初沉降过程中，在极短的时间内是以加速度的速度降解，以后由于介质的阻力逐渐与矿粒自重产生了平衡，矿粒就逐渐趋向于恒速运动,该速度称为沉降末速度,就是这个末速度影响了浓缩效率,而影响矿粒沉降的因素一是矿粒的性质,如密度、粒度、形状、表面性质等;二是液体的性质,如密度、黏度、电解质含量等。选矿一般都是辐流式沉淀池,现场叫做"浓缩大井",结构见图3-41。

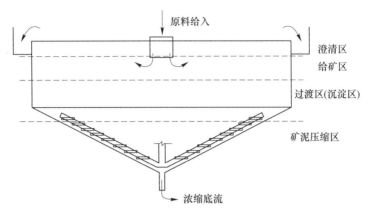

图 3-41　选矿厂浓缩大井示意图

上部为一圆柱体,中部有一进料筒,进料筒插入深度因槽底大小和高度而异,但必须进入沉降区。清液由上部溢流堰排出。其底部为圆形锅底状,耙子上刮泥板在刮臂带动下旋转把矿泥向中心推送,耙至底部中央的排泥管输出。刮臂驱动有中心传动式(直径较小的浓缩机适用)和周边传动式(大型浓缩机)两种。

矿浆中的矿粒越细,其沉降速度越慢,因为矿粒越细,其表面积越大,保持在它们之间的水分子也越多,又因分子力、布朗运动及电荷静电排斥等作用,使其自重沉降的倾向被平衡,实际很难沉降,而影响其浓缩效率。在浓度较高矿浆中或黏度大的矿浆中因矿粒沉降时互相干涉,出现所谓干涉沉降现象,也会大大地降低颗粒沉降速度,使浓缩效率降低。

沉降物料中的颗粒触底视为完成沉降过程,在沉降速度一定的情况下,沉淀距离短则沉降时间短。为提高细粒物料沉降效率,可采用加絮凝剂,使细颗粒絮凝成大颗粒絮团而提高沉降速度,或采用加斜板方式,减小沉降距离而缩短沉降时间等措施,可有效提高沉降效率。

目前,为实现浓缩机底流高浓度,技术人员开发了一种深锥浓缩机,也称膏体浓缩机,特点是深锥,高度要比其他浓缩机高得多。主要由深锥、给料装置、搅拌装置、控制箱、给药装置和自动控制系统等组成,其结构示意图见图3-42。具有底部矿泥压缩作用强,浓缩效果好的特点。工作时要配合使用絮凝剂,当前多用于尾矿浓缩进行膏体填充或堆坝上。

下面以浮选前浓缩机为例讲一下对后续作业的影响。浮选给矿浓度的大小是影响浮选指标的主要因素之一,大

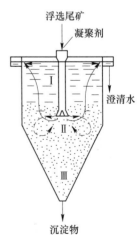

图 3-42　深锥浓密机示意图
Ⅰ—澄清区;Ⅱ—沉淀区;
Ⅲ—矿泥压缩区

井底流浓度越大，浮选给矿浓度就越大，其影响有：

（1）单位时间内的矿浆量及固体含量增加，使浮选时间缩短，造成尾矿高，回收率下降。

（2）矿粒与气泡不能自由流动，充气作用就会受到破坏，从而降低浮选精矿质量，也会影响回收率。

如果浮选给矿浓度太小影响有：

（1）单位时间内矿浆量及固体含量减少，使浮选时间增加，使精矿品位下降。

（2）浓度过小，矿浆含泥量相对增加，污染矿物表面，使浮选指标恶化。实践证明，浮选的合理给矿浓度是35%左右，也是浮选前浓缩机要求的底流浓度。

浓缩机管理工作较简单、方便，但决不可忽视它。因为浓缩机是选矿主要设备之一。如果它发生事故，就可能引起车间停产，因此一定要按规定正确使用好浓缩设备。

3.6.2.2 浓缩机开车前的准备工作及开停车顺序

（1）开车前必须检查减速机油量是否达到油标规定，并加满各轴承的干油盒，开式齿轮及牙道加油。

（2）检查上部流槽箅子是否堵塞，并将杂物清除，下部牙道上和池内的杂物也要清除。

（3）各轴承对轮及电机等地脚螺丝是否松动。

（4）盘车行走3~5m。

上述各项确认完好方可开车。

开车顺序：首先开进矿阀门→胶泵盘根水封→启动胶泵→启动传动小车→给矿。

停车顺序：与开车顺序相反，首先停止给矿，待底流浓度下降至15%~25%后方可停车。

设备运行中注意事项：

（1）设备运行过程中要经常观察注意各种仪表是否正常，根据电流读数掌握各种现象及矿量负荷大小。

（2）注意流槽是否堵塞，与中心盘接触处是否漏矿，中心盘运转是否平稳、牙道、减速机声音是否正常。

（3）注意电机温升不得超过55℃，各部轴承发热温度不可超过60℃，滑线刷子要紧密贴合。

3.6.2.3 浓缩机主要事故发生原因及预防方法

（1）浓缩机压耙子发生的原因及预防方法。

1）给矿量过大，浓度过高，这时小车电流、底流泵电流升高，应及时与上下作业岗位取得联系，减少浓缩机给矿量及停止下段作业回流返回量，直至底流浓度达到正常。

2）运转底流泵效率低或偷停，给矿量正常，由于运转泵效率低，扬程小，泵偷停时间过长，也会引起压耙子，这时泵电流表读数下降或无电流。首先应当换泵，如不见好转，可开备用泵。然后检查泵效率低或偷停的原因，并及时处理使之处于完备用状态。

3）如果备用泵开启仍不见效，有可能是卸料口或底流管，除渣箱进入杂物或阀门手柄掉落引起堵塞，这就需要对管路、除渣箱、阀门卸料口进行检查，必要时将把浓缩池抽干进行处理。

（2）淹浓缩机底流泵坑及预防。淹泵坑主要原因是底流环形管或底流泵漏矿和事故泵失灵或效率低等。预防方法如下：

1）按停车规定操作，浓缩机阀门一定要关死。

2）发现管路漏矿泵漏矿或阀门失灵，事故泵效率低一定要及时处理好、事故泵池杂物及时清除，积水及时排出。

3）当事故发生之后，一定要停电处理，防止触电。

3.6.3 过滤

3.6.3.1 过滤概述

在压差作用下，矿浆在多孔过滤介质上进行固相和液相的分离。有常压过滤、加压过滤、减压过滤、离心过滤等方式。过滤原理见图3-43。

影响过滤机生产的因素：

（1）过滤介质两面的压力差，过滤速度与压力差成正比；

（2）滤液的黏度，提高温度可降低黏度，过滤速度与液体黏度成反比；

（3）滤饼厚度，过滤速度随滤饼厚度

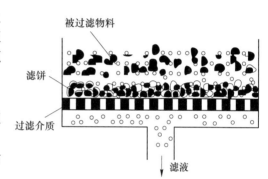

图3-43　过滤原理示意图

增加而减小，一定物料条件下，过滤面积大可有效降低滤饼厚度。

（4）初期滤饼结构特性（主要指毛细管的数目、直径和弯曲程度等）对过滤有影响，过滤速度取决于滤饼的可过滤性（比滤阻）。

（5）物料性质。物料粒度影响最大，通常越粗越好，但也不能太粗，防止透气；细粒可加入助滤剂，絮团后过滤，防止堵塞介质板的滤孔。

选矿厂常用真空过滤和加压过滤两种，真空过滤机有圆筒真空过滤机、圆盘真空过滤机等；加压过滤机有板框压滤机、带式过滤机等。目前鞍山地区多使用陶瓷圆盘真空过滤机和板框压滤机。

除过滤机外，过滤作业还包括真空过滤系统、压风系统。真空系统的任务是及时排出滤液，形成和保持设备正常工作所需的负压。它包括真空泵、气水分离器、排液离心泵、自动泄水器、水封池等。

按照泄液原理，真空系统分成三种类型：高差泄液真空系统（要求气水分离器距水封池液面高差大于9m）；机械强制泄液真空系统（离心排液泵抽出滤液）；自动泄液真空系统（采用自动泄液装置）。高差泄液真空系统运行稳定，但必须具备要求的高差条件；机械强制泄液不仅消耗动力，而且运行不稳定；自动泄液装置失灵也容易造成真空系统不稳定。因此，实际中多采用高差与机械泄液配合的二段泄液真空系统。压风系统由鼓风机与过滤机直接相连构成，采用的吹风压力为0.01~0.03MPa。

3.6.3.2 圆筒过滤机

圆筒过滤机属于真空过滤机，早期在选矿厂应用十分广泛，有内滤式和外滤式两类。结构上的区别见图3-44。

外滤式筒真空过滤机依卸饼方式又有刮板式、绳索式、折带式等，按给料方式有上部给料式和下部给料式，还有加磁场的磁滤机。

外滤式筒真空过滤机，主要部件是矿浆槽、筒体和分配头。筒体是一个用钢板焊成的圆筒，其外表面用凹槽形格子板（孔板、筛网、橡胶或塑料格栅）把筒沿周方向分成12~30个相互不连通的独立的小室，滤布覆盖在格子板上，每个小室沿长度又安有排液

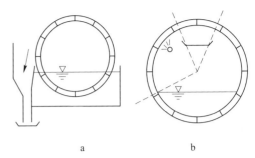

图 3-44　圆筒外滤机与内滤机差别示意图
a—圆筒外滤机；b—圆筒内滤机

管，通过喉管和分配头相连。分配头又称错气盘，它由二层盘构成，最外层固定，并与真空泵及空压机相连。内层和喉管相连，与圆筒同速旋转，中间为可更换盘。这种外滤机目前只有辽宁的歪头山选矿厂还在使用。

内滤式筒过滤机滤布覆盖在筒体内侧，圆筒自身为矿浆槽。颗粒受到重力和真空抽吸的联合作用，而且粗粒沉降速度快，粗粒紧贴滤布表面，可形成粗粒骨架和减轻布堵塞。内滤式适宜过滤含粗粒、大密度颗粒的矿浆。但维修、操作不方便，已经逐渐被汰。

3.6.3.3　陶瓷过滤机

陶瓷过滤机主要由陶瓷过滤板、滚筒系统、搅拌系统、给排矿系统、真空系统、滤液排放系统、刮料系统、反冲洗系统、联合清洗（超声波清洗、自动配酸清洗）系统、全自动控制系统、槽体、机架几部分组成，见图 3-45。

陶瓷过滤机工作基于毛细微孔的作用原理，采用微孔陶瓷作为过滤介质，利用微孔陶瓷大量狭小具有毛细作用原理设计的固液分离设备，在负压工作状态下的盘式过滤机，利用微孔陶瓷过滤板其独特通水不透气的特性，抽取陶瓷过滤板内腔真空产生与外部的压差，使料槽内悬浮的物料在负压的作用下吸附在陶瓷过滤板上，固体物料因不能通过微孔陶瓷过滤板被截留在陶瓷板表面，而液体因真空压差的作用及陶瓷过滤板的亲水性则顺利通过进入

图 3-45　陶瓷过滤机

气液分配装置（真空桶）外排或循环利用从而达到固液分离的目的。

陶瓷过滤机外形及机理与盘式真空过滤机的工作原理相类似，即在压强差的作用下，悬浮液通过过滤介质时，颗粒被截留在介质表面形成滤饼，而液体则通过过滤介质流出，达到了固液分离的目的。其不同之处在于盘式真空过滤机的过滤介质为滤布，陶瓷过滤机的过滤介质是陶瓷过滤板，陶瓷板本身具有产生毛细效应的微孔，使微孔中的毛细作用力大于真空所施加的力，使微孔始终保持充满液体状态。陶瓷过滤板不允许空气透过，没有空气透过，固液分离时能耗低、真空度高。

常见的故障有：

（1）真空度低，不能满足生产要求。主要原因是真空管路泄漏、真空泵循环水不够、真空泵叶轮磨损、分配头磨损、陶瓷过滤板破损、滤液桶排水阀未关紧、矿浆槽料位较低等。

（2）反冲洗水压力低或者波动。主要原因是反冲洗水管路系统堵塞或泄漏、分配头磨损。

（3）滤液桶液位居高不下。主要原因是循环水泵叶轮或泵壳磨损、气压不足以致排水阀无法打开或排水阀本身故障、滤液桶与循环水泵之间的管路有泄漏。

（4）超声波清洗时陶瓷过滤板清洗不干净。主要原因是电源箱有故障、电源保险烧坏、线路老化、换能头烧坏、超声盒击穿、矿浆槽水位过低。

（5）计量泵工作不正常及反冲洗水倒回酸桶。主要原因是计量泵开关未打开、隔膜磨损、频率过低、酸管和反冲洗水管连接的单向阀磨损。

3.6.3.4 板框压滤机

板框压滤机的滤板、滤框和滤布的构造见图 3-46 和图 3-47，其中 a 为滤框，b 为滤板，c 为滤布。板框压滤机附属设备有进泥系统、投药系统和压缩空气系统。

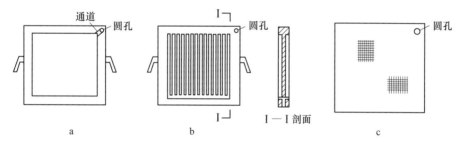

图 3-46 板框压滤机的滤板、滤框和滤布
a—滤板；b—滤框；c—滤布

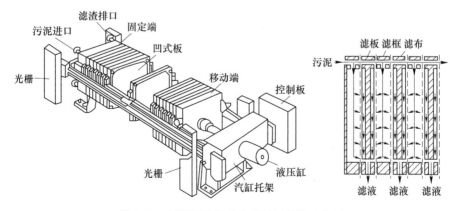

图 3-47 板框压滤机结构及板框结构示意图

板与框相间排列而成，在滤板的两侧覆有滤布，用压紧装置把板与框压紧，即在板与框之间构成压滤室。在板与框的上端中间相同部位开有小孔，压紧后成为一条通道，利用

高压空气加压到 0.2~0.4MPa，该通道进入压滤室，滤板的表面刻有沟槽，下端钻有供滤液排出的孔道，滤液在压力下，通过滤布、沿沟槽与孔道排出滤机，使污泥脱水。目前板框压滤机已经实现自动化控制。

压滤机工作过程中的压力是由入料系统提供的。入料前需设置一台搅拌筒，入料方式有三种：单段泵给料；两段泵给料；泵和空气压缩机联合给料。

3.6.4 尾矿库

3.6.4.1 尾矿库概述

随着人民对美好生活的向往，国家对环境保护的要求越来越高，选矿厂尾矿严禁向江、河、湖、海、沙漠及草原等处任意排放。选矿厂只要有尾矿产生，就必须进行合理合法处理，目前利用尾矿库存储仍然是处理尾矿的主要方式。因此，尾矿库是矿山选矿厂生产必不可少的组成部分。当前国家对新建尾矿库的审批及其严格，可以说很难再批复新建尾矿库，可以预见，随着国家环保要求的提高和尾矿利用技术进步，尾矿库会逐渐萎缩并最终消失。

尾矿库的基建投资一般都很高，约占矿山建设总投资的 10% 以上，占选矿厂投资的 20% 左右，有的甚至更高。其运行成本也较高，有些矿山尾矿设施运行成本达到选矿厂生产成本的 30% 以上。近年来，由于征购土地和搬迁农户越发困难，建设尾矿库的费用更高。可见尾矿库在矿山建设中的地位是不同于一般的。

鞍山某选矿厂终尾经浓缩机浓缩后，用隔膜式渣浆泵送至尾矿库堆存。尾矿库总库容 $2.88 \times 10^9 m^3$，有效库容 $1.68 \times 10^9 m^3$，终期坝标高 140m，总汇水面积 7.83 平方千米。采用高浓度二段输送工艺，两条尾矿输送管道，两条尾矿库回水管，均为一用一备。尾矿输送管道为耐磨复合管。尾矿矿浆经泵站送至库区水力旋流器，旋流器分级所得沉砂和溢流分别向坝外和坝内堆存。沉砂部分直接堆存在坝体上，溢流部分则流入库区并沉淀。上层清水经溢流塔，转流竖井和涵洞排入回收泵站。

尾矿输送作业设备技术参数见表 3-16。

表 3-16 尾矿输送作业设备技术参数

设备名称及型号	250PN 渣浆泵	12/10XZ-A960 渣浆泵
设备台数/台	6	2
流量/$m^3 \cdot h^{-1}$	1500	1350
扬程/m	99	85
转速/$r \cdot min^{-1}$	750	730
轴功率/kW	730	800

2.6.4.2 尾矿库构成

尾矿库一般由尾矿堆存系统、尾矿库排水系统等部分组成。尾矿库设施如图 3-48 所示，库容如图 3-49 所示。

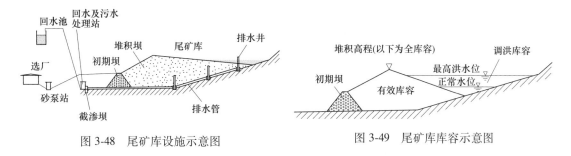

图 3-48　尾矿库设施示意图　　　　　　　图 3-49　尾矿库库容示意图

尾矿堆存系统。包括坝上放矿管道、尾矿初期坝、尾矿后期坝（子坝）、浸润线观测、位移观测以及排渗设施等。

尾矿库排水系统包括截洪沟、溢洪道、排水井、排水管、排水隧洞等构筑物。尾矿回水利用库内排洪井、排洪管等将澄清水引入下游回水泵站，再扬至高位水池。也有在库内水面边缘设置活动泵站直接抽取澄清水，扬至高位水池。

在矿山主体工程基建期间，开始用土、石等材料修筑成的坝体称为尾矿库的初期坝，用以容纳选矿厂生产初期 0.5～1 年排出的尾矿量，并作为后期坝（子坝）的支撑及排渗棱体。初期坝的坝型可分为不透水坝和透水坝。

（1）不透水初期坝。用透水性较小的材料筑成的初期坝。因其透水性远小于库内尾矿的透水性，不利于库内沉积尾矿的排水固结。当尾矿堆高后，浸润线往往从初期坝坝顶以上的子坝坝脚或坝坡溢出，造成坝面沼泽化，不利于坝体的稳定性。这种坝型适用于不用尾矿筑坝，或因环保要求不允许向库下游排放尾矿水的尾矿库。

（2）透水初期坝（也叫基础坝）。用透水性较好的材料筑成的初期坝。因其透水性大于库内尾矿的透水性，可加快库内沉积尾矿的排水固结，并可降低坝体浸润线，因而有利于提高坝体的稳定性。这种坝型是初期坝比较理想的坝型。透水初期坝的主要坝型有堆石坝或在各种不透水坝体上游坡面设置排渗通道的坝型。

为了满足敷设尾矿输送主管、放矿支管和向尾矿库内排放尾矿操作的要求，初期坝坝顶应具有一定的宽度。一般情况下坝顶宽度有最小宽度要求，见表 3-17。当坝顶需要行车时，还应按行车的要求确定。生产中应确保坝顶宽度不被侵占。

表 3-17　初期坝坝顶最小宽度

坝高/m	坝顶最小宽度/m
<10	2.5
10~20	3.0
20~30	3.5
>30	4.0

3.6.4.3　筑坝法

尾矿库的安全问题一直受到社会和政府的高度重视。尾矿库是一个具有高势能的人造泥石流的危险源，在长达十多年甚至数十年的期间里，各种天然的（雨水、地震、鼠洞等）和人为的（管理不善、工农关系不协调等）不利因素时时刻刻或周期性地威胁着它的安全。事实一再表明，尾矿库一旦失事，将给工农业生产及下游人民生命财产造成巨大的灾害和损失，所以尾矿库必须安全可靠。

尾矿坝是尾矿设施中最重要的组成部分，它直接关系到尾矿库的安危。坝址选择应当尽量靠近选矿厂，使尾矿的输送距离最短，自流为宜，尾矿需要扬送到尾矿库时应该尽可能少扬送高度，坝址以下的土层和岩石结构要可靠，筑坝前应作工程地质评价。坝体示意图见图3-50。

选矿厂投产后，在生产过程中随着尾矿的不断排入尾矿库，在初期坝坝顶以上用尾砂逐层加高筑成的小坝体，称之为子坝。子坝用以形成新的库容，并在其上敷设放矿主管和放矿支管，以便继续向库内排放尾矿。子坝连同子坝坝前的尾矿沉积体统称为后期坝（也称尾矿堆积坝）。可见后期坝除下游坡面有明确的边界外，没有明确的内坡面分界线。也可认为沉积滩面即为其上游坡面。根据其筑坝方式可分为下列几种基本类型：

（1）上游式尾矿筑坝。上游式筑坝的特点是子坝中心线位置不断向初期坝上游方向移升，坝体由流动的矿浆自然沉积而成，如图3-51所示。受排矿方式的影响，往往含细粒夹层较多，渗透性能较差，浸润线位置较高，故坝体稳定性较差。但它具有筑坝工艺简单、管理相对简单、运营费用较低等优点，且对库址地形没有太特别的要求。

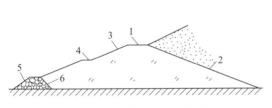

图 3-50 尾矿库坝体示意图

1—坝顶；2—上游坡面（内坡）；3—下游坡面（外坡）；

4—马道；5—排水棱体；6—反滤层

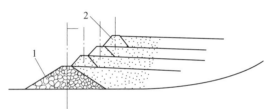

图 3-51 上游式尾矿筑坝

1—初级坝；2—子坝

（2）下游式尾矿筑坝。下游式尾矿筑坝是用水力旋流器将尾矿分级，溢流部分（细粒尾矿）排向初期坝上游方向沉积；底流部分（粗粒尾矿）排向初期坝下游方向沉积。其特点是子坝中心线位置不断向初期坝下游方向移升，如图3-52所示。由于坝体尾矿颗粒粗，抗剪强度高，渗透性能较好，浸润线位置较低，故坝体稳定性较好。但分级设施费用较高，且只适用于颗粒较粗的原尾矿，又要有比较狭窄的坝址地点。

（3）中线式尾矿筑坝。中线式尾矿筑坝工艺与下游式尾矿筑坝类似，但坝顶中心线位置始终不变。如图3-53所示。其优缺点介于上游式与下游式之间。

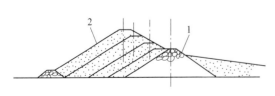

图 3-52 下游式尾矿筑坝

1—初级坝；2—子坝

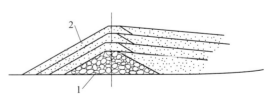

图 3-53 中线式尾矿筑坝

1—初级坝；2—子坝

（4）浓缩锥式尾矿筑坝。浓缩锥式尾矿筑坝是将浓度 55% 以上的浓缩尾矿用管道输送到堆存场地的某个点集中排放，沉积的尾矿自然形成锥形堆体，堆体表面坡度一般只有 5%~6%。占地面积较大，且需高效浓缩设施。

所有形式的后期坝下游坡的坡度均须通过稳定性分析确定。

尾矿中小于 37μm 的细粒不宜作为尾矿堆坝的材料，一般利用尾矿堆坝时在尾矿坝处用水力旋流器分级，其沉砂（粗粒级）留在靠坝体部位；旋流器溢流（细粒级）向尾矿池的尾部流动，并在流动过程中自然分级。稀而细的尾矿流得较远，在尾矿池的尾部有一段是澄清水区。

为提高水资源利用率，尾矿库需有回水利用设施。包括进水构筑物、回水输送系统、水净化系统、高位水池等。

3.6.4.4 尾矿库排水系统

尾矿库的排水设施很重要，为了排除进入尾矿库的雨水或水溪水流，有山坡截洪沟或排水管路；为了排除尾矿中的渗透水及尾矿坝底的涌水有排水管路设施；还有尾矿澄清水的排水设施。所以尾矿库设置排水系统的作用有两个，一是为了及时排除库内暴雨；二是兼作回收库内尾矿澄清水用。尾矿库排水系统如图 3-54 所示。

对于一次建坝的尾矿库，可在坝顶一端的山坡上开挖溢洪道排洪。其形式与水库的溢洪道相类似。对于非一次建坝的尾矿库，排洪系统应靠尾矿库一侧山坡进行布置。选线应力求短直；地基的工程地质条件应尽量均匀，最好无断层、破碎带、滑坡带及软弱岩层。

尾矿库排洪系统布置的关键是进水构筑物的位置。我们知道，坝上排矿口的位置在使用过程中是不断改变的，进水构筑物与排矿口之间的距离应始终能满足安全排洪和尾矿水得以澄清的要求。也就是说，这个距离一般应不小于尾矿水最小澄清距离、调洪所需滩长和设计最小安全滩长（或最小安全超高所对应的滩长）三者之和。如图 3-55 所示。

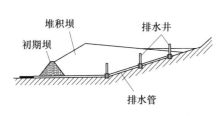

图 3-54　尾矿库排水系统示意图

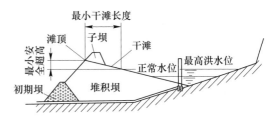

图 3-55　尾矿库滩顶滩长示意图

当采用排水井作为进水构筑物时，为了适应排矿口位置的不断改变，往往需建多个井接替使用，相邻二井井筒有一定高度的重叠（一般为 0.5~1.0m）。进水构筑物以下可采用排水涵管或排水隧洞的结构进行排水。

当采用排水斜槽方案排洪时，为了适应排矿口位置的不断改变，需根据地形条件和排洪量大小确定斜槽的断面和敷设坡度。

有时为了避免全部洪水流经尾矿库增大排水系统的规模，当尾矿库淹没范围以上具备较缓山坡地形时，可沿库周边开挖截洪沟或在库后部的山谷狭窄处设拦洪坝和溢洪道分流，以减小库区淹没范围内的排洪系统的规模。排洪系统出水口以下用明渠与下游水系连通。

　　尾矿库进水构筑物的基本形式有排水井、排水斜槽、溢洪道以及山坡截洪沟等。

　　库区排水井（也叫溢流井）是最常用的进水构筑物。有窗口式、框架式、井圈叠装式和砌块式等形式，如图3-56所示。

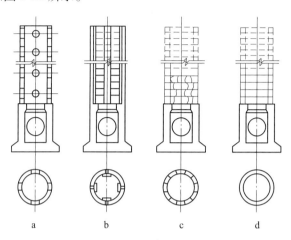

图 3-56　进水构筑物

a—窗口式；b—框架式；c—砌块式；d—叠圈式

　　窗口式排水井整体性好，堵孔简单，但进水量小，未能充分发挥井筒的作用，早期应用较多。框架式排水井由现浇梁柱构成框架，用预制薄拱板逐层加高，结构合理，进水量大，操作也较为简便，从六十年代后期起，广泛采用。井圈叠装式和砌块式等形式排水井分别用预制拱板和预制砌块逐层加高。虽能充分发挥井筒的进水作用，但加高操作要求位置准确性较高，整体性差些，应用不多。

　　排水斜槽既是进水构筑物，又是输水构筑物。随着库水位的升高，进水口的位置不断向上移动。它没有复杂的排水井，但毕竟进水量小，一般在排洪量较小时经常采用。

　　洪道常用于一次性建库的排洪进水构筑物。为了尽量减小进水深度，往往作成宽浅式结构。山坡截洪沟也是进水构筑物兼作输水构筑物。沿全部沟长均可进水。在较陡峭山坡处的截洪沟易遭暴雨冲毁，管理维护工作量大。

3.7　辅 助 设 备

　　选矿厂辅助设备包括起重机、闸门与阀门、泵、风机、给药机、加球机、润滑与冷却、测量与分析、自动化控制系统等设备。皮带机、给料机等在破碎岗位已经讲述，本节重点讲下砂泵与加药岗位。

3.7.1　砂泵

　　矿浆运输的胶泵，包括4寸泵、4.5寸泵、6寸泵和8寸泵（英寸制，1寸=25.4mm）等。以旋流器的沉砂泵为例子，讲讲泵的合理操作与维护。砂泵岗位必须掌握泵的性能，如扬程以及扬量，泵的额定电流及正常情况下的工作电流，泵所输送矿浆的性质。

　　（1）砂泵日常管理操作。

1）掌握每台泵的工作状态及上量情况；

2）掌握每台泵的各部阀门的开闭情况；

3）胶轮胶胎、轴套等磨损情况及使用周期；

4）电机及轴承升温情况、泵的轴承升温情况；

5）泵的润滑情况；

6）盘根线的封闭情况；

7）严格检查泵箱的矿液面，掌握浓度的波动情况，有无喘气或堵塞现象。

8）操作中有无异常音响及异类；

9）上下工序的联系等。

（2）砂泵在流程中的作用。砂泵在流程中所起的作用至关重要，这就要求全体泵工精心看好泵，了解泵在流程中所处的重要地位，明确泵对生产指标的影响。除此之外，要经常检查、及时调整，发现问题及时报有关领导及部门处理，以免对生产和指标带来影响。

如果原矿泵操作维护不好，喘气或上量不正常，有时甚至漏眼、管道进气，会造成旋流器喘气，失去了正常的分级作用。旋流器的分级作用失常，对整个选别作业起到破坏作用，矿浆失去了平衡，选别指标得不到应有的保证（下段作业调整跟不上）。因此，泵在该流程中的作用是十分重要的。它的重要程度可以这样说，在现有的流程中，原矿泵、沉砂泵使用不好，无论是重选、磁选以致浮选和强磁，要想取得好的指标根本不可能的。无论是原矿泵也好，沉砂泵也好，旋流液泵也好，它们的作用是起矿浆运输作用。但现在来说还有另外一条主要作用，原矿泵保证旋流器恒压稳定和一定的浓度；沉砂泵保证粗选螺旋溜槽给矿量及给矿浓度的稳定。

3.7.2 配药与加药

3.7.2.1 配药岗位要求

（1）严格地遵守车间规定的药剂制度，准确地配药加药，不得随意更改，每两小时测定一次油药的添加量，在矿量不变时药剂添加量必须稳定。

（2）经常与浮选工取得联系，根据矿量的大小变化适当调节给药量的大小，以保证良好的浮选指标。

（3）在配药加油时要注意节约，防止药油流失以及不必要的浪费。

（4）在浮选机开车前 2min，应开始给药，当球磨机停车时，应在搅拌槽内无溢流时停止给药。

（5）维护、保养好加药机，保持加药机准确好用，并经常注意给药管路是否畅通。

（6）做好药剂用量记录，不准弄虚作假。

（7）搞好岗位设备及环境卫生。

配药前注意事项：

配药工要及时准确掌握每批药的生产日期、批号、质量和质量报告单，同时又要掌握每批药厂后的质量抽测指标和质量捡斤指标，根据进厂后的质量指标进行配药。

3.7.2.2 给药机

准确地添加浮选药剂是提高浮选效率的重要因素，对选别效果和技术经济指标影响很大，给药机的作用就是提高加药控制的准确性和可靠性，节省药剂，减少加药工人同有害药剂的接触。给药机类型与药剂性状、加药要求有关。干粉类药剂有带式、盘式或螺旋式给药机，液体药剂给药机有轮式、杯式、箕斗式、虹吸式、数控自动给药机等，各有不同的构造。控药闸门有手动式和电磁控制式。

A　分配式给药机

结构一般包括：

（1）一个起搅拌和配药作用的搅拌桶，有平底、锅底式两种，适用于无配药箱的情况，利于杂物的沉淀排除。

（2）控制药剂流量的阀门，可根据给药点数选择数目，一般一个给药点有一个阀门控制，或者根据工艺需要而设置；阀门的大小、形式、材料可根据实际要求而设置，如采用针阀、铜制热水嘴等。

（3）如果在搅拌桶搅拌和配药完毕后，打入配药箱，通过安装在配药箱上的阀门给药，其大小、材料可根据实际情况而定。如果直接在搅拌桶上安装阀门，给浮选机加药，可不用配药箱。

（4）输送药剂的管路使用塑料软管（俗称蛇皮管）具有减轻重量、易于安装、耐腐蚀的优点。

分配式给药机操作：

（1）首先检查搅拌桶各阀门及管路是否良好。

（2）启动搅拌槽，将药剂与水充分混合均匀。

（3）打开阀门（或用泵），将配好的药液泵入配药箱。使用过程中注意保持配药箱的液面在一定的范围，以使药液流量均匀。

（4）打开配药箱的阀门，开启的大小要根据工艺需要而定，使药液进入塑料软管，利用高差，自流到各配药点。

（5）浮选机停车或其他加药点不需要加药时，再关闭阀门。

分配式给药机维护与保养：

（1）搅拌筒的维护与保养和前面所述搅拌槽的维护与保养基本相同。

（2）定期清理排出搅拌桶及配药箱的沉淀杂物。

（3）阀门磨损严重，出现滴漏应及时修复更换。

（4）定期检查塑料软管，保持畅通。堵塞时可用高压水冲洗。

B　虹吸给药机

虹吸式给药机结构简单紧凑，采用负压平衡原理控制虹吸给药液面的恒定，从而保证药液流量稳定，适用于中小型选矿厂。规格可视一个工班的实际药液用量制作。恒压液位控制有多种方式，如浮板法、溢流堰法、负压法和浮子法等。负压虹吸结构见图3-57。

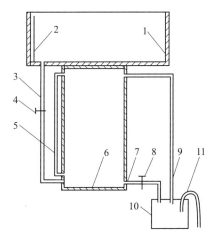

图3-57　虹吸给药机基本结构

1—配药桶；2—配药标尺；3—进液管；

4—进液阀；5—药液标尺管；6—密封药箱；

7—排液管；8—出液阀；9—空气导管；

10—恒液面药液槽；11—可调虹吸管

工作原理：当盛满药液的密封箱中的空气导管末端被药液槽的药液淹没时，负压作用使密封药箱不向排液槽排出药液。由于虹吸作用，药液槽给药，液面下降，空气导管与大气连通，进入空气，密封药箱再次排药出来，直至空气导管管口被药液淹没，密封药箱负压不断增强，直至不再排出药液为止。这样循环往复，保持药液槽液面恒定，达到定量恒定给药的目的。

开车前应检查各管路是否畅通无阻，进出液阀是否合适，所用药剂是否齐全、足量，有无机械故障。

C 数控给药机

数控给药机采用数字电路控制，可靠准确，能长期安全运行。数控给药机利用恒定药液流，控制给药时间达到定量计量目的。由于每个给药周期控制在 $2 \sim 5s$ 内，近似于连续给药。采用外置式电磁阀，每个周期内阀门开度可在 $0 \sim 99\%$ 范围内任意调整。预置拨盘比例编码，数显累计，停电数据保持电路和浮球式液位控制阀，所以可方便的调整给药量，其显示数据具备停电保护。给药精度优于 1.5%。一般药液箱电源应与浮选机联动，浮选机工作时循环泵也随之工作。

使用时，首先开启电源开关，仪表电源指示灯亮。各路指示灯根据预置量相应闪动，在未做键盘处理前累计药量显示可能显示混乱状态。先将仪表盘面板"设定开关"置"设定"位置，键盘处理完后再将其定置回原处，可显示瞬时加药量和累计加药量，数据记录完整。

日常需注意维护保养，避免仪表接触腐蚀性介质，防止水、药液等进入仪表内。外置电磁阀磨损时，应及时更换或修复，防止药液滴漏。定期打开排污阀排出沉淀杂物。开车前应检查各给药管路是否畅通无阻、各阀门是否灵活好用；检查各药剂是否齐全、足量；检查各管路的连接处有无滴漏。

3.8 选矿实验室岗位

学习内容：

（1）实验室构成，工作内容与程序，开展实验的准备等工作。

（2）现场目前的科研攻关项目。

（3）参与实验室及科研攻关工作，参与至少一项完整的研究工作，如流程考查、作业（设备）分析、产品分析、难选矿石攻关、设备改进维护研究等。

（4）分析检测技能训练，学习浓度、粒度、品位、元素含量等检测技术。

（5）熟悉大型仪器功能及测试项目，如 X 荧光光谱仪（XRF）、X 荧光衍射仪（XRD）、原子力显微镜（AFM）、石英微天平（QCMD）、红外光谱微区分析仪（FTIR）、矿物自动参数分析系统（AMICS、LMA）、激光粒度仪、表面张力仪、原子吸收分光光度仪等。

3.8.1 密度测定

3.8.1.1 实验室密度测定

选矿产品大多为 1mm 以下的粉状物料，密度测定通常用比重瓶（有 25mL、50mL、

100mL 三种容积）法。比重是指物料密度与标准水（4℃）的密度之比，比重测得，密度就计算出来了。比重瓶法包括煮沸法、抽真空法及抽真空法同煮沸法相结合的方法，三者的差别仅仅是除去气泡的方法不同，其他操作程序一样。

常用的煮沸法介绍如下：

为使测得数据准确，通常将比重瓶先用洗液（用重铬酸钾 20g，加 40mL 水稀释，加热溶解，待冷却后再加浓硫酸 350mL）洗涤，然后用蒸馏水或自来水清洗，烘干称重为 B（称重时一般用千分之一天平）。再用滴管把蒸馏水注入比重瓶内，至有水自瓶塞毛细管中溢出为止，称重为 C。把比重瓶内的水倒出重新烘干后，再往瓶内加被测物料（约占瓶容积 2/3），称重为 A。接着向比重瓶内注入约占瓶容积的煮沸过的蒸馏水，翻转和摇动直到将气泡自粉末中完全逐出为止。然后用滴管把蒸馏水注入比重瓶内，仍至有水自瓶塞毛细管中溢出为止，称重为 D。粉状物料的比重按下式求得：

$$\delta_{t} = \frac{A - B}{(C + A) - (B + D)} \times 1000 \tag{3-3}$$

式中　δ_{t}——粉状物料密度，kg/m^3；

　　　A——瓶加物料质量，kg；

　　　B——瓶质量，kg；

　　　C——瓶加水质量，kg；

　　　D——瓶加物料加水质量，kg。

用该法测比重时，一定要排净气泡（如真空脱气法），否则影响测定结果的准确性。为使测得数据准确，在测定时可用 2~3 个比重瓶同时做，取其平均值。在选矿实践中，一般精确到小数点后三位。有条件的实验室也可用粉体真密度测试仪进行粉体密度测定。

3.8.1.2　鞍山地区铁矿石密度与品位关系

对于鞍山式铁矿石，主要脉石矿物为石英，推导时为简化过程，理想假设脉石均为石英（实际矿物脉石种类较多，各种脉石密度也不同，但鞍山式铁矿石中石英占 60% 以上，属于绝对的大多数，所以理想为脉石均为石英，更准确的模型，可以用综合脉石来表示），建立理想磁铁石英岩型矿石模型如图 3-58 所示。

图 3-58　鞍山式磁铁石英岩型
矿石理想模型

取单位质量 m 为 1kg 的矿石进行推导，矿石密度为：

$$\delta = \frac{m}{V_{总}} = \frac{1}{V_1 + V_2} \tag{3-4}$$

式中　δ——矿石真密度，kg/m^3；

　　　$V_{总}$——矿石体积，m^3；

　　　m——矿石质量，kg；

　　　V_1——铁矿物体积，m^3；

　　　V_2——石英矿物体积，m^3。

根据品位定义（铁含量，纯铁矿中铁含量按 70% 计算），所以品位为 β 的铁矿石中含有的铁矿物百分比为：$\dfrac{\beta}{0.70}$，式中 β 为品位，%。

则 1kg 品位 β 的铁矿石中铁矿物的质量为：$\dfrac{\beta}{0.70} \times 1$，剩下的石英质量为：$1 - \dfrac{\beta}{0.70}$，纯铁矿石（品位按 70%）密度为 5050kg/m³，纯石英的密度为 2600kg/m³ 得矿石中铁矿物的体积：

$$V_1 = \frac{\beta}{0.70} \cdot \frac{1}{5.05 \times 10^3} \tag{3-5}$$

脉石石英的体积：

$$V_2 = \left(1 - \frac{\beta}{0.70}\right) \cdot \frac{1}{2.60 \times 10^3} \tag{3-6}$$

式中　β——矿石品位，%；纯铁矿物品位取 70.00%，密度取 5.05×10^3kg/m³；纯石英矿物密度取 2.60×10^3kg/m³。

将 V_1、V_2 代入式（3-4），整理变形：

$$\delta = \frac{100}{38.46 - 26.6 \cdot \beta} \times 1000 \tag{3-7}$$

此式亦称为"梅根公式"。

上式解出品位：

$$\beta = \frac{38.46 \cdot \delta - 10^5}{26.6 \cdot \delta} \times 100\% \tag{3-8}$$

表 3-18 为部分选矿厂铁矿石实测密度与梅根公式计算密度对比。

表 3-18　部分选矿厂铁矿石实测密度与梅根公式计算密度

选矿厂	矿石品位 /%	实测密度 /kg·m⁻³	计算密度 /kg·m⁻³	误差/%	矿石类型
大孤山铁矿	31.90	3.3×10^3	3.33×10^3	0.96	铁矿物为磁铁矿，脉石为石英
东鞍山铁矿	32.50	3.4×10^3	3.35×10^3	-1.48	铁矿物为假象赤铁矿、少量菱铁矿，脉石为石英、阳起石等
南芬铁矿	31.50	3.3×10^3	3.32×10^3	0.60	铁矿物磁铁矿，脉石为石英
弓长岭铁矿	29.61	3.3×10^3	3.27×10^3	-1.05	铁矿物为假象赤铁矿，脉石为石英、绿泥石
北京铁矿	33.46	3.3×10	3.38×10^3	2.38	铁矿物为磁铁矿，脉石为石英、闪石
峨口铁矿	32.17	3.07×10^3	3.34×10^3	8.79	铁矿物有磁铁矿和菱铁矿等，脉石有石英、角闪石等，所以误差较大

可以看到，含菱铁矿及非石英类脉石较多的铁矿石误差较大，这与理想模型只考虑矿石构成为磁铁矿和石英有直接关系，调查好矿石中有用矿物及脉石构成，建立综合的有用矿物和脉石模型可提高公式计算结果的准确度。

3.8.1.3　矿浆浓度与矿浆密度关系

根据矿浆的质量平衡关系，矿浆质量等于矿石质量加水的质量，有：

$$V \cdot \rho_t = \delta \cdot V_1 + \rho_w \cdot V_2 \tag{3-9}$$

总体积等于固体体积与介质水的体积和：

$$V = V_1 + V_2 \tag{3-10}$$

式中　V——矿浆体积，m^3；

　　　V_1——矿浆中固体物料（铁矿粉）体积，m^3；

　　　V_2——矿浆中水的体积，m^3；

　　　ρ_t——矿浆密度，kg/m^3；

　　　δ——固体物料真密度，kg/m^3；

　　　ρ_w——水的密度，kg/m^3。

上述两式联立解得：

$$\frac{V_2}{V_1} = \frac{\delta - \rho_t}{\rho_t - \rho_w} \tag{3-11}$$

根据液固比 R 定义（矿浆中水的质量 $Q_水$/干矿物质量 $Q_石$）有：

$$R = \frac{Q_水}{Q_石} = \frac{V_2 \cdot \rho_w}{V_1 \cdot \delta} \tag{3-12}$$

式中　$Q_水$——介质水的质量，kg/m^3；

　　　$Q_石$——矿浆中干矿的质量，kg/m^3；

　　　R——液固比，无量纲。

式（3-11）代入式（3-12），整理得：

$$R = \frac{(\delta - \rho_t)\rho_w}{(\rho_t - \rho_w)\delta} \tag{3-13}$$

转换为质量百分数浓度 C，因为 $C = \dfrac{1}{R+1}$，得：

$$C = \frac{(\rho_t - \rho_w) \cdot \delta}{(\delta - \rho_w) \cdot \rho_t} \tag{3-14}$$

可解出矿浆密度与浓度关系：

$$\rho_t = \frac{\delta \cdot \rho_w}{\delta - (\delta - \rho_w)C} \tag{3-15}$$

公式（3-15）得到的是矿浆密度与矿浆浓度 C、矿石密度 δ 的关系，也是浓度壶测定浓度的对照表计算公式，矿浆浓度乘以浓度壶有效容积就得到浓度表。

如某选矿厂浮选给矿用 1L 浓度壶进行测定，可根据式（3-15）计算出浓度壶装满矿浆后质量与浓度关系，见表 3-19。

表 3-19　某浮选车间浮选给矿矿浆浓度与浓度壶称重净质量对照表

浓度/%	质量/g	浓度/%	质量/g	浓度/%	质量/g	浓度/%	质量/g	浓度/%	质量/g
1	1007	6	1046	11	1088	16	1133	21	1182
2	1015	7	1054	12	1096	17	1142	22	1192
3	1022	8	1062	13	1105	18	1152	23	1203
4	1030	9	1071	14	1114	19	1162	24	1214
5	1038	10	1079	15	1124	20	1172	25	1224

浓度/%	质量/g	浓度/%	质量/g	浓度/%	质量/g	浓度/%	质量/g	浓度/%	质量/g
26	1236	41	1430	56	1697	71	2086	86	2708
27	1247	42	1445	57	1718	72	2119	87	2762
28	1258	43	1461	58	1740	73	2152	88	2820
29	1270	44	1476	59	1763	74	2187	89	2879
30	1282	45	1493	60	1786	75	2222	90	2941
31	1294	46	1509	61	1809	76	2259	91	3006
32	1307	47	1526	62	1834	77	2297	92	3074
33	1319	48	1543	63	1859	78	2336	93	3145
34	1332	49	1561	64	1884	79	2377	94	3219
35	1345	50	1579	65	1911	80	2419	95	3297
36	1359	51	1597	66	1938	81	2463	96	3378
37	1372	52	1616	67	1966	82	2508	97	3464
38	1386	53	1636	68	1995	83	2555	98	3555
39	1401	54	1656	69	2024	84	2604	99	3650
40	1415	55	1676	70	2055	85	2655	100	3750

注：表中数值是在浓度壶容积为 1000mL、用去除浓度壶本身质量后矿浆净质量，在矿石密度为 $3750kg/m^3$ 时（浮选的入选矿石铁品位为 44.34%）计算得出。

式（3-15）可解出：

$$\delta = \frac{\rho_t \rho_w C}{\rho_w + \rho_t C - \rho_t} \tag{3-16}$$

为方便公式计算，式（3-16）中矿石密度与水的密度用相对密度（即物质的密度与标准状态下水的密度的比值）表示，则 ρ_w 以 1 代入，得：

$$\delta = \frac{\rho_t C}{1 + \rho_t C - \rho_t} \tag{3-17}$$

式（3-7）代入式（3-17）：

$$\frac{\rho_t C}{1 + \rho_t C - \rho_t} = \frac{100}{38.46 - 26.6 \cdot \beta} \tag{3-18}$$

解得：

$$\beta = \frac{38.46 \rho_t C - 100(1 + \rho_t C - \rho_t)}{26.6 \rho_t C} \times 100\% \tag{3-19}$$

整理得：

$$\beta = \frac{100 \rho_t - 61.54 \rho_t C - 100}{26.6 \rho_t C} \times 100\% \tag{3-20}$$

计算结果表明，理论上矿浆密度需精确到 $0.1kg/m^3$，品位可精确到 0.01%。经测算，如果矿浆浓度 C、矿浆密度 ρ_t 相对误差可控制在 2% 以内，则品位误差可以达到 4% 以内。可作为非核子放射线铁品位测定的理论依据。

3.8.2　粒度测定

实验室粒度测定有筛分法和水析法两种。筛析用标准筛进行，又分为干筛和湿筛。条件较好的可采用粒度分析仪进行。

（1）干筛。首先根据估计粒级范围，挑选合适的系列标准套筛进行，一般称取 100～200g 干燥矿样，利用振筛机完成。按照被测试样的粒径大小及分布范围，将大小不同筛孔的筛子叠放在一起进行筛分，收集各个筛子的筛余量，称量求得被测试样以质量计的颗粒粒径分布。注意筛分时间要充分，一般 20min 以上，通过套筛筛分可以一次获得多个粒级结果，缺点是对细粒级（-0.038mm 以下）较难实施，另外干筛跑灰，产生的损失较大，一般将损失量计入最小粒级中。

（2）湿筛。湿筛是常用的人工手筛方式，工具为单个标准筛、换水盆等。手筛比较辛苦，筛分时间也要 20min 以上。称取 50～100g 干燥矿样，轻轻倒在筛面上，在水盆中手工筛分。注意不要动作太激烈把水溅出去，也不要用手接触筛面，可以轻轻用手拍击筛围，不能用筛围撞击换水盆，容易造成标准筛变形。掌握好筛底与水面的浸没距离，可以有效发挥吸缀作用提高筛分效率。过程中要经常换水，直到盆中看不到筛下物为止。换下来的水如果筛下物还有测试项目就要保留好，经沉淀过滤后烘干制样。筛中筛上剩余物料倒入干净的容器，可以用水轻轻从背面冲洗干净，然后沉淀，倒出清水后烘干称重，筛下质量按入筛前质量减去筛上的质量。筛析结果比较准确，但也比较费时，现场粒度的快速测定用浓度壶法，见浓度测试小节。

（3）水析。利用不同粒径的颗粒在液体中的自由沉降或离心力场中沉降速度不同来测定各级的含量，从而得出细颗粒的粒度分布。利用自由沉降分级也叫沉降法分级。主要应用于细粒级（-0.038mm）以下粒级的进一步分级。选矿实验室利用水力分析仪进行。但操作和修正粒度的过程复杂，也容易因为人为因素产生误差。

1）淘析法。中、小型选矿厂，由于条件所限，没有专门的水析室和水析器，并且测定物料不多，要求精度不高时，可采用此法。

淘析法的基本原理是根据不同矿物粒度在水中的沉降粒度不同而进行按粒度分离的。其装置如图 3-59 所示。

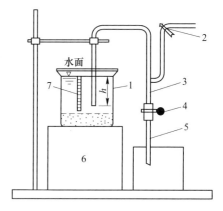

图 3-59　淘析装置
1—容器；2—带夹子软管；3—虹吸管；
4—阀门；5—溢流收集管；6—支撑底座；
7—刻度标尺

容器 1 的直径为 150～200mm，外面贴上一条带毫米刻度的纸带，将矿样（50～100g）倒入容器 1，并注入部分水，用有胶皮头的玻璃棒进行搅拌，然后将矿浆静止沉淀。矿样沉淀后，在高于矿样层 5mm 处标一记号，接着在水面处标第二个记号，则：

$$h = v_d \cdot t \tag{3-21}$$

式中　h——直径为 d 和密度为 δ 的矿粒沉降距离，m；

　　　v_d——直径为 d 和密度为 δ 的矿粒沉降速度，m/s；

t——矿粒沉降 h 米所需的静止时间，s。

雷诺数 Re 小于1，介质处于层流状态，由颗粒的有效重力与斯托克斯阻力相等关系可导出物料颗粒沉降末速：

$$U_d = \frac{d^2(\delta - \rho)g}{18\mu} \tag{3-22}$$

式中　U_d——颗粒沉降末速，m/s；

$\quad\quad d$——颗粒直径，m；

$\quad\quad \delta$——物料密度，kg/m^3；

$\quad\quad \rho$——水的密度，t/m^3；

$\quad\quad g$——重力加速度，9.8m/s^2；

$\quad\quad \mu$——水的动力黏度，Pa·s。

由式（3-21）、式（3-22）可得：

$$t = \frac{18h\mu}{d^2(\delta - \rho)g} \tag{3-23}$$

根据沉降高度 h 和沉降时间 t，计算各粒级粒度：

$$d = \sqrt{\frac{18h\mu}{(\delta - \rho)gt}} \tag{3-24}$$

式中字母意义同上。

高度 h 值的大小应不使时间 t 过长或过短，一般分离测定沉降速度小的微粒部分时，h 要求小些；反之分离测定粗颗粒时，高度 h 要大些，但是高度 h 最小不能小于在该容器内液固比为6所具有的高度，对于泥质矿样所需的高度应该是液固比为10。

以上准备工作做完后，加入清水至第二标记处。用带橡皮头的玻璃棒强烈搅拌，使试样悬浮，然后停止搅拌，开始按秒表计时。经过预先标定的时间 t 后，立即用插入容器中（至第一标记处）的虹吸管将悬浮液吸出，再重新加水，如前反复操作，直到获得清晰的溢流为止，然后再按预先计算好的时间和高度分离下一个级别。如此逐一进行，直到所需的各个粒级全部分离完毕为止。分离顺序由细到粗。

在容器内搅拌混合矿样时，若发现细粒因胶凝而迅速聚沉，则必须添加分散剂。通常采用1%浓度的水玻璃溶液作分散剂，其用量约为矿样质量的5%，使用时应先将已配好的水玻璃溶液与矿样搅拌均匀，调成矿浆后倒入容器1中。

将吸出的各产物和沉于器皿底部的产物分别沉淀、烘干、称重，即可算各粒级的产率。

为使水析结果准确，同一种矿样需同时做二或三组试验，取其平均值，如果相差较大，则必须重做试验。

2）连续水析法。在连续水析仪上进行，实验室常用的有四管水析仪、六管旋流水析仪。连续水析法与淘析法相比，它能够连续地分出不同粒度的组分，一次能得到多个产品，分析速度快，因而在工作量大的情况下具有明显的优越性。

实验室四管水析仪由4个倒置的旋流器组成水析管，四管水析器装置见图3-60。连接相邻水析管的管径尺寸具有一定比例。常用的水析管直径分别为24.4mm、45.6mm、89mm、134.4mm。每次水析矿样为50~100g，一次矿样水析的时间约需16~24h，以最后两个水析管中水流清晰时为试验终点。水析时，各管的粒级范围和流量可根据最后一个水析管中所溢出的最大颗粒尺寸（5~10μm）来确定。

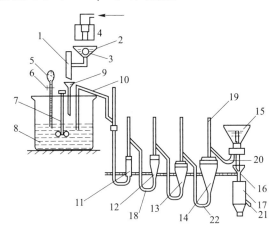

图 3-60 四管水析仪

1—滴管；2，9，16—漏斗；3—浮标；4—水阀；5—给矿瓶；6—调节阀；7—搅拌器；
8—容器；10—虹吸管；11~14—水析管；15—溢流瓶；17—细泥回收瓶；
18，22—胶管；19—空气管；20，21—溢流管

测定前，先根据所要求的分级粒度，计算水析管内水的流速和流量。为计算方便，常采用厘米·克·秒（cm·g·s）单位制，那么常温下（20℃）介质水的动力黏度系数 μ 为 0.001 泊（即 0.0001Pa·s），则由式（3-22）换算得水析仪上升水流速度与流量：

$$u_n = 5450d_n^2(\delta - 1) \tag{3-25}$$

$$Q = F_n u_n \tag{3-26}$$

式中 u_n——最后的水析管中水的上升流速，cm/s；

     Q——水析管中水的流量，mL/s；

     d_n——最后的水析管溢出的最大颗粒尺寸，cm；

     δ——矿样密度与标准状态下水的密度比值，无量纲；

     F_n——最后水析管圆柱部分的截面积，cm²。

已知各个水析管的直径，可求出各级水析产品的粒度。水析器有 n 个水析管，可得到 $n+1$ 个产品，设水析管的内径分别为 D_1、D_2、$\cdots$、D_n，其截面积分别为 F_1、F_2、$\cdots$、F_n，管中的上升水流速分别为 u_1、u_2、$\cdots$、u_n，各管中沉降颗粒的直径分别为 d_1、d_2、$\cdots$、d_n。由于各水析管中的流量 Q 均相等，则：

$$Q = F_1 u_1 = F_2 u_2 = \cdots = F_n u_n \tag{3-27}$$

已知， $F_n = \dfrac{1}{4}\pi D_n^2$ ，$u_n = 5450d_n^2(\delta - 1)$

得： $D_1^2 d_1^2 = D_2^2 d_2^2 = \cdots = D_n^2 d_n^2$

所以，

$$\dfrac{d_1}{d_2} = \dfrac{D_2}{D_1}, \dfrac{d_1}{d_3} = \dfrac{D_3}{D_1}, \cdots, \dfrac{d_1}{d_n} = \dfrac{D_n}{D_1} \tag{3-28}$$

四管水析器的操作步骤如下：

① 拨开胶管18，从水析管11的下部注入清水直到全部水析管充满水为止（注水时要封闭各水析管上面的空气管19），然后用虹吸管10将容器8与水析管连接起来。

② 按计算好的流量，移动滴管1的上下位置调节水的流量。

③ 给矿前，先在给矿瓶5内加入半瓶清水然后打开调节阀6，使部分水下流，以排出管内的空气。然后将称好的干矿样加水调成矿浆，慢慢地给入给矿瓶内，同时将给矿瓶加满清水，并将瓶上口封闭不使其漏气。

④ 水析时，先开动搅拌器7，然后打开调节阀6进行给矿，通过虹吸管10使容器8中的矿浆缓慢地逐个进入水析管中进行水析。大约经过2h，容器中除少量颗粒外，其他固体颗粒均进入水析管内，此时停止搅拌，继续按规定的流量注入清水。

⑤ 当最后两个水析管13及14中的水呈清晰时，水析达到终点。此时关闭给水，打开溢流管20和21排出清水。然后用夹子分别夹住各水析管下部放矿胶管22，打开胶管18，从粗到细分别将各级别产品卸出，再分别烘干称重，并计算各级别的产率和累计产率，绘制粒度特性曲线。

实验室旋流水析仪由4~6个倒置的旋流器构成，见图3-61。连接相邻旋流器的管径尺寸按一定比例由粗变细。每次水析矿样为50~100g，给料粒度为-0.074mm，一次矿样水析的时间5~30min内可自由选择，警报铃声响起表示水析时间结束。水析时，各管的粒级范围和流量可根据最后一个水析管中所溢出的最大颗粒尺寸（5~10μm）来确定。操作时先按设定流量给水，逐一打开排料阀排出空气及杂物，排净后关闭排料阀。打开给料控制阀，物料被吸入水流进入水析仪的旋流器，物料全部给完后，调整流量控制阀，直至流量计显示设定流量，再设定水析时间，水析时间结束，稍稍开大流量控制阀，保持流量大

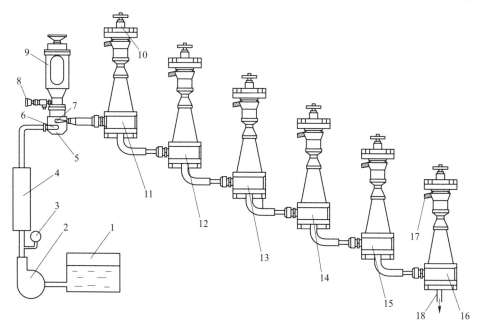

图 3-61 旋流水析仪示意图

1—水箱；2—水泵；3—压力表；4—转子流量计；5—给料器；6—流量调节阀；7—给料控制阀；

8—泄压阀；9—试样容器；10—旋流器排料阀；11~16—水析仪旋流器；17—排料管；18—最终溢流管

于水析工作流量。最后从 6 号旋流器开始，逐一向前打开排料阀收集旋流器底流产品。最终溢流管产品如果不用化验分析可直接排放，利用给料质量和前 6 个底流产品质量和计算最终溢流质量。收集的各产品过滤、干燥、称重，矫正各项参数后进行计算分析，详见旋流水析仪说明书。

（4）激光粒度仪。通过颗粒的衍射或散射光的空间分布（散射谱）来分析颗粒大小的仪器，采用衍射及散射理论，测试过程不受温度变化、介质黏度、试样密度及表面状态等诸多因素的影响，只要将待测样品均匀地展现于激光束中，即可获得准确的测试结果。测试操作简便快捷，放入分散介质和被测样品，启动超声发生器使样品充分分散，然后启动循环泵，实际的测试过程只有几秒钟。测试结果以粒度分布数据表、分布曲线、比表面积、D_{10}、D_{50}、D_{90} 等方式显示、打印和记录。激光粒度仪可测定更为微细的纳米级别物料。

3.8.3 浓度测定

浓度测定方法有烘干法、浓度壶法、超声检测法等。

烘干法是选矿厂实验室常用方法。步骤为样桶取回矿样后称重，烘干，再称重。烘干的温度不宜过高，特别是含有硫化矿物的样品易氧化变质，因此，一般在 $105℃±2℃$ 的温度下烘干至恒重（恒重指相隔 20min 以上两次称量试样的质量相等），浓度计算公式为：

$$C = \frac{Q_2 - Q_0}{Q_1 - Q_0} \times 100\% \qquad (3\text{-}29)$$

式中　C——矿浆中干矿的质量分数，%；

　　　Q_1——带样筒的矿浆的质量，kg；

　　　Q_2——烘干后带样筒的试样的质量，kg；

　　　Q_0——样筒的质量，kg。

烘干法过程较长，适用于实验室精确测定，现场常用浓度壶法进行快速测定。工具有浓度壶、取样勺、电子天平。浓度壶用薄铁制成，常用的容积有 1000mL、500mL、250mL 等，壶壁上有溢流孔。对于粒度组成较不均匀的矿浆可采用 500~1000mL 的浓度壶进行测定；对于粒度组成较均匀的矿浆，可采用 250~500mL 的浓度壶进行测定。

测定时用取样勺截取矿浆注入浓度壶，直至溢流孔溢出为止，称其质量（精确到1g）。将矿浆的质量（总重减去空壶重）除以壶的容积，就是矿浆密度。矿石密度是已知的，根据公式即可求出矿浆的浓度：

$$C = \frac{\delta(\rho_t - \rho_w)}{\rho_t(\delta - \rho_w)} \times 100\% \qquad (3\text{-}30)$$

式中　C——矿浆质量分数，%；

　　　δ——矿石真密度，kg/m^3；

　　　ρ_w——水的密度，kg/m^3；

　　　ρ_t——矿浆密度，kg/m^3。

公式（3-30）可解出矿浆密度与浓度关系：

$$\rho_t = \frac{\delta\rho_w}{\delta - (\delta - \rho_w)C} \qquad (3\text{-}31)$$

生产作业矿石真密度基本不变，矿浆密度与装满矿浆浓度壶的质量是直接变量，所以利用公式可以制作一个浓度的换算表，使用时按称取的装满矿浆的浓度壶总质量，不经计算就可以很方便地查得相对应的浓度，样表见表3-19。

为了使测定结果比较准确，取样前将浓度壶冲洗干净称量壶重，用取样勺取样后应迅速倒入浓度壶，避免粗颗粒或大比重的矿物沉淀，所取样品称重后随时将矿样倒出，将壶冲洗干净。

现场还用浓度壶配合筛子测定特定粒级含量，常用0.074mm和0.150mm粒级。

设浓度壶的质量为G_1，装满清水的浓度壶质量为G_2，测定步骤如下：

（1）用取样勺截取矿浆，快速倒入浓度壶中，直至装满为止，称得总质量为G_3。

（2）将壶中矿浆慢慢地倒在水盆中的标准筛上，每次倒入的固体量不得超过200g，进行湿筛，直到筛净为止。

（3）将筛上物仔细地装回浓度壶，并加满清水，称重为G_4。

操作步骤如图3-62所示。

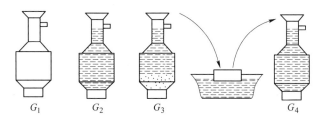

图3-62　快速筛析步骤图

假设壶中的矿砂质量为Q_0，筛分后筛上矿砂质量为Q_1，则该矿样的筛上产物产率$\gamma_{筛上}$为：

$$\gamma_{筛上} = \frac{Q_1}{Q_0} \times 100\%$$ （3-32）

进一步得：

$$\gamma_{筛上} = \frac{G_4 - G_2}{G_3 - G_2} \times 100\%$$ （3-33）

筛下产率为：

$$\gamma_{筛下} = 1 - \gamma_{筛上} = \frac{G_3 - G_4}{G_3 - G_2} \times 100\%$$ （3-34）

式中　$\gamma_{筛上}$，$\gamma_{筛下}$——筛上、筛下产物产率，%。

G_4——湿筛后筛上置于浓度壶加满清水的质量，kg；

G_3——装满矿浆浓度壶总质量，kg；

G_1——浓度壶本身质量，kg；

G_2——装满清水浓度壶总质量，kg。

3.8.4　铁品位测定

铁品位测定方法有分光光度法、X射线分析法、化学分析法等多种方法，选矿厂现场最常用的是"GB 6730.5—2007 铁矿石 全铁含量的测定三氯化钛还原法"的化学分析方法，根据不同类型铁矿石，分析步骤有所区别。

鞍山式铁矿石、铁精粉、烧结矿和球团矿中全铁量的测定的主要步骤：盐酸溶解、二氯化锡还原、三氯化钛检测还原终点，重铬酸钾氧化，二苯磺酸钠滴定终点显色等过程。此方法适用于含钒不大于 0.05%，含钼不大于 0.1% 或含铜不大于 0.1% 的试样，操作简单，结果精确。

其他类型铁矿，如钒钛铁矿、含稀土铁矿等不宜采用本法，需在此方法基础上根据铁矿粉的不同情况有所调整。以下为鞍山式铁矿石全铁化验所需药剂与操作步骤。

使用仪器有精度万分之一克的分析天平、符合 GB/T 12805 中的 A，即滴定管、高温电加热炉，温控范围 500~1000℃、300mL 锥形容量瓶、钢制取样勺、吸管和移液管等。

3.8.4.1　药剂种类与配制浓度

（1）浓盐酸，市售浓盐酸直接使用即可；稀盐酸（HCl：H_2O 比例为 1：9），取市售浓盐酸加水稀释 10 倍，因用量较少，取 10mL 浓盐酸加 90mL 水配制即可。

（2）10% 浓度氟化钾溶液，20g 氟化钾加 200mL 水。

（3）6% 浓度 $SnCl_2$ 溶液，称取 6g $SnCl_2 \cdot 2H_2O$，溶于 20mL 热浓盐酸中，用水稀释至 100mL。该溶液应贮存在装有少量锡粒的棕色玻璃瓶中。

（4）10% 浓度 $KMnO_4$ 溶液，称取 5g $KMnO_4$，溶于 50mL 水中。

（5）25% 浓度 Na_2WO_4 溶液，称取 25g Na_2WO_4 固体，溶于适量水中，可以微微加热，（若浑浊，需过滤），加 5mL 浓磷酸，用水稀释至 100mL。

（6）$TiCl_3$（1：19）溶液，取 15%~20% $TiCl_3$ 溶液，用 1：9 的稀盐酸稀释 20 倍。此溶液最好现用现配制，剩余的溶液加一层液体石蜡加以保护。

（7）稀 H_2SO_4 溶液（H_2SO_4：H_2O 比例为 1：7），取浓硫酸 100mL，缓缓搅拌加入 700mL 水中。

（8）硫磷混酸（H_2SO_4-H_2PO_3），按 H_2SO_4：H_2PO_3：H_2O 比例为 15：15：70 配制，配制时要将硫酸加入水中，切勿将水加入硫酸中。

（9）0.2% 浓度二苯胺磺酸钠。

（10）$K_2Cr_2O_7$ 溶液，配制浓度 8mmol/L 和 0.4mmol/L 两种，后者用前者再稀释 20 倍。

3.8.4.2　铁品位化验分析步骤

（1）用电子天平（精度 0.0001g）称取（0.1±0.0002）g 铁样，装入 300mL 锥形容量瓶，记录容量瓶编号和称取质量。

（2）溶样（单个样）步骤。

1）铁样容量瓶中加 20mL 浓 HCl 和 10mL 氟化钾，于通风橱中电热板上加热至微微沸腾（不能迸溅出来）5min 左右，直至样品溶解，观察没有深色颗粒为止。

2）稍冷却后，用 6% $SnCl_2$ 滴至淡黄色（发现过量，可用 $KMnO_4$ 稀溶液回滴）。

3）冷却至不烫手，此时溶液呈淡黄色。

4）加 30mL 稀 H_2SO_4 溶液（H_2SO_4：H_2O 比例为 1：7）。

5）加 7 滴 25% 浓度 Na_2WO_4 溶液。

6）用 $TiCl_3$（1:19）溶液滴至蓝色出现。

7）用 $K_2Cr_2O_7$ 稀溶液（0.4mmol/L）滴至无色。

8）加水至 200mL。

（3）滴定。

1）加硫磷混酸（H_2SO_4-H_2PO_3）稀溶液 10mL。

2）根据预期品位，加 3~5 滴二苯胺磺酸钠。

3）用 8mmol/L 浓度 $K_2Cr_2O_7$ 滴定至紫色出现为终点。

4）读数。

（4）计算被测样品品位。

1）用标样得到铁品位计算系数。根据标样消耗的 $K_2Cr_2O_7$ 体积 V_0、标样称取质量 m_0 计算系数 k：

$$k = \frac{TFe \cdot m_0}{V_0} \tag{3-35}$$

式中　TFe——标样全铁品位，%；

　　　m_0——称取标样质量，g；

　　　V_0——标样消耗重铬酸钾体积，mL。

2）计算被测样品品位。根据被测样品消耗的 $K_2Cr_2O_7$ 体积 V、被测样品称取质量 m 计算其全铁品位：

$$TFe = \frac{k \times V}{m} \times 100\% \tag{3-36}$$

式中　TFe——全铁品位，%；

　　　m——称取样品质量，g；

　　　V——样品消耗重铬酸钾体积，mL。

（5）注意事项。

1）试样需研磨至 -0.074mm 粒级，便于充分溶解。

2）分析铬铁矿中的铁及含钒、钼和钨等矿石中的铁时，必须在碱熔浸取后过滤，将铬、钒、钼和钨等元素除去，再进行铁的测定。

3）与试样分析同时应进行一个标准铁样品的分析，用来矫正品位计算公式中的系数。一般换一批药品或重新配置药品应通过标样来重新矫正计算系数。

4）用 $SnCl_2$ 还原 Fe^{3+} 时，要边加边摇，控制好 $SnCl_2$ 的滴加量，否则会造成 $TiCl_3$ 用量多大。

5）指示剂必须用新配制的，每周应更换一次。

6）浓硫酸使用时，必须将浓硫酸加入水中，切勿将水加入硫酸中。

3.8.5　大型仪器简介

矿物加工工程专业实验室常用大型检测仪器有 X 荧光光谱仪（XRF）、X 荧光衍射仪（XRD）、原子力显微镜（AFM）、石英微天平（QCMD）、红外光谱微区分析仪（FTIR）、矿物自动参数分析系统（AMICS）等。

3.8.5.1 X荧光光谱仪

根据 X 射线荧光光谱的分析方法配置的多通道 X 射线荧光光谱仪，它能够分析固体或粉状样品中各种元素的成分含量。设备如图 3-63 所示。

X 荧光光谱仪（XRF）由激发源（X 射线管）和探测系统构成。X 射线管通过产生入射 X 射线（一次 X 射线），来激发被测样品。受激发的样品中的每一种元素会放射出二次 X 射线，并且不同的元素所放射出的二次 X 射线具有特定的能量特性或波长特性。探测系统测量这些放射出来的二次 X 射线的能量及数量。然后，仪器软件将探测系统所收集到的信息转换成样品中各种元素的种类及含量。元素的原子受到高能辐射激发而引起内层电子的跃迁，同时发射出具有一定特殊性波长的 X 射线，因此，只要测出荧光 X 射线的波长或者能量，就可以知道元素的种类，这就是荧光 X 射线定性分析的基础。此外，荧光 X 射线的强度与相应元素的含量有一定的关系，据此，可以进行元素定量分析。

图 3-63　X 射线荧光光谱仪

X 射线荧光光谱跟样品的化学结合状态无关，而且跟固体、粉末、液体及晶质、非晶质等物质的状态基本上也没有关系。大多数分析元素均可用其进行分析，可分析固体、粉末、熔珠、液体等样品，分析范围为铍到铀。测定用的时间与测定精密度有关，但一般都很短，2~5min 就可以测完样品中的全部待测元素。

定性分析和半定量分析不需要标准样品，可以进行非破坏分析。半定量分析的准确度与样品本身有关，如样品的均匀性、块状样品表面是否光滑平整、粉末样品的颗粒度等，不同元素半定量分析的准确度可能不同，因为半定量分析的灵敏度库并未包括所有元素。同一元素在不同样品中，半定量分析的准确度也可能不同。大部分主量元素的半定量分析结果相对不确定度可以达到 10%（95% 置信水平）以下，某些情况下甚至接近定量分析的准确度。

定量分析需要一组标准样品做参考。常规定量分析一般需要 5 个以上的标准样品才能建立较可靠的工作曲线。常规 X 射线荧光光谱定量分析对标准样品的基本要求：

（1）组成标准样品的元素种类与未知样相似（最好相同）；

（2）标准样品中所有组分的含量应该已知；

（3）未知样中所有被测元素的浓度包含在标准样品中被测元素的含量范围中；

（4）标准样品的状态（如粉末样品的颗粒度、固体样品的表面光洁度以及被测元素的化学态等）应和未知样一致，或能够经适当的方法处理成一致。标准样品可以向研制和经营标准样品的机构（如美国的 NIST 等）购买，如果买不到合适的标准样品，可以委托分析人员研制，但应考虑费用和时间的承受能力。

X 射线荧光分析，激发只发生在试样的浅表面，必须注意分析面相对于整个样品是否有代表性。此外，样品的平均粒度和粒度分布是否有变化，样品中是否存在不均匀的多孔状态等。样品制备过程由于经过多步骤操作，还必须防止样品的损失和玷污。X 荧光光谱仪分析法中不同样品有不同的制样方法，金属样品如果大小形状合适，或者经过简单的切割达到 X 荧光光谱仪分析的要求，只需表面抛光；液体样品可以直接分析，而粉末样品的制样方法就比较复杂。

粉末样品很容易采用标准添加法、稀释法、低吸收稀释和高吸收稀释法、内标法和强度参考内标法。在各种应用中，粉末方法通常既方便又迅速。粉末样品的主要缺点：在研磨和压制成块的操作中，可能引进痕量杂质，尤其当粉末样品本身就是磨料时，这一现象更为严重，很难保证松散粉末表面结构的重复性。采用压片法可基本上消除这个问题，某些粉末有吸湿性或能与空气中的氧或二氧化碳起反应，把它们放入用迈拉膜密封的样品槽。

粉末样品还存在粒度效应、偏析、矿物效应等影响，其中最严重的是粉末的粒度效应，因为粉末中某元素的谱线强度不仅取决于该元素的浓度，而且还取决于它的粒度。可以直接把松散的粉末放在一定的容器里进行测量，也可附着在薄膜上测量，比较多的是制成压片或熔融片进行测量。压片法是将经过粉碎或研磨的样品加压成形（圆饼）的制样方法，一般要求粒度小于 0.074mm，为避免黏结剂的加入降低强度，或只有少量的粉末样品时，可采用硼酸镶边衬底压片。熔融片可以避免颗粒效应，但制作复杂，时间长。

压片时注意研细，尽量减小粒度效应，压力与保压时间、压片几何尺寸都与标准样一致，加压与卸压要缓慢均匀。

3.8.5.2 X 射线衍射仪

X 射线衍射仪（XRD）广泛应用于煤炭、地质、材料、化工、建工、物理、冶金、机械等学科。如煤炭、粉煤灰、岩石、土壤、水泥、催化剂、药物、纳米材料、陶瓷材料、磁性材料、金属与合金等。它是测定晶体结构及其变化规律的有力实验手段，也是探讨材料微观结构、物相组成与宏观性能之间内在联系的分析研究方法。设备如图 3-64 所示。

图 3-64 X 射线衍射仪

其原理是基于 X 射线的波长和晶体内部原子面之间的距离相近，晶体可以作为 X 射线的空间衍射光栅，即一束 X 射线照射到物体上时，受到物体中原子的散射，每个原子都产生散射波，这些波互相干涉，结果就产生衍射。衍射波叠加的结果使射线的强度在某些方向上加强，在其他方向上减弱。分析衍射结果，便可获得晶体结构。

粉末物相测试步骤：

（1）放置被测样品。放样时，将样品中心对准样品台中心线。

（2）在菜单"Open Program"中选择 General 程序后点"OK"，根据测试要求设置对应的实验参数。

（3）点击"Measure"菜单中"Program"，选择设置好的程序后点"OK"。在弹出的窗口中，建立或选择自己的目录，并设置文件名和样品名。

（4）点"OK"开始测试，显示相应的角度和强度，测试过程中如需中止，可以点工具栏的"STOP"按钮。

（5）测试完成。测试完成后打开仪器门取出样品，将数据导出后拷贝带走。

3.8.5.3 原子力显微镜

原子力显微镜（Atomic Force Microscopy，AFM）是一种可用来研究包括绝缘体在内的固体材料表面结构的分析仪器。它通过检测待测样品表面和一个微型力敏感元件之间的极微弱的原子间相互作用力来研究物质的表面结构及性质。将一对微弱力极端敏感的微悬臂一端固定，另一端的微小针尖接近样品，这时它将与其相互作用，作用力将使得微悬臂发生形变或运动状态发生变化。扫描样品时，利用传感器检测这些变化，就可获得作用力分布信息，从而以纳米级分辨率获得表面形貌结构信息及表面粗糙度信息。设备见图3-65。

图 3-65　Dimension Icon 原子力显微镜

它主要由带针尖的微悬臂、微悬臂运动检测装置、监控其运动的反馈回路、使样品进行扫描的压电陶瓷扫描器件、计算机控制的图像采集、显示及处理系统组成。微悬臂运动可用如隧道电流检测等电学方法或光束偏转法、干涉法等光学方法检测，当针尖与样品充分接近相互之间存在短程相互斥力时，检测该斥力可获得表面原子级分辨图像，一般情况下分辨率也在纳米级水平。AFM 测量对样品无特殊要求，可测量固体表面、吸附体系等。

原子力显微镜的工作模式是以针尖与样品之间的作用力的形式来分类的。主要有三种操作模式：接触模式（Contact Mode），非接触模式（Non-Contact Mode）和敲击模式（Tapping Mode）。三种模式各有优缺点，适用于不同的样品。

原子力显微镜研究对象可以是有机固体、聚合物及生物大分子等，样品的载体选择范围很大，包括云母片、玻璃片、石墨、抛光硅片、二氧化硅和某些生物膜等，其中最常用的是新剥离的云母片，主要原因是其非常平整且容易处理。而抛光硅片最好要用浓硫酸与

30%双氧水的7:3混合液在90℃下煮1h。利用电性能测试时需要导电性能良好的载体，如石墨或镀有金属的基片。

试样的厚度包括试样台的厚度，最大为10mm。如果试样过重，有时会影响扫描镜头的动作，请不要放过重的试样。试样的大小以不大于试样台的大小（直径20mm）为大致的标准，稍微大一点也没问题。但是，最大值约为40mm。需固定好后再测定，如果未固定好就进行测量可能产生移位。

3.8.5.4 矿物特征自动定量分析系统

矿物特征自动定量分析系统简称AMICS，为原矿物参数自动定量分析系统（MLA）的升级系统。该系统与高分辨率扫描电子显微镜完美结合，广泛适用于矿业、煤炭、地质科研等领域，是科学家及工程技术人员对样品进行工艺矿物学定量分析的有力帮手。设备见图3-66。

图3-66　矿物参数自动分析系统（AMICS）

基于英国蔡司（ZEISS）公司生产的Sigma 500型场发射扫描电镜（FESEM）和德国布鲁克（Bruker）公司生产的配备XFlash® 5000系列硅漂移探测器（SDD）的能谱仪（EDS）获取数据，应用AMICS分析软件进行矿物参数全自动定量分析。

能测定矿石及产品中矿物组成、含量、元素分布、粒度、连生关系、单体解离度、理论回收率估算以及孔隙度等信息；对矿物粒度微细、元素赋存状态复杂、研究难度大的疑难矿种亦可进行定量定性分析；就块样和岩芯样品进行直接测量和分析。

详细测定内容包括：样品的矿物组成、样品的矿物元素组成、元素在矿物中的分配、矿物颗粒尺寸分布、单体矿物颗粒尺寸分别、矿物颗粒的密度及分布、矿物相关关系、矿物包裹关系、矿物嵌步特征、单体矿物解离度分布和煤中灰分含量等。

系统可生成样品SEM-BSE（二次电子成像和背散射电子成像）图，进而生成样品矿物成分分布图，矿物成分图、表，矿物元素图、表，矿物元素在矿物中的分布表，颗粒尺寸分布图、表，单体矿物颗粒尺寸分布图、表，颗粒密度分布图、表，矿物连生关系图、表，矿物解离度计算图、表，矿物的生存关系计算图、表，矿物理想回收率、品位估算图、表，元素理想回收率、品位估算图、表等丰富信息。

系统采用了先进的第三代自动矿物识别技术。矿物识别无须人工干预、无须人工建立编辑矿物数据标准，大大降低了系统的复杂性，将操作人员从繁琐、复杂的矿物数据标准库建立维护工作解放出来，同时最大限度地减少人为因素造成的矿物识别错误，使矿物识别更为精准、更快速。

3.8.5.5 石英晶体微天平

耗散型石英晶体微天平（QCMD）是一种基于石英晶体微天平技术发展出新型石英晶体微天平技术。它是一种检测吸附在石英晶体表面上的分子反应机制的实时分析仪器。该仪器基于耗散因子检测功能的石英晶体微天平技术，实时分析表面分子间的相互作用，可以检测分子层的质量、厚度和结构改变，可用于全方位的分子吸附和解吸、薄膜的溶胀及交联等方面的研究。在材料、蛋白质和表面活性剂等领域的研究中，QCMD 设备起到了关键作用。设备如图 3-67 所示。

QCMD 作为微质量传感器以其简便、快捷、灵敏度高、在线跟踪等优势，必将与其他技术结合成为微观过程与作用机理研究，微量、痕量物质的检测等方面十分有效的手段，获得广泛应用。QCMD 石英芯片由夹在一对电极之间的薄石英片组成。由于石英的压电效应，可以通过在电极上施加交流电压来激发晶体的振荡。

图 3-67　耗散型石英晶体微天平（QCMD）

3.9　烧结与球团

3.9.1　烧结

3.9.1.1　烧结概述

烧结，是指把粉状物料转变为致密体，是一个传统的工艺过程。人们很早就利用这个工艺来生产陶瓷、粉末冶金、耐火材料、超高温材料等。一般来说，粉体经过成型后，通过烧结得到的致密体是一种多晶材料，其显微结构由晶体、玻璃体和气孔组成。烧结过程直接影响显微结构中的晶粒尺寸、气孔尺寸及晶界形状和分布，进而影响材料的性能。

铁矿石选出高品位的精矿后，为增加透气性和透热性，需造块后才能送入高炉冶炼。自 20 世纪 70 年代以来，我国铁矿粉造块工业取得了很大的成就。1970 年以前，我国烧结机的机型都在 $75m^2$ 以下。1985 年宝钢从日本引进的 $450m^2$ 大型烧结机投产及依靠和组织国内的烧结厂设计、生产制造了 $130m^2$ 烧结机、抽风环式冷却机和相应的 20 多种配套设备，使我国烧结机的大型化上了一个台阶。从 1989~2007 年，我国烧结行业迅速发展，大量新工艺、新技术、新设备陆续推出。同时在全国烧结厂推广生产高碱度烧结矿和厚料层烧结技术。宝钢、鞍钢、武钢等地建成了 $180m^2$ 的烧结机及其配套设施 72 台套。目前，我国烧结矿质量有了大幅度的提高，国内如宝钢、武钢、济钢等企业已将烧结矿 FeO 含量控制在 7%左右，不少烧结厂烧结矿 SiO_2 含量降到 4.5%~5%，实现了低硅烧结。

3.9.1.2　烧结工艺

现代烧结生产是将铁矿粉、熔剂、燃料、代用品及返矿按一定比例组成混合料，配以适当的水，经混合及造球后，在抽风烧结机的台车上自上而下进行烧结。整个烧结料层（600~700mm）可分为：烧结矿层、燃烧层、预热层和冷却层。

烧结工艺主要包括烧结原料的准备，配料与混合，布料与烧结，烧结矿的破碎、筛分、冷却、整料等环节，工艺流程见图 3-68，设备联系图见图 3-69。

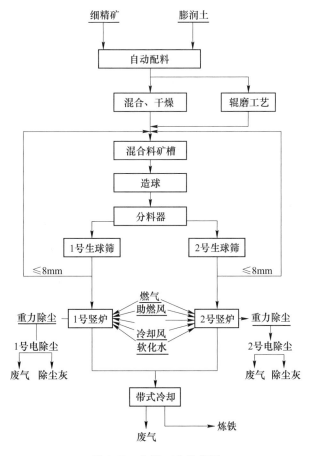

图 3-68　烧结工艺流程图

（1）烧结原料的准备。

1）含铁原料。含铁量较高、粒度小于 5mm 的矿粉，铁精矿，高炉炉尘，轧钢皮，钢渣等。

2）熔剂。要求熔剂中有效 CaO 含量高，杂质少，成分稳定，含水 3%左右，粒度小于 3mm 的占 90%以上。在烧结料中加入一定量的白云石，使烧结矿含有适当的 MgO，对

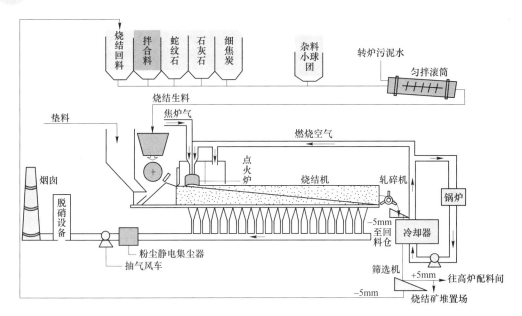

图 3-69　烧结设备联系图

烧结过程有良好的作用，可以提高烧结矿的质量。

3）燃料。主要为焦粉和无烟煤。对燃料的要求是固定碳含量高，灰分低，挥发分低，含硫低，成分稳定，含水小于 10%，粒度小于 3mm 的占 95% 以上。

（2）配料与混合。

1）配料目的：获得化学成分和物理性质稳定的烧结矿，满足高炉冶炼的要求。

2）混合目的：使烧结料的成分均匀，水分合适，易于造球，从而获得粒度组成良好的烧结混合料，以保证烧结矿的质量和提高产量。

3）混合目的：润湿与混匀，改善烧结料层透气性。根据原料性质不同，可采用一次混合或二次混合两种流程。

（3）布料与烧结生产。烧结作业是烧结生产的中心环节，它包括布料、点火、烧结等主要工序。

1）布料。将铺底料、混合料铺在烧结机台车上的作业。当采用铺底料工艺时，在布混合料之前，先铺一层粒度为 10~25mm，厚度为 20~25mm 的小块烧结矿作为铺底料，其目的是保护炉箅，降低除尘负荷，延长风机转子寿命，减少或消除炉箅粘料。

铺完底料后，随之进行布料。布料时要求混合料的粒度和化学成分等沿台车纵横方向均匀分布，并且有一定的松散性，表面平整。目前采用较多的是圆辊布料机布料。

2）点火。点火操作是对台车上的料层表面进行点燃，并使之燃烧。点火要求有足够的点火温度，适宜的高温保持时间，沿台车宽度点火均匀。

3）烧结。准确控制烧结的风量、真空度、料层厚度、机速和烧结终点。平均每吨烧结矿需风量为 3200m³，按烧结面积计算为 70~90m³/(cm²·min)。真空度取决于风机能力、抽风系统阻力、料层透气性和漏风损失情况。国内一般采用料层厚度为 250~500mm，合适的料层厚度应将高产和优质结合起来考虑。实际生产中，机速一般控制在 1.5~4m/min 为宜，合适的机速应保证烧结料在预定的烧结终点烧透烧好。中小型烧结机终点一般控制在倒数第二个风箱处，大型烧结机控制在倒数第三个风箱处。

带式烧结机抽风烧结过程是自上而下进行的，沿其料层高度温度变化的情况一般可分为5层，点火开始以后，依次出现烧结矿层、燃烧层、预热层、干燥层和过湿层。然后，后四层又相继消失，最终只剩烧结矿层。

通过烧结得到的烧结矿具有许多优于天然富矿的冶炼性能，它高温强度高，还原性好，具有足够的碱度，而且已事先造渣，高炉可不加或少加石灰石。通过烧结可除去矿石中的硫、锌、铅、砷、钾、钠等多种元素和有害杂质，减少其对高炉的危害。高炉使用冶炼性能优越的烧结矿后，基本上解除了天然矿冶炼中常出现的结瘤故障，同时极大地改善了高炉冶炼效果。

（4）烧结矿的破碎、筛分、冷却、整料等。

烧结矿经破碎、热矿筛分，筛下矿粉直接为热返矿返回重新烧结，筛上烧结矿经过冷却后，温度可降低到150℃以下。冷却后的冷烧结矿可通过冷矿筛再次进行分级，筛上为成品烧结矿，可以用皮带运输机直接送到高炉，大大简化运输系统，筛下为返矿再次进行铺料。

3.9.1.3 烧结设备

带式烧结机由给料系统、点火装置、传动机构、轨道、台车、风箱、密封装置和机架组成。一系列由头尾星轮带动的装有混合料的烧结台车，在铺设的钢结构上封闭轨道上连续运动。烧结机为抽风带式烧结机，见图3-70，台车头部示意图见图3-71。

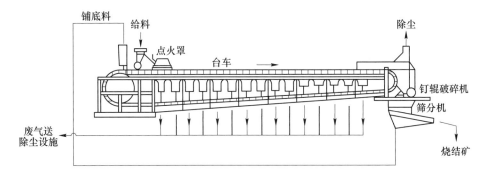

图 3-70　带式烧结机

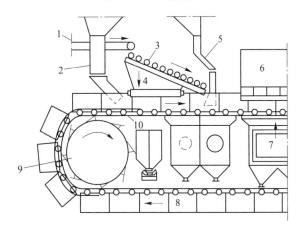

图 3-71　台车（D-L 型带式机）头部示意图

1—生球运输皮带；2—底料溜槽；3—辊式布料器；4—筛下产物；5—边料溜槽；
6—排废炉罩；7—鼓风干燥风箱；8—台机；9—星轮；10—轨道

首先将从烧结矿中分出的铺底料（10~20mm）加在台车上，以保护台车箅条和减少废气含灰量。然后再将烧结混合料经布料机加到台车上，并保持规定的高度。台车在头部加料并点火，通过抽风机抽风助燃，随着台车前进，烧结过程由料层表面不断向下进行，混合料由上至下烧透。至机尾，烧结完成，在机尾弯道处进行翻转卸料。

空台车靠后边的台车顶推作用，沿着水平（摆架式水平移动式）或一定倾角（机尾固定弯道式烧结机）的运行轨道移动，沿下部轨道运行至烧结机头部，弯道处被转动着的头部星轮咬入，转至上部水平轨道，再加料进行点火烧结，完成一个工作循环，如此循环不断。烧结饼经破碎和筛出热返矿后，送冷却机冷却。从料层中抽出的废气经台车下的风箱至集气总管和除尘装置，由抽风机排向烟囱。

3.9.2　球团

3.9.2.1　球团概述

球团是粉矿造块的重要方法之一，将粉状物料变成物理性能及化学组成能够满足下一步加工要求的过程。先将粉矿（精矿、粉矿、二次原料等）加适量的水分和黏结剂在成球设备中制成黏度均匀、具有足够强度的生球，再经干燥、预热后在氧化气氛中焙烧，使生球结团，制成球团矿。这种方法特别适宜于处理精矿粉。

球团黏结剂是生产钢铁行业加工球团矿的关键性辅助原料，我国曾长期采用膨润土作黏结剂，现已被复合型黏结剂取代。复合型黏结剂采用有机黏结剂与少量膨润土按一定比例混合而成，较单一使用膨润土具有黏结力强、球团强度高、焙烧温度降低、焙烧时间缩短、球团矿品位高及生产成本低等优点。

球团过程中，物料不仅由于滚动成球和焙烧而发生物理性质，如密度、孔隙率、形状、大小相机械强度等变化，更重要的是发生了化学和物理化学性质，如化学组成、还原性、膨胀性、高温还原软化性、低温还原软化性、熔融性等变比，使物料的冶金性能得到改善。

球团矿具有较好的冷态强度、还原性和粒度组成。在钢铁工业中球团矿与烧结矿同样成为重要的高炉炉料，可一起构成较好的炉料结构，也应用于有色金属冶炼。

球团矿生产先将矿粉制成粒度均匀、具有足够强度的生球。造球通常在圆盘或圆筒造球机上进行。矿粉借助于水在其中的毛细作用形成球核，然后球核在物料中不断滚动，黏附物料，球体越来越大，越来越密实。矿粉间借分子水膜维持牢固的黏结。采用亲水性好、粒度细（小于0.044mm的矿粉应占总量的90%以上），比表面积大和接触条件好的矿粉，加适当的水分，添一定数量的黏结剂（皂土、消石灰和生石灰等），可以获得有足够强度的生球。

国内外焙烧球团矿的方法有：竖炉焙烧、带式焙烧。国内主要采用链算机-回转窑技术。

3.9.2.2　球团生产工艺

球团法生产的链算机-回转窑球团工艺如图3-72所示，设备联系图见图3-73。主要工序包括原料准备、配料、混合、造球、干燥与预热、焙烧、冷却、成品和返矿处理等工序。

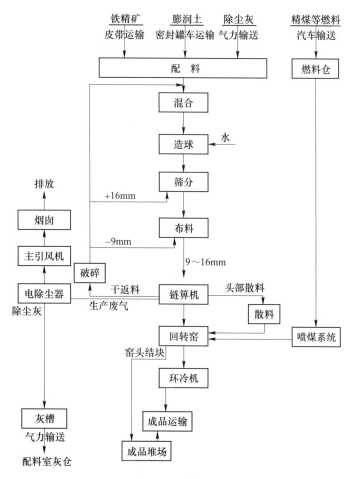

图 3-72　链箅机-回转窑球团工艺

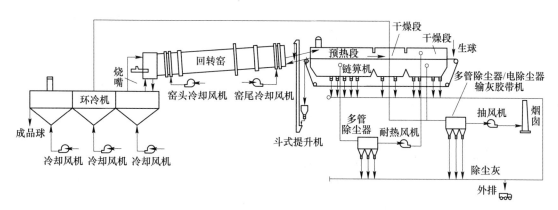

图 3-73　链箅机-回转窑球团工艺设备联系图

（1）原料准备。球团矿生产的原料主要是精矿粉、皂土（膨润土）等若干添加剂，如果用固体燃料焙烧则还有煤粉或焦粉。这些原料进厂后都要经过准备处理，它包括：

1）所有原料的混匀；

2）将添加物磨碎到足够的细度；

3）精矿粉中的水分过多时要进行干燥处理；

4）经过筛分粒度过大的还要重新进行破碎、磨碎处理。

（2）配料。经过磨碎的返矿及磁铁矿粉和赤铁矿粉和膨润土在配料室按一定比例进行配比。在配料皮带上进行配料，配比完后的混合料在干燥机烘干（水分由10%经过烘干后降至8.0%左右）并混匀。在润磨机上对混合料进行润磨，通过皮带机把润磨好的混合料送至圆盘造球机。

（3）造球。混合好的料加到圆盘造球机上造球，造球时要加适量的水。为满足产量及球径（8~16mm），一般圆盘周边线速度控制在1.0~2.0m/s，圆盘的倾角控制在45°~50°，圆盘边高为直径的0.1~0.12倍，圆盘造球机的填充率控制在10%~20%。圆盘造球机生产出来的生球要经过圆辊式筛分机将合格生球送进链箅机。筛下不合格的生球由皮带机送往破碎辊进行破碎，破碎后的物料运回圆盘造球机，重新造球。

（4）干燥与预热。通过布料筛分系统均匀把生球布在链箅机上，生球在链箅机上进行干燥、预热后送入焙烧工序。

球团焙烧方法主要有竖炉焙烧球团、带式焙烧机焙烧球团、链箅机-回转窑焙烧球团。链箅机-回转窑法出现较晚，但由于它具有一系列的优点，所以发展较快，成为主要的球团矿焙烧法。链箅机-回转窑球团法生产的酸性氧化球团是一种优质的高炉原料，含铁品位高、冶金性能好等。此种工艺的能耗低、二次能源的利用充分、污染低、效益高。

生料球由链箅机的尾部进入链箅机的抽风干燥Ⅰ段，此段温度控制在250℃，若温度过高，生球突遇高温会导致生球表面水分扩散过快，使生球表面干燥内部潮湿，最终导致生球破裂。抽风干燥Ⅰ段热气流来自环冷机第三冷却段热废气。在干燥Ⅰ段脱去生球表面附着水分之后，生球进入链箅机的抽风干燥Ⅱ段，此段的温度一般约为450℃，主要是使生球脱水、干燥。抽风干燥Ⅱ段的热气流来自链箅机本身预热Ⅱ段废气。生球经过抽风干燥Ⅱ段后进入预热Ⅰ段，此段温度一般约为700℃，使生球继续干燥，并开始初步氧化、固结。预热Ⅰ段的热气流来自环冷机第二冷却段的热废气和链箅机自身预热Ⅱ段的热气流。预热Ⅱ段温度一般为1050~1100℃。在预热Ⅱ段中，生球完成自身内部结晶水的分解、生球的加热、部分固结硬化和氧化，使生球具有一定的强度，能够承受料球在回转窑中不断冲击而不破裂。生球抗破裂强度的提高是生球进入回转窑进行焙烧的先决条件，因为进入回转窑之前的预热强度对回转窑的正常生产有很大的影响，若预热强度不够就会增加带入回转窑的粉料数量，以致生产结圈等一系列问题。这些具有一定强度的生球通过链箅机的铲料板和与回转窑窑尾衔接处的溜槽进入回转窑。

（5）回转窑焙烧。进入回转窑的料球随回转窑做周向翻滚运动，同时从窑尾向窑头移动。窑头设有专业的烧嘴，为回转窑提供热量。同时将环冷机第一冷却段的热废气引入窑头罩，以保证窑内焙烧所需温度。回转窑倾角一般为3%~5%，填充率一般为7%~8%，转速一般为0.3~1.5r/min。球团的焙烧温度约为1250~1300℃，焙烧时间为25~40min。

（6）冷却。焙烧好的球团要进行冷却，冷却后的球团矿经筛分分成成品矿、垫底料、返矿。垫底料直接加到焙烧机上，返矿经过磨碎后再返回参加混料和造球。

焙烧好的球团通过窑头罩里面的固定筛，将块度小于200mm的球团矿送入鼓风式环冷机进行冷却。进入环冷机第一冷却段的物料温度约为1250℃，通过给料斗中平料砣将球团均匀的分在环冷机台车上，风机通过台车下面的风箱将自然风自下而上吹入环冷机内部，实现物料的冷却。环冷机分为 4 段，一段的热气流入窑作为二次风；二段热气流被引入链箅机预热 I 段作为热源；三段热气流被引入链箅机抽风干燥 I 段作为热源；四段的废气由环冷机本身烟囱排出。这样不仅实现了单机设备热气流的利用率，而且还实现了多机设备热气流的循环利用，提高了能源的利用率。球团在环冷机上大约经过 45min 的冷却，使球团温度降到 150℃以下，经过排料口排出。由皮带机运往储存处，待高炉炼铁用。

3.9.2.3 球团生产设备

链箅机-回转窑球团工艺包括配料机、烘干机（或混合机）、润磨机、造球机、生球筛分及布料机、链箅机、回转窑、环冷机等设备及生产辅助设施。其中造球机、链箅机、回转窑和环冷机是主要设备。

（1）链箅机。属于履带式传热设备，在球团生产工艺过程中是承担干燥和预热工序的一种机器。链箅机的尺寸根据工艺设计分不同大小，较大的链箅机长度达到将近 100m。结构示意图见图 3-74。

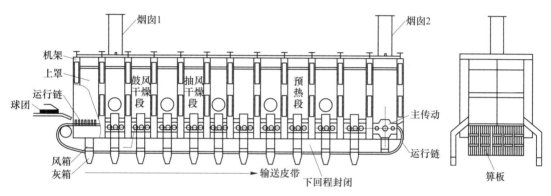

图 3-74 链箅机结构示意图

整体结构有分机架、灰箱、风箱、运行链及头尾传动、下回程封闭、上罩、铲料板、水冷系统、干油润滑系统等部分，另外还有辅助的热风管道、各类介质管道。从工艺组成来看，分为鼓风干燥段、抽风干燥段、预热 I 段、预热 II 段四个工艺段。

辊式布料机均匀布在链箅机尾部箅床上的生球依次经过四个工艺段，回转窑和环冷机排出的不同温度气体垂直穿过链箅机的料层对生球加热，从而完成脱水、预热、氧化工艺过程，预热后的球团在机头经铲料板铲下，进入回转窑继续焙烧。

链箅机中的高温气流方向为从下至上，从鼓风干燥段-抽风干燥段-预热 I 段-预热 II 段依次升高，最高温度超过 1000℃。由于是高温传热设备，链箅机内部需砌筑耐火材料。

（2）回转窑。设备示意图见图 3-75。

回转窑筒体由钢板卷制而成，筒体内镶砌耐火砖，且与水平线成规定的斜度，由 3 个轮带支承在各挡支承装置上，在入料端轮带附近的跨内筒体上用切向弹簧板固定一个大齿圈，其下有一个小齿轮与其啮合。正常运转时，由主传动电动机经主减速器向该开式齿轮装置传递动力，驱动回转窑。

物料从窑尾（筒体的高端）进入窑内煅烧。由于筒体的倾斜和缓慢的回转作用，物料沿圆周方向翻滚又沿轴向（从高端向低端）移动，继续完成分解和烧成的工艺过程。最

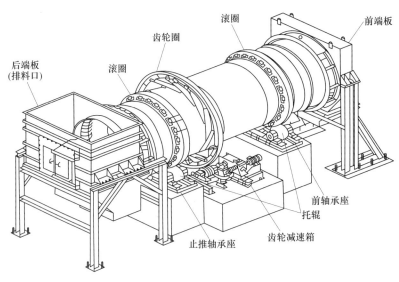

图 3-75 回转窑设备示意图

后，生成熟料经窑头罩进入冷却机冷却。

燃料由窑头喷入窑内，燃烧产生的废气与物料进行热交换后，由窑尾导出。

（3）环冷机。环冷机是环式冷却机简称，见图3-76。其作用是有效冷却从烧结机卸下的烧结（球团）热矿，由风箱、台车、排料溜槽等部分组成。环冷机台车为圆周运动，回转半径大。台车体为上下层梯形平面结构，上层有箅条板，下层是一块底板，底板边缘有密封胶带，上下层之间有带通风孔的支撑板。台车间的异形梁和内、外栏板组成的筒体，压在底板边的胶带上。

图 3-76 环冷机

3.10 选矿厂自动化

3.10.1 选矿厂自动化控制概述

选矿厂自动化控制对稳定选矿生产过程、提高选矿技术经济指标、改善操作条件、减轻劳动强度、保障安全生产、充分发挥设备潜力、降低生产成本具有重要的作用。自动化程度的高低也是衡量选矿厂现代化程度的重要标志。

选矿自动化技术自 20 世纪 40 年代引入，经过多年的发展，已经取得了飞速的进步。在传统选矿技术中，工人依靠自身经验进行手动选矿，无法对生产过程进行准确、及时的控制，从而达不到生产指标的要求。使用自动化水平较高的系统，实现选矿生产自动化，不仅减少了生产成本，而且使产品质量和生产效率得到提高，降低了原材料的损耗，使工人的劳动强度降低。我国近几年不断发展的自动化选矿技术，对选矿过程中的影响因素进行综合性的考虑，随着矿石性质的改变，对各种变量进行及时的控制，提高了选矿的质量。选矿厂自动化控制的主要内容分为选矿过程自动检测和自动控制两部分，主要包含环节有：破碎过程自动化控制、磨矿过程自动化控制、选别过程自动化控制等。

选矿工艺过程检测，主要的检测项目大致可分为数量、质量、操作条件三大类。主要的数量参数为物料质量检测，如处理的矿石量，矿浆量，精矿量，浮选药剂及电能的消耗量等；质量参数为粒度检测、矿浆成分检测等，如碎矿和磨矿产品的粒度，原矿、精矿、尾矿及中间产品的品位、作业回收率及总回收率等；操作条件为流量检测、密度及浓度检测、物位检测，如矿浆浓度、矿浆 pH 值、作业矿量、矿石料位、矿浆液位、压力、温度、设备的负荷率以及精矿水分等。

过程检测随时掌握工艺过程中各种工艺因素的变化信息，作为控制生产过程的依据，在此基础上，通过使用计算机网络对生产管理和调度进行自动化管理，控制自动装置、按工艺要求适时调节控制有关参数，保持各种工艺因素稳定在规定的范围内。使机械设备按规定的制度执行工作，把整个工艺过程控制在预定的操作条件下或最佳的状态下进行运转。即通过保证生产过程稳定达到最优状态，保证各作业的产品达到规定的技术经济指标，或提高生产效率，提高回收率、精矿品位和产量，实现减少消耗和提高质量的目的，使选矿过程优质高产、低消耗，获取最大的经济效益。

3.10.2　选矿厂自动化控制内容

（1）破碎过程控制。破碎过程控制主要由三部分组成，一是调节破碎机的给料量和排矿口的大小，以保持各段破碎及筛分作业之间的负荷均衡和生产的连续性，提高整个破碎作业的效率，降低最终产品粒度、降低能耗；二是破碎过程顺序控制，启动、停车的顺序控制；三是设备保护控制，起到自动检测故障、防止异物混入、稳定控制参数作用。

早期破碎过程控制主要是破碎设备的联锁控制。破碎系统按工艺过程规定的顺序，以一定的时间间隔相继启动，启动顺序与矿料运行方向相反，停止破碎生产时，停车的顺序与启动的次序相反。为了保证生产运行的可靠性、设备的安全性，破碎系统设备采用集中联锁控制。在集中控制状态下分为全线联锁和局部联锁两种方式；运行中某台设备出现轻微故障及时报警，出现严重故障立即报警并自动停机；运输皮带设跑偏、打滑、防撕裂、过铁保护；破碎机均设油温、油压保护，发生故障时报警或停车。

现代破碎过程检测与控制包含两个要点：

1）优化各段破碎负荷。以常见的三段一闭路破碎流程来说，对粗碎、中碎、细碎各段的破碎比、生产负荷进行合理配置，达到安全、节能、高效的目标。

2）优化破碎与磨矿的匹配。主要使破碎产品获得最佳的粒度分布，防止矿石颗粒过粗或过粉碎，保证下一工段的磨矿作业正常生产。

破碎设备上配置自动控制装备和检测仪表，从而达到了提高产量、稳定操作和设备保护的目的。我国在破碎自动控制方面的研究相对于国外来说还是很少的，现在对于其流程的控制还未形成一个整体的控制系统，主要是以联锁控制为主，且随着技术的不断提高，渐渐地可以实现一小部分的智能化。

首钢水厂选矿厂运用计算机技术和通信技术相结合的一体化 PLC 控制系统对破碎系统设备进行了集中控制，并能在上位机的监控画面中对生产设备的运行及生产参数进行实时监测。

南山矿业公司凹山选矿厂对破碎工艺流程系统进行了改进，利用先进的工业以太光纤网络将破碎各环节及筛分各控制分站的流程组态画面、工艺参数、设备状态等向中央监控主站进行传送，采用 OSM 光交换机对各分站的信息进行交换，在各分站的现场执行部件、智能化仪表及数字控制系统则都选用 PROFIBUS-DP 现场总线技术来执行。建立起了集散式监控系统，实现了工人在监控室就能通过监控画面对破碎生产过程各个环节进行实时监控。

（2）磨矿过程控制。磨矿分级过程自动控制的主要任务是使磨矿分级过程稳定或在最佳状态下工作，即使磨矿粒度符合工艺要求，又具有较高的磨矿效率。

在选矿工艺中，磨矿作业是一个必不可少的重要工艺环节，其工作状态的好坏对选矿工艺指标、能源消耗以及生产成本的影响至关重要，直接关系到选矿生产的处理能力、磨矿产品的质量，对后续作业的指标乃至整个选矿厂的经济技术指标有很大的影响。为了充分挖掘磨矿分级作业的内在潜力，寻求高效的生产方案，对磨矿分级自动控制具有重要意义。磨矿系统有 4 个主要的技术的指标：球磨机台时处理量、磨矿粒度、磨矿浓度和分级浓度。影响这些技术指标的因素除了原矿性质以外，还与返砂量、磨机充填率等因素有关。因此，对磨矿系统多因素的综合分析判断，实施自动控制，可提高磨机效率，稳定分级溢流粒度。

早期对磨矿系统的自动控制主要内容有通过磨机电耳对磨机充填率的检测，磨机、分级机、球磨机润滑油泵电流运行状况、球磨机前后轴瓦润滑油流量进行自动监测，异常自动报警；球磨机齿轮润滑油自动控制，定时定量加油润滑。

现在磨矿过程自动控制系统通常包括：细碎矿仓料位自动控制、磨机给矿量自动控制、磨矿浓度自动控制、分级池液位自动控制、给矿压力自动控制、分级给矿浓自动控制度、分级溢流粒度与浓度自动监测、返砂量检测等，从而实现给水、给矿及磨机工况的自动执行、分析、故障判断、历史资料归档、事故报警、故障保护等自动化控制。可分为定值参数控制和最佳参数控制两种。定值参数控制是参数变化偏离给定值，产生偏差信号时，系统进行自动调节，通过执行机构，使被控参数回到给定值的允许波动范围内，达到定值控制目的。此控制方法相对简单、可靠，这是目前应用较多的一种控制方式。最佳参数控制，是多变量综合控制系统，如磨机给矿量控制，要将粒度分析仪、浓度计、品位分析仪、电耳监测和电机电流监测的各项检测参数送入计算机，通过所建立的数学模型算出磨矿机的最佳给矿量，并进行自动调节。当矿石性质如硬度、嵌布粒度（通过精矿品位反映）发生变化时，随时调整给矿量和分级粒度，将磨矿分级作业控制在最佳化状态。此控制方法较复杂，需检测的参数较多，对检测设备要求也较高，而所建立的数学模型往往难以准确表达磨矿结果和各种变量之间的关系。因此，应用难度较大、投资较高，该控制方式在实际生产中还未普遍应用。

（3）泵池液位控制。矿浆泵池的液位对泵的工作状态有较大的影响，为避免矿浆溢出泵池或空气进入砂泵，通常是通过控制给水量和改变泵的转速来控制泵池液位。

（4）选别过程自动化控制。我国选别过程自动化目前还处于较低水平。近年来发展迅速，各大选矿厂在这方面也在积极的推进过程中。目前主要还是停留在指标检测、联锁调度管理、单台设备控制及单作业控制等方面。主要技术有矿仓料位及作业矿浆液面检测与控制；破碎与磨矿作业给矿量、产品粒度的监控和自动调整、各段水量或浓度监控及其自动调整、设备供油系统的控制等；选别作业的给矿（或作业）浓度、矿浆流量、给矿的粒度及产品质量检测。其中浮选过程比较复杂，研究也较多，每一个工艺参数都直接影响到精矿品位和回收率，通常采用多参数综合控制可得到较好的效果。主要控制浮选的矿浆流量、药剂用量、矿浆浓度、pH 值、产品质量、浮选槽液位（泡沫层厚度）与充气量等监控与自动调整；最终精矿及各段作业产品质量的监测等。

（5）产品脱水过程自动化控制。过滤脱水系统实现的主要功能是完成对整个过滤流程设备的监控，即主要设备的电流监测及启停；完成对过滤工艺参数的实时采集，包括单台过滤机的风压、真空度、水压等；过滤水系统进行处理，实现自动启停、水池液位的检测与控制等；尾矿浓缩输送系统的液位、泥面与浓度自动检测、底流排矿量自动控制、浓缩机的耙架负荷实时检测、尾矿输量及泵的变频控制等。

3.10.3 选矿自动化控制的发展趋势

随着自动化技术的发展，选矿厂自动化控制系统未来的发展趋势主要有：

（1）自动化技术和高效节能选矿设备相结合，实现设备控制自动化，使设备工作更加稳定高效，同时大大降低人工劳动强度和提高安全性。

（2）向智能化、集成化及网络化方向发展。选矿厂自动化控制不仅仅是对某个单独系统的控制，更是要对整个生产过程的控制，所以实现智能化、集成化及网络化是当前选矿厂自动化系统控制的发展趋势之一。

（3）向远程控制方向发展。选矿厂实现远程化控制，可以实时监控选矿厂工作设备的运行情况，及时维护好设备，保证生产经营活动的正常开展。

（4）研制更为可靠的高寿命终端仪表和执行机构。随着智能算法的不断深入研究，终端仪表与执行机构质量已经显得落后。选矿厂工作环境潮湿、粉尘大，对终端仪表的破坏较为严重，导致自动化系统频频失效甚至报废，终端仪表与执行机构质量亟须提高。

3.11　通　风　除　尘

3.11.1　粉尘的产生与危害

选矿厂是粉尘污染较重的企业，尤其是破碎与筛分车间，是产生粉尘最多的位置，这些矿尘如无有效的集尘设施，就会在空气中扩散，直接危害现场工人的身体健康，增加设备的磨损。

选矿厂产尘主要集中在破碎车间、焙烧车间、干磨、干选车间等。矿尘的主要来源：给矿机、带式输送机、破碎机、筛分机、干式自磨机、干燥机及各个转载点。

粉尘对人身健康和安全生产具有较大的危害，主要有：

（1）粉尘吸入肺部，可能引起尘肺病，其中以硅肺病最为普遍，是由于人吸入了含有游离二氧化硅的粉尘面引起的肺纤维性病变；

（2）加速机械磨损，影响设备的使用寿命；

（3）粉尘进入电气设备，可能破坏绝缘，因而发生事故；

（4）排至厂房外的粉尘污染环境，危害居民健康及农牧林业生产。

为了防止矿尘对人体的危害，保护职工的身体健康，各产尘点均应采取"水、密、风、收"综合性防尘技术措施。

"水"——用水来消灭或减少粉尘散发，达到除尘的目的。如湿式作业、加湿物料、喷雾降尘和蒸汽除尘等，这是一种简单、经济、有效的除尘方法。

"密"——将尘源密闭起来，把粉尘局限在较小的密闭罩内，防止粉尘扩散，这是既有效又节省除尘设备和投资的措施。

"风"——机械除尘系统的简称。它是在尘源密闭起来的情况下，用通风机把含尘气体抽走，防止粉尘停留在工作地点，使之达到国家标准要求；抽出的气体经除尘器净化后应符合排放标准再排至室外大气中。

"收"——按照"综合利用，化害为利"的治理方针将除尘系统捕集的粉尘加以处理，回收利用。这是保证除尘系统正常运转必不可少的措施。

3.11.2 防尘方法

（1）湿法除尘。湿法除尘有水力除尘、蒸汽除尘两种。

1）水力除尘。在物料的破碎筛分和输送过程中，往物料中加水、润湿物料，以控制、减少和消除粉尘散发；在厂房天棚、墙壁上或在产尘地点设置喷雾或水幕设施，对已产生的飞扬尘粒捕集措施，统称水利除尘。水利除尘是一种简单方便、投资少，效果较好的除尘设施。凡在生产工艺中允许加湿物料的地方，均可采用水利除尘。喷雾是加速厂房内悬浮粉尘沉降的有效方法之一；水幕是皮带机通廊隔离降尘的有效措施；水冲洗除尘是利用水来冲洗和清扫暴露在厂房各部位的粉尘，是最方便、效果最好的一种除尘措施。

2）蒸汽除尘。是把饱和的蒸汽喷射到含尘气体中，由于蒸汽的扩散作用，不断与冷的粉尘颗粒接触而逐渐凝结为水珠，并附着在粉尘颗粒的表面上，从而增加粉尘的黏结能力，使悬浮粉尘聚集为较大颗粒，加速粉尘沉降。

（2）干法除尘。干法除尘即是抽气除尘法，是将产尘点局部封闭，然后通过除尘机及其管路，使密闭罩内形成负压，防止粉尘外逸，并将已飞起的粉尘抽出，最后用适宜的设备将抽出的粉尘与气体分开，从而达到消除粉尘污染的目的。密闭的方式有局部密封（只密封产尘点）、整体密封（除传动装置外全部密封）、大密封（又称密闭小室）等。

3.11.3 通风机与除尘器

3.11.3.1 通风机

通风机是移动空气或其他气体的设备，它与除尘机配合完成破碎筛分的除尘工作。其工作风压一般小于 0.01MPa，常用的通风机离心式和轴流式两种。

以离心式通风机为例，介绍一下通风机的构造，原理，使用和维护。

（1）构造。主要由带叶片的工作轮、轴、带压出结合管的蜗形外壳等组成。

（2）工作过程。工作轮在蜗形外壳内旋转，由于叶片所产生的离心力，在工作轮的中心部分出现低压区，吸入空气，轮缘部分产生高压区，把空气从压出管压出。随着工作轮的不停运转，空气就不断地从吸入管吸入，并经工作轮，从扩散器压出。

（3）操作。风机启动前应检查下列部位：

1）各部螺丝紧固情况。

2）检查风机壳体，吸入管及排出管有否漏风点。

3）盘动风机轴，检查是否有卡住的地方，应运转自如。

风机启动后应检查下列部位：

1）传动部有否异常声响，轴承温升如何。

2）风机工作电流是否在允许范围内。

3）轴承箱及风机壳体，有否明显振动。

4）风机的空气流量是否符合要求，可用节流装置进行调整。

5）风机壳体及吸风，排风管路有否漏点，手感到有吸力，则可认为是漏风点。

3.11.3.2 除尘器种类

从含尘气体中将粉尘分离出来并加以捕集的装置称为除尘装置或除尘器。按照除尘器捕集粉尘的机理，可将其分为五大类：

（1）机械式除尘器，利用重力、惯性力和离心力等的作用分离、捕集粉尘，包括有重力沉降室除尘器、惯性除尘器和旋风除尘器等。

（2）湿式洗涤器，利用液滴或液膜洗涤含尘气体，使粉尘被捕获带走，或凝集成较大的颗粒而沉降分离。故也称湿式除尘器。如泡沫除尘器、冲击式除尘器等。

（3）过滤式除尘器，使含尘气体通过织物或多孔的填料层进行过滤分离。如袋式除尘器，颗粒层过滤器等。

（4）电除尘器，是利用强电场使气体电离，气流中的粉尘荷电，在电场作用下使粉尘和气体分离。

（5）音波除尘器，在超声波作用下促使粉尘凝聚成较大的颗粒，再由其他除尘器分离捕集。

干式除尘器包括重力降尘室、旋风除尘器等，工作时靠重力、离心力等作用来收集粉尘。湿式除尘器是利用水与含尘气气体接触，使尘粒润湿，从而将粉尘分离出来的除尘设备，它包括泡沫除尘器、离心水膜除尘器、文氏管除尘器等，湿式除尘器净化率高，可除掉 $0.1\mu m$ 以上的尘粒。

除尘设备的选择及主要考虑因素有：

（1）需净化气体的物理化学性质，如化学组成、温度、含湿量、处理量、含尘浓度、腐蚀性等。

（2）气体中所带粉尘的物理化学性质，如化学组成、密度、粒度、比电阻、腐蚀性、亲水性、黏结性、爆炸性等。

（3）对净化后气体的允许含尘浓度和粉尘处理的要求等。

（4）安装地点的具体情况和供、排水和电源情况以及安装和管理水平等。

3.11.3.3 旋风除尘器

旋风除尘器，是利用气流旋转产生的离心力，将粉尘从空气中分离出去，对于大于 $10\mu m$ 的较粗尘粒净化率较高，常用于多级除尘系统中的第一、二级净化作业中。旋风除尘器的种类很多，常用的有基本型、螺旋形、涡旋形、圆旋形、圆筒形、平面式、斜置式及组合式等。

（1）旋风除尘器的构造及工作原理。旋风除尘器的构造见图 3-77。旋风除法器主要由带锥形底的外圆筒、进气管、排气管、排法管及贮灰箱组成。排气管插入圆筒里边，形成内圆筒，进气管与外圆筒的连结是与外圆管相切，含尘气体以 $15\sim25m/s$ 的高速度，沿外圆管切线方向进入，在圆筒内产生旋转气流，并向上、下流动。含尘气体在旋转中产生很大离心力，由于尘粒的惯性比空气大很多倍，因此大部分被甩向筒壁。当尘粒与筒壁接触时，失去惯性而沿圆筒气流在旋转中由下向上经中间排气管排出。为了得到较高的净化效率，根据需要旋风除尘器可以串联或并联使用。

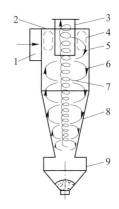

图 3-77　旋风除尘器结构及原理示意图
1—含尘气体入口；2—顶盖；3—净化气体出口；
4—上涡旋；5—筒体；6—外涡旋；
7—内涡旋；8—锥体；9—尘斗

（2）旋风除尘器使用和维护。

1）检查冲灰器是否处于良好关态，打开检查门和进水阀门，观察和调整溢水平面的高度，使水能均匀地溢流为止。

2）运行前先将冲水器两个进水阀门打开，调节好水量，水量不宜过多。

3）检查各种螺丝是否松动，各阀门开关位置正确后方可启动通风机。

4）运行中要经常检查各部有否漏风现象，冲灰器出现漏风时容易引起堵塞和严重影响除尘效率。

5）停机时首先关通风机，后关冲灰器进水阀，使除尘器的工作压力始终保持在 $500\sim600Pa$，以确保险尘器的净化率。

3.11.3.4 脉冲袋式除尘器

脉冲袋式除尘器是一种新型高效净化设备。由于采用了先进的清灰方式及新型滤料，因此具有净化效率高，处理气体能力大，滤袋寿命长，维修工作量小和能在 $120℃$ 温度下正常运行等特点。

（1）结构组成。

1）上箱体。包括可掀起的盖板，升起装置和出气口。

2）中箱体。包括多孔板、滤袋、滤袋框架和文氏管。

3）下箱体。包括进气口、灰斗及检查门。

4）排灰系统。包括减速装置和排灰阀。

5）喷吹系统。包括控制仪、控制阀、脉冲阀、喷吹管和气包。

（2）工作过程。含尘气体由进气口进入下箱体经滤袋净化成净气，穿过文氏管进入箱体从出气口排出。积附在滤袋表面的粉尘随时间加长而不断增加，使除尘器阻力增加，为使阻力控制在限定（一般 120~150mm 水银柱）的范围内，由控制仪发出指令，按顺序触发各控制阀，使气泡内的压缩空气由喷吹管孔喷射到文氏管，通过时诱导了数倍一次风的周围空气（二次风）进入滤袋，使滤袋在一瞬间急剧膨胀并伴随着气流的反向作用将积附在滤袋上的多余粉尘清除掉，并落入灰斗，经排气阀排出机体。

在清除粉尘过程中，每次喷吹的时间称为脉冲时间（一般为 0.1~0.2s），两个相邻脉冲的时间或周期限，可使设备阻力保持在限定范围。

（3）使用与维护。

1）开车前要彻底检查并清除螺旋内杂物，检查门及上盖板要关严，经检查确认无问题后方可进行开车。

2）要经常检查减速机手摇卷扬机及排尘系统运行情况，发现问题及时处理，减速机要定期注油，保证正常运行。

3）定期检查上盖板，检查门密封管，如发现老化失去弹性，要及时更换。

4）时刻注意除尘器排出粉浓度情况，如发现排出口冒灰，要及时查清原因，一般是滤袋破坏，滤袋捆扎不紧或压板着力不均匀，串气造成滤袋破损。其检查方法为，先停止风机运转，打开上盖板，如发现滤袋上口或对应波袋上口盖板上有粉尘痕迹，表示这条波袋损坏。如判别不出来时，可开动喷吹系统，在喷吹过程检查滤袋上口，如发现袋体有喷灰口，说明这个滤袋破漏，在取出破漏滤袋前先用上箱体法扫胶管，然后取出更换。

5）熟悉脉冲控制仪的工作原理及技术性能，掌握调整方法，及时排除故障。

6）经常检查 U 形压力计，判断脉冲运行情况，发现 U 形压力计在某一个阀位启开不动，说明阀失灵，要及时检修。

7）脉冲膜片为易损件，要及时更换。

8）U 形压力计变代超过或低于规定范围要查明原因，通过调整周期和脉冲时间加以解决。

9）电磁阀铁芯及弹簧要定期用酒精清理脏物，以防通道堵塞。

10）气动控制仪表及气动阀要定期清洗，气动控制仪半年清洗一次，气动阀 2~3 个月清洗一次，如发现膜片或弹簧损坏应及时更换。

3.11.3.5 水膜除尘器（CLST 和 CLS/A 型）

该除尘器适用于处理干或湿的粉尘，其含量超过 $2g/m^3$。含尘气体从圆筒体下端入风口进入除尘器，沿筒壁旋转上升，在离心力的作用下将粉尘甩至筒壁，同时由上端的喷嘴将清水沿切线方向喷向圆壁，使之形成壁上水膜被分离，筒壁粉尘被水膜带走，同底部排水口排出，净化后的气体自上端的排气口排出。

该除尘器必须在有水（干净水）情况下工作否则没有除尘效率。运行前，首先检查除尘口腔的供水部分是正常，打开上水阀门，使喷水装置先工作，待喷淋装置正常后，再开启收风机。

除尘系统停止工作时，先关闭除尘系统统引风机，然后延迟3~5min再关闭给水装置。

除尘器下部的排污阀可以常开，也可以用人工控制的开闭阀，则必须保证除尘器定时排污，否则污泥沉积过多，阻塞除尘口袋的入口进风。

除尘器运行时，注意出口的排放浓度，如有变化，注意检查水源的流量及其压力是否合适，对喷水装置的喷嘴应定期进行检查，以防腐蚀，一般半年检修一次为宜。

4 流 程 考 查

学习内容：

学习流程考查的目的意义、流程考查内容与工作安排、数质量流程计算、作业考查与分析、产品分析及考查报告撰写等内容。

4.1 流程考查的目的意义

影响选矿厂生产指标的因素是多方面的，有矿石性质方面，有设备方面，有工艺流程方面，也有生产操作、生产管理、技术管理方面。对于一个具体的生产车间它的生产指标会受矿石性质的改变或波动的影响，受设备、工艺流程的与之不相适应及生产操作、生产管理技术管理跟不上的影响。这些影响因素中，可能是一两个因素的影响，也可能同时存在多个因素的影响，究竟是什么因素使选别数质量不高呢？应当本着没有调查，就没有发言权，以及抓主要矛盾的思路来解决，首先要对具体选矿厂过去和现实生产中的实际进行了解，包括原矿性质、生产流程、生产指标、历史沿革、生产操作、生产管理等情况进行了解，并对存在的问题进行初步的分析。然后做一些艰苦细致的工作，进行较详细的调查研究。流程考查就是完成这些调查研究的手段。流程考查像医生给人看病一样，要知道病人得的什么病，必须做一些临床诊察，如用听诊器听诊，化验血、尿、便等，然后才能根据诊察结果确定病人得的什么病，对症下药。

选矿厂要定期和不定期地对生产的状况、技术条件、技术指标、设备性能与工作状况、原料的性质、金属流失的去向及有关的参数做局部及全部的流程考查。通过流程取样、化学分析、粒度分析、磁性分析、矿浆浓度测定、单体分离测定等手段来揭露出影响生产指标提不高的原因，哪些原因是主要的，哪些原因是次要的，为解决矛盾，提高选矿的数质量（即精矿品质、金属回收率、精矿产量、设备台时能力等）、改善选矿的技术经济指标提供依据。

4.2 流程考查的内容和分类

4.2.1 流程考查内容

（1）了解选矿工艺流程中各工序、各系统、各循环、各作业、各机组或单机的生产现状和存在问题，并对工艺生产流程在质和量方面进行分析和评价。

（2）通过流程考查及分析为制定和修改现行流程、技术条件及技术操作规程提供依据，以便在以后的生产中获得更好的技术经济指标。

（3）为总结和修改原各工序的设计和生产技术工作的经验提供资料。

（4）查明生产中出现异常情况原因，发现问题揭露矛盾，提出改进的措施和解决办法。

（5）选矿厂的流程考查资料可为设计提供依据。

4.2.2 流程考查分类

根据不同的目的，流程考查的可分为四类：

（1）矿石性质或产物性质考查。如原矿性质，包括入选原矿的矿物组成、结构、构造、化学组成、粒度组成、含水量、含泥量、矿石中有用矿物和脉石矿物的含量及嵌布特性，矿石的真假密度，摩擦角、安息角、可磨度及硬度等。分析有关产品的粒度组成、金属分布率、嵌布特性、有用矿物和脉石矿物的分布情况、出厂产品的质量情况。

（2）单元考查。包括单元流程考查（系统、循环的考查）和单机考查，对选矿工艺的某个作业或某种设备进行测定，如破碎筛分流程考查、磨浮流程考查、浮选作业考查、设备试验考查等。

单元流程考查，以破碎流程考查为例。破碎筛分流程考查是对流程各作业的工艺条件、技术指标、作业效率进行全面测定和考查。其目的是通过对流程中各产物的数量及粒度的测定和设备的考核，进行综合分析，从中发现生产中存在的问题及薄弱环节，进而提出改进措施。以期把选矿技术经济指标提高一步，同时对降低成本，改进操作、改革工艺及对选矿厂科学管理提供必要的数据和资料。

破碎流程考查的内容有：

1）原矿（采场来矿）的矿量、含水含泥量及粒度特性。如选矿来矿是由几个采场供矿，则应记录各采场供矿的比例。

2）破碎机的生产能力（单位排矿口宽及台时生产能力），负荷率，破碎机排矿口宽度，破碎机产物的粒度特性。

3）筛分机的台时生产能力、负荷率及筛分效率。

4）破碎筛分流程中各产物的矿量 $Q(\mathrm{t/h})$ 及产率 $r(\%)$，指定粒级（一般为破碎最终产物的粒级）的含量 $\beta(\%)$。

生产现场可根据具体情况，针对生产中薄弱环节对其中一项或几项进行测定和考查，也可对流程中的某一段或两段进行局部考虑。

（3）机组考查。机组考查对两个以上互相联系的作业进行测定，如破碎与筛分机组测定、磨矿与分级机组测定等。包括检查某些辅助设备的工作情况，以及对选别过程的影响。

（4）数质量流程考查。数质量流程考查对工艺过程考查各个作业的工艺指标，对数量指标（矿量、产率、水量）和质量指标（品位、回收率、粒度、浓度等）做系统的调查。计算数质量工艺流程，分析各工艺作业及设备工作状态，检查矿物和金属流失的去向及某些作业、设备中的富集和积存情况。这种测定规模比较大，取样点多。根据工作量的大小不同，又可分为全厂流程考查和局部流程考查。进行全厂流程考查一般间隔周期较长，局部流程考查较为常见。

4.2.3 流程考查步骤

（1）准备工作。流程考查前的准备工作有熟悉工艺过程；流程考查计划编制，包括设计取样点、绘制取样工艺流程图、设计样品检测项目及计算分析项目；进行人员分工、准备取样工具、现场察看取样口等准备工作。

（2）现场取样。按取样流程图，根据样品分析检测项目需要，在生产现场采取足量的准确样品。

（3）样品预制。现场采样回来，进行称重、烘干、制样等预处理，并采集初步数据。

（4）样品测定分析。根据考查目的的需求，进行质量测定（称重）、浓度分析、化学分析、筛析、磁性分析、细度分析及单体解离度测定等工作。

（5）筛选原始指标。筛选稳定的代表性较好的指标作为计算分析用原始指标。

（6）流程计算、产物分析、作业分析等。

（7）撰写流程考查报告。绘制选矿数质量流程图和矿浆流程图，编制三析（筛析、水析、镜析）表、金属平衡表、水量平衡表，绘制有关产品的粒度特性曲线、有关产品的品位-回收率曲线和品位-损失率曲线，对工艺过程和原始数据进行分析、计算等。

4.2.4 流程考查前的准备工作

（1）计划编制。流程考查是一项耗资费时涉及面较宽的工作，技术性强，需要组织严密、计划周密，各参加单位和人员要通力协作密切配合才能很好地完成流程考查任务。

在考查前首先应根据本次考查的目的与要求编写流程考查计划，在计划中应包括考查的深度与广度，考查需要的人力、资金、器材、工具及试样加工场地、化验工作量、供矿供水供电情况、必要的检修等；各有关单位（如试验室、化验室、机修工段、生产车间）协调，根据总体计划制定执行计划。

在各计划制定后，下达流程考查任务。准备考查工具，要注意采样的性质和分析检测项目，根据样品用途和现场产物形态选取合适的取样工具和样筒，标记好样筒编号，记录样筒质量。参与人员熟悉采样点，必要时可进采样预演，以协同各采样点采样时间间隔和速度要求。

（2）按现行工艺流程编制取样流程图，对流程中各作业各产品进行统一编号；根据需要确定必要而又充分的取样点数和样品（质量样、品位样、粒度样、镜鉴样、浓度样等），并以不同的符号代表不同的样品标入取样流程图，同时要列表表示，见表4-1。

表4-1 流程考查取样表

样品编号	样品名称	分析内容	取样方法	干矿计取样量	取样时间	取样人	备注
1	一次分级溢流	浓度、粒度、解离度、磁性率	瀑布流，取样刀	2kg	6h	张三	30min/次
2							
...							

4.3 流程考查工作内容

选矿厂流程的考查，可分为四部分，即破碎与筛分、磨矿与分级、选别及脱水。

破碎与筛分流程考查中应测定的内容：

（1）原矿计量。破碎车间原矿的处理量，是流程考查中的重要指标，也是考查设备效率的必要数据，可用选矿厂的计量设备计量。若无计量设施，则可用先记录车数，然后抽车称重的办法进行计量。

（2）水分测定。矿石中的含水量，是流程考查的内容之一，也是计算破碎车间干矿处理量不可缺少的数据。水分的测定应及时进行，时间长了即不准确，可用自然干燥法测定，也可用加温干燥法测定，但用加温干燥时，应注意不能将结晶水除去。

（3）排矿口的测定。排矿口的大小，是计算破碎机处理能力的数据之一，其测定方法可用卡尺或铅块测量。颚式、旋回及对辊破碎机用卡尺测量；中、细碎圆锥破碎机则用铅块测量。

（4）物料粒度特性的测定。破碎流程考查所遇到的物料，其粒度一般都在6mm以上。对于这种粗粒物料粒度特性的测定，都是采用非标准筛进行筛析。其筛析方法、步骤、数据的处理和计算以及粒度特性曲线的绘制等。

（5）筛分效率的测定。筛分效率是流程考查计算所必需的数据。

4.3.1 试样种类和取样点的确定

4.3.1.1 取样点的选择

根据考查的目的要求，应先把现场磨矿及选别过滤流程图画出来，并将各产物各作业进行编号。根据考查的目的要求确定试样的种类和各取样点，一般每个作业的原矿，精矿、尾矿是必需的取样点。取样点选择依据：

（1）必须在球磨机给矿皮带上和其他原矿进入选矿厂的地点设立原矿计量及水分取样点，在没有中矿返回的分级机或旋流器溢流处、精矿箱（管）、尾矿箱（管）处分别设立原矿、精矿、尾矿取样点。

（2）在影响数量、质量指标的关键作业处，如分级机或旋流器溢流处设浓度、细度取样点。

（3）在易造成金属流失的部位如浓缩机、沉淀池的溢流水、各种砂泵（泵池）、磨浮车间总污水排出管等处，设立取样、计量点。

（4）为编制实际金属平衡表提供原始数据（如出厂精矿水分、出厂精矿的数量和质量等），必须在出厂精矿的汽车或其他运输设备上设取样点。

（5）为评价选矿厂工艺的数量、质量流程，进行流程考查取样，取样点设立在所考查流程的各作业的给矿、精矿及尾矿排放处。

以某磁选厂流程为例，破碎车间流程取样图如图4-1所示，磨选车间流程取样图如图4-2所示。

图4-2磨选车间流程中共9个作业，23个产物。根据考查目的需要做化学分析（TFe，FeO含量）、粒度分析、矿浆浓度和磁性分析等。其中全部产物进行化学分析、浓度测定。

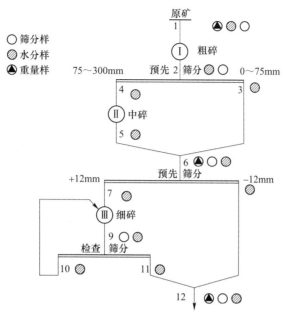

图 4-1　某选矿厂破碎与筛分流程取样图

磨矿分级各产物进行粒度分析，原精尾矿和个别产物作业产物除作化学分析外，还需对部分产品做粒度分析、磁性分析和单体分离度测定。取样点为 22 个（图 4-2 中△为取样点）。

4.3.1.2　流程取样注意事项

（1）在确定取样点和取样种类以后，需要对现场具体取样位置进行考查。取样位置应方便，保证取样有代表性，否则应进行改动，以利取样。

（2）准备取样工具。包括盆、样桶、样勺。

（3）为了使取样具有代表性，选矿厂一般都每隔半小时取一次样，一般 4~6h 连续取样。若处理的矿石较均匀时，连续取 6~8 次样混合即可作为流程的代表性试样。若处理的矿石性质不均匀时，则应延长取样时间和次数，破碎产品当矿石粒度大时，应多取一些试样，以保证代表性。

（4）必须保证必要的试样量。所取试样的质量决定于试样的用途和足够的代表性。如果某一产物同时需要做粒度分析、化学分析、磁选分析，单体分离度测定时就需要取一些，所用样桶、样盆应大一些。细粒均匀浸染矿石取样量可少一些，粗粒不均匀浸染矿石取样量则应多一些。矿石中各种有用矿物的密度差别愈大，愈易产生离析现象，取样量应多一些。

（5）必须尽可能保证取样的正确性。流程考查中试样数目多，量也大，时间较长，在取样过程中如果某一产物出现差错，就会使整个流程考查归于失败，取样人员必须认真对待。注意取样过程的每一个环节，杜绝差错，就能把试样取准确。

（6）为使取的试样具有真实性，取样必须在生产操作稳定的条件下。如果是刚转车，应在生产调整正常后进行取样。一般要在开车 2~4h 后进行取样，还要注意按从前到后依次取样，即 1 号样取完 5~10min 再取 2 号样，依次进行。

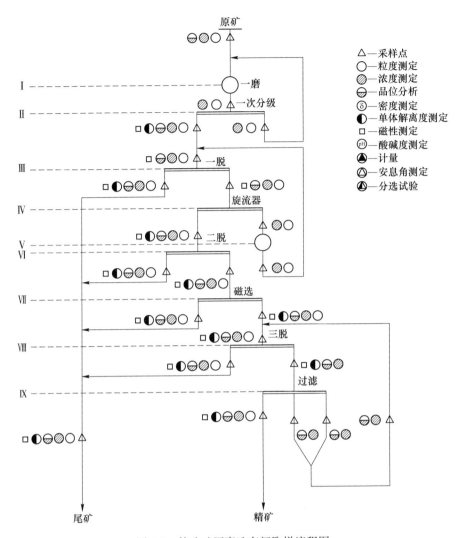

图 4-2　某选矿厂磨选车间取样流程图

（7）取样时必须记录取样时间内各种操作条件，如原矿性质，球磨机处理量和取样过程中的其他变动因素。这些必要的记录能为流程分析提供素材。

4.3.1.3　取样方法

（1）移动松散物料的取样。磨矿以前的物料一般是在带式输送机上进行的。其取样方法是采用断流截取法，即将皮带机停止运转，用一定长度（一般为 1m 或 0.5m）的木制板垂直物料运动方向移动，将皮带上与木板同长的物料全部刮入容器中。取样次数由取样的用途及质量确定，一般每隔 15~30min 取一次，所取的质量必须不小于按取样公式计算的数量，若大于计算出来的量，根据需要缩分出所需的物料量。

（2）矿浆取样。采用横向截取法取样，即连续或周期地横向截取整个矿浆断面的物料流作为试样。取样时，必须等速切割，时间间隔相等，比例固定，避免溢漏。为保证截取到矿浆的全宽全厚料流，取样点应选取在矿浆转运处。如分级机的溢流堰口、溜槽口和管道口等；严禁直接在管道、溜槽或贮存容器中取样，以避免在产生物料分层的环境截取代表性的试样，人工取样一般间隔 15~30min 采一次样，每次采样时行程与速度应基本保持一致。

（3）粉状精矿取样。采用方格探管取样（又称探针）。粉状精矿取样主要是对精矿仓中堆存的精矿和装车待运的出厂精矿取样。取样时在取样矿堆的表面上划出网格，在网格交点处取样。网格可以是菱形的、正方形的或长方形的，取样点数目越多，试样的代表性亦越强，精确性也越高。但过多的取样点会加大试样加工的工作量，所以取样点数视具体情况而定，但最少不得少于 6 个，且分布要均匀。

（4）块状物料取样。用于破碎与筛分块度较大物料。有抽车取样法，刮取法和横向截流法三种。

1）抽车取样法。用于原矿的取样，当原矿用矿车或箕斗运输时，用抽车法取样，抽车的次数决定干取样期间来矿的车数和所需的试样量。不管取样量多少，抽取的车数不得过少，保证具有代表性。

2）刮取法。对于破碎筛分过程中的松散物料，常用的是从带式输送机上刮取试样，即用一定长度的刮板垂直于矿流运动方向沿料层全宽和全厚刮取一段矿石，小型皮带或速度慢的可以在皮带运行中取样，如果皮带很宽或速度太快，则应将皮带停下来，进行刮取。

3）横向截流法。破碎筛分产物常用的取样方法之一，即每隔一定时间，在筛子或带式输送机的头部垂直于矿滚运动方向截取一定量的物料作为试样。

4.3.1.4　取样器械

为了采取有代表性的试样，除了正确地选择上述取样方法外，合理地选择取样工具和设备也很重要，特别是对移动松散物料和流动矿浆的取样更为重要。目前选矿厂常用的取样器械有两类，即人工取样器和机械取样器。

人工取样器常用的有取样勺、取样壶、探管（或探针）等，一般都是各选矿厂实验室自行设计和制作。

（1）取样刀及取样勺。由镀锌白铁皮（一般厚度为 0.5~1mm）焊接而成一种容器，并连接长 0.5~1m 长的手持柄，用于一次接取样品。类型有两种，一种叫取样刀，适用于取粒度较细的瀑布流矿浆样，便于等速运动横截整个矿浆流；它是带条形扁嘴的容器，容器截面为梯形；或横放的圆筒形；它的结构特点是口小底大，样品不易溅出，又便于把样品倾倒出来，开口宽度较小，一般为 5~10mm。另一种是取样勺，采用于挖取泡沫产品及浓度较大、粒度较粗的试样，开口为长方形扁口，类似大开口的取样刀，但条形扁嘴的开口较宽，一般为 20~30mm；采取球（棒）磨机排矿及分级机返砂等试样，为圆形口的圆筒形取样勺。

（2）探管（探针）。探管（探针）适用于取粒度较细堆存的固体物料，如矿仓中的精矿和装车待运的精矿等。由 20~30mm 钢管或硬质塑料制成，在其管上开一条宽度为 10~15mm 的纵向小缝或槽，上部焊接一个手柄，下部做成尖锥，插入矿堆后通过小缝流入取得试样。

取样时按规定的位置将探管从物料的表面垂直插入到最底部（如出厂精取样），用力将探管拧动，使被取物料能最大限度地流入管中或附着在探管的槽中，然后将探管抽出，将物料倒（刮）入取样桶中。

4.3.2　试样处理

试样取回后，要进行制样处理，浓度较低的可先过滤再用烘箱烘干，浓度较大的可沉淀一段时间后倒出上清水，再用电炉等工具进行烘干。烘干样经混匀制样装袋备用。

（1）烘干。凡是要考查浓度的，首先应将试样连矿带水称重。然后过滤或澄清倒掉清水，烘干。烘干后再称各试样干矿质量。计算质量分数：

$$质量分数 = \frac{干矿质量}{干矿质量 + 水质量} \times 100\% \tag{4-1}$$

（2）制样。制取实验样品，需要混匀与缩分。用环锥法和翻滚法混匀，环锥法适用于粗粒和大量试样，用铁锹、铁铲完成多次堆取；翻滚法适用于细粒少量试样，在油布上完成，翻滚时注意对折油布，不要让矿粉只在油布上滑动。反复堆环锥和翻滚的次数不低于7次。再分别用四分法和方格法进行缩分，按所确定的试样种类及质量取出各种所需试样。也可以在机械缩分器械上完成，如二分器等。

进行试验的试样应当具有代表性。试样的质量与矿石粒度有密切的关系。根据试样加工的实际经验，人们总结出一个主要考虑粒度因素的经验公式来确定试样的最小质量，即

$$Q = Kd^{\alpha} \tag{4-2}$$

式中　Q——试样 D 最小质量，kg；

　　　d——试样最大颗粒直径，mm；

　　K，α——经验系数及指数，对于铁矿石 $K=0.1$，$\alpha=2$。

原矿粒度特性样量可按式（4-2）确定。其他试样，由于粒度较细，可按试样种类的需要根据经验确定，一般化学分析样量 5～10g（如有贵金属类元素分析时需 100～500g），粒度分析的筛水析样 100～200g，磁性分析样 10～20g，单体分离度测定样 10g。最后取出100～200g 留作备样。合计取样量 400g 左右即可。

有些试样制样时还需要研磨处理，如品位分析等。一般用玛瑙研钵手工研磨至摸起来没有颗粒感（或全部通过 0.074mm 筛子），或用研样机制取。较硬物料可用一定细度的筛子配合研磨过程，不断筛去合格部分。

试样分析完要检查数据的合理性，以及分析这些指标是否符合正常情况，若有反常现象，须重新化验校核。在进行具体计算时，必须对指标进行筛选，剔除明显不正常指标，必要时可重新去采样分析，以检验该产品指标是否真的反常，确认指标无误。不影响计算流程情况下可避开有疑问的指标，确保选取正常合理的指标作为计算的原始指标。

4.4　数质量流程计算

数质量流程计算的目的是了解流程中各产物质量和数量的分配情况，它可以为调整生产和考查设备工作状况提供分析数据。数质量流程计算一般应计算各产物的矿量、品位、产率、回收率等量。为计算方便，用字母代表各量：Q_n 为各产物干矿质量，t/h；β_n 为各产物金属品位（有的原矿品位用 α，尾矿品位用 θ），%；γ_n 为各产物的产率，%；ε_n 为各产物中金属回收率，%，角标 n 为产物编号。单作业计算产物标号一般给矿为 α，精矿为 k，尾矿为 θ，如 γ_θ 表示尾矿产率。

进行流程计算时，通常从上到下依次计算个作业指标，存在循环时，可由下向上计算，即从精矿、尾矿入手，待循环产物未知数算完，再从上向下计算流程内部的各个作业；各作业指标先算出产率，再依次算出回收率和品位较为方便，最后计算矿量，完成计算后要校核平衡，用产率、回收率两项指标进行校核。

在进行数质流程计算中，往往由于取样、制样和化验误差等原因，使所计算的数值不能完全反映生产的真实情况，此时在误差不大的情况下，经常人为的对个别指标根据生产进行调整。调整时一般对生产中的稳定的而且需要加以控制的指标一般不动（如最终精矿和各选别作业的品位），而只能适当调整一两个尾矿指标。如果需要调整的指标过多，甚至出现反常现象，说明这次流程考查取样不准确，为保证流程考查的可靠性，必须重新取样。

4.4.1　作业计算

流程计算的原理依据为各种量的平衡关系。主要用到矿量平衡、产率平衡、金属率平衡、回收率平衡、计算粒级平衡、水量平衡等，掌握了平衡关系，计算公式不要生搬硬套。注意按矿加专业习惯，所有结果写成保留两位小数的百分比数字，而不是小数，如产率写成 100.00%，而不是写成 1.0000。

4.4.1.1　单作业品位计算

（1）两种产物品位的计算，两产品单作业流程见图4-3。

单金属两种产品作业的原矿、精矿、尾矿品位由式（4-3）~式（4-5）计算。

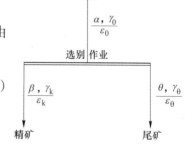

$$\alpha = \frac{\gamma_k \beta}{\varepsilon_k} \times 100\% \qquad (4\text{-}3)$$

式中　α——选别作业的给矿品位，%；

　　　β——选别作业的精矿品位，%；

　　　γ_k——选别作业的精矿产率，%；

　　　ε_k——选别作业的精矿回收率，%。

图 4-3　两产品单作业流程

$$\beta = \frac{\varepsilon_k \alpha}{\gamma_k} \times 100\% \qquad (4\text{-}4)$$

$$\theta = \frac{\alpha \varepsilon_\theta}{\gamma_\theta} = \frac{\alpha(100\% - \varepsilon_k)}{100\% - \gamma_k} \times 100\% \qquad (4\text{-}5)$$

式中　α，β，θ——计算选别作业的给矿、精矿、尾矿品位，%；

　　　γ_k，γ_θ——计算选别作业的精矿、尾矿产率，%；

　　　ε_k，ε_θ——计算选别作业的精矿、尾矿回收率，%。

若已知 γ_k，γ_θ 两个中的一个和 β、α、θ 三个中的任意两个即可求出第三个品位。根据金属量平衡有：

$$100\%\alpha = \gamma_k \beta + (100\% - \gamma_k)\theta = \gamma_k \beta + \theta - \gamma_k \theta = \gamma_k(\beta - \theta) + \theta$$

所以：

$$\alpha = \frac{\gamma_k(\beta - \theta) + \theta}{100\%} \qquad (4\text{-}6)$$

同理：

$$100\% \ \alpha = (100\% - \gamma_\theta)\beta + \gamma_\theta\theta = 100\%\beta - \gamma_\theta\beta + \gamma_\theta\theta = 100\%\beta - \gamma_\theta(\beta - \theta)$$

得：

$$\alpha = \frac{100\%\beta - \gamma_\theta(\beta - \theta)}{100\%} = \beta - \frac{\gamma_\theta(\beta - \theta)}{100\%} \qquad (4\text{-}7)$$

$$\beta = \frac{100\% \ \alpha - \gamma_\theta\theta}{100\% - \gamma_\theta} \qquad (4\text{-}8)$$

$$\theta = \beta - \frac{100\%(\beta - \alpha)}{\gamma_\theta} \qquad (4\text{-}9)$$

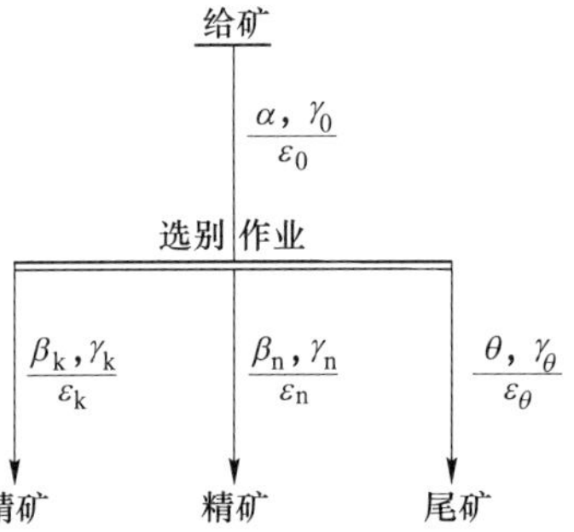

（2）三种产物品位的计算，流程见图 4-4。

单金属三种产品作业，即除精矿、尾矿外，还有一个中矿，单作业给矿产率和回收率都按 100.00% 计算，根据金属率平衡，各产物品位计算公式见式（4-10）~式（4-13）。

图 4-4　三产品单作业流程

$$\alpha = \frac{\gamma_k\beta_k + \gamma_n\beta_n + \gamma_\theta\theta}{100\%} \times 100\% \qquad (4\text{-}10)$$

$$\beta_k = \frac{100\%\alpha - \gamma_n\beta_n - \gamma_\theta\theta}{100\% - \gamma_n - \gamma_\theta} \times 100\% \qquad (4\text{-}11)$$

$$\beta_n = \frac{100\%\alpha - \gamma_k\beta_k - \gamma_\theta\theta}{100\% - \gamma_k - \gamma_\theta} \times 100\% \qquad (4\text{-}12)$$

$$\theta = \frac{100\% \ \alpha - \gamma_k\beta_k - \gamma_n\beta_n}{100\% - \gamma_k - \gamma_n} \times 100\% \qquad (4\text{-}13)$$

式中　$\alpha , \beta_k , \beta_n , \theta$——分别为原矿、精矿、中矿、尾矿的品位,%；

$\gamma_k , \gamma_n , \gamma_\theta$——分别为精矿、中矿、尾矿的产率,%。

4.4.1.2　单作业产率的计算

（1）两种产物产率的计算。原矿选别后，仅为精矿和尾矿两种产品,见图 4-3 按产物质量平衡：

$$Q_0 = Q_k + Q_\theta$$

所以：

$$Q_\theta = Q_0 - Q_k \qquad (4\text{-}14)$$

$$Q_k = Q_0 - Q_\theta \qquad (4\text{-}15)$$

式中　Q_0 , Q_k , Q_θ——分别为计算选别作业的给矿、精矿、尾矿的矿量, t/h。

计算时，一般用产率 γ（%）代替产物矿量、用金属率代替金属量计算比较方便。

按金属率（与金属量等效）平衡：

$$\begin{cases} \gamma_0 = \gamma_k + \gamma_\theta \\ \alpha\gamma_0 = \beta_k\gamma_k + \beta_\theta\gamma_\theta \end{cases}$$

得：

$$\gamma_k = \frac{Q_k}{Q_0} = \frac{(\alpha - \theta)}{(\beta - \theta)} \times 100\% \qquad (4\text{-}16)$$

$$\gamma_\theta = \frac{Q_\theta}{Q_0} = 100\% - \gamma_k = \frac{\beta - \alpha}{\beta - \theta} \times 100\% \qquad (4\text{-}17)$$

式中 α，β，θ ——分别为作业的原矿、精矿、尾矿的品位，%；

γ_k，γ_θ ——分别为作业的精矿、尾矿的产率，%。

（2）三种产物产率的计算。原矿选别后，有精矿、尾矿和中矿三种产品，见图 4-4，按产物矿量平衡：

$$Q_0 = Q_k + Q_n + Q_\theta$$

按金属量平衡：

$$Q_0\alpha = Q_k\beta_k + Q_n\beta_n + Q_\theta\theta$$

上述两式联立可得：

$$Q_0 = \frac{Q_k(\beta_k - \theta) + Q_n(\beta_n - \theta)}{\alpha - \theta} = \frac{Q_\theta(\beta_n - \theta) - Q_k(\beta_k - \beta_n)}{\beta_n - \alpha}$$

$$= \frac{Q_n(\beta_k - \beta_n) + Q_\theta(\beta_k - \theta)}{\beta_k - \theta} \qquad (4\text{-}18)$$

$$Q_k = \frac{Q_0(\alpha - \theta) - Q_n(\beta_n - \theta)}{\beta_k - \theta} = \frac{Q_\theta(\beta_n - \theta) - Q_0(\beta_n - \alpha)}{\beta_k - \beta_n}$$

$$= \frac{Q_\theta(\alpha - \theta) + Q_n(\beta_n - \alpha)}{\beta_k - \alpha} \qquad (4\text{-}19)$$

$$Q_n = \frac{Q_0(\alpha - \theta) - Q_k(\beta_k - \theta)}{\beta_n - \theta} = \frac{Q_0(\beta_k - \alpha) - Q_\theta(\beta_k - \theta)}{\beta_k - \beta_n}$$

$$= \frac{Q_\theta(\alpha - \theta) - Q_k(\beta_k - \alpha)}{\beta_n - \alpha} \qquad (4\text{-}20)$$

$$Q_\theta = \frac{Q_k(\beta_k - \beta_n) + Q_0(\beta_n - \alpha)}{\beta_n - \theta} = \frac{Q_0(\beta_k - \alpha) - Q_n(\beta_k - \beta_n)}{\beta_n - \theta}$$

$$= \frac{Q_k(\beta_k - \alpha) + Q_n(\beta_n - \alpha)}{\alpha - \theta} \qquad (4\text{-}21)$$

按产率定义有：

$$\gamma_k = \frac{Q_k}{Q_0} \times 100\%$$

$$\gamma_n = \frac{Q_n}{Q_0} \times 100\%$$

$$\gamma_\theta = \frac{Q_\theta}{Q_0} \times 100\%$$

$$\gamma_0 = \gamma_k + \gamma_n + \gamma_\theta$$

分别将上述计算的产物矿量（ Q_0、Q_k、Q_n、Q_θ ）代入产率 γ 计算式内，即可求出各产物产率（ γ_0、γ_k、γ_n、γ_θ ）的值。

按产率和金属率平衡：

$$\gamma_0 = \gamma_k + \gamma_n + \gamma_\theta \qquad (4\text{-}22)$$

$$\gamma_0 \alpha = \gamma_k \beta_k + \gamma_n \beta_n + \gamma_\theta \theta \tag{4-23}$$

当已知给矿和各产物品位及中矿产率时，将式（4-22）、式（4-23）两式联立可解出精矿产率：

$$\gamma_k = \frac{\gamma_0(\alpha - \theta) - \gamma_n(\beta_n - \theta)}{\beta_k - \theta} \tag{4-24}$$

这尾矿产率为：

$$\gamma_\theta = \gamma_0 - \gamma_k - \gamma_n \tag{4-25}$$

（3）用水量平衡法来计算产率。两种选别产物的计算，流程见图 4-5。

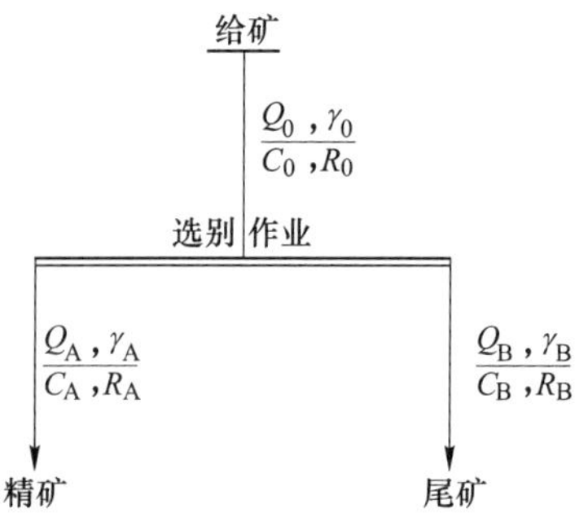

设作业原矿、精矿、尾矿产物的液固比为 R_0、R_A、R_B，质量百分数浓度为 C_0、C_A、C_B，矿量为 Q_0、Q_A、Q_B，产率为 γ_0、γ_A、γ_B 则有如下关系式：

按矿量、水量平衡：

$$Q_0 = Q_A + Q_B \tag{4-26}$$

$$Q_0 R_0 = Q_A R_A + Q_B R_B \tag{4-27}$$

或按产率、等效水量平衡：

$$\gamma_0 = \gamma_A + \gamma_B \tag{4-28}$$

$$\gamma_0 R_0 = \gamma_A R_A + \gamma_B R_B \tag{4-29}$$

图 4-5　单作业流程

联立式（4-28）、式（4-29）解得：

$$\gamma_A = \frac{R_0 - R_B}{R_A - R_B} \times 100\% \tag{4-30}$$

$$\gamma_B = \frac{R_0 - R_A}{R_B - R_A} \times 100\% \tag{4-31}$$

根据浓度定义，液固比 $R = \dfrac{1 - C}{C}$，将 R 值代入上述产率计算公式（4-30）、式（4-31），得：

$$\gamma_A = \frac{C_A(C_B - C_0)}{C_0(C_B - C_A)} \times 100\% \tag{4-32}$$

$$\gamma_B = \frac{C_B(C_A - C_0)}{C_0(C_B - C_A)} \times 100\% \tag{4-33}$$

上述两式，与用品位推出来的产率式相似，只不过是用相应的浓度代替金属含量罢了。

三种以上产物产率的计算，同两种产物产率的计算。读者可以仿照按金属平衡推导的方法，推出水量平衡的产率计算公式。

（4）用粒度平衡来计算产物的产率。对于两种产物的产率方程式，可以用来研究并衡定只产两种产品的筛子和分级机的工作。在这种情况下，方程之中的金属品位可用相应的筛分分析数据来代替，即某一粒级的含量。但选择筛析用的筛孔，应使物料中某粒级产率不小于5%作为最小值。以粒级含量代入方程式中。一般都用通过或留在筛子上的全部数量的百分数，作为这个数值，即某特定粒级，而不用各级别的质量。

4.4.1.3 单作业回收率的计算

矿石经选别后,选出的精矿中金属量占处理原矿中该金属总量的百分比,称为回收率。回收率反映了选矿过程中金属的回收情况,是评价选矿技术水平和选矿工作质量的一项重要指标。

回收率分为理论(工艺)回收率和实际(商品)回收率两种,理论回收率是在理想条件下,根据金属平衡的理论推导出的公式计算的,即按原、精、尾矿化验的品位算出来的。它没有考虑工艺过程中的一切损失;而实际回收率是根据处理原矿中的金属量和实际精矿中的金属量计算出来的,它考虑了工艺过程中的一切损失。因此在正常情况下理论回收率总是高于实际回收率的。对单作业,产物的回收率根据入选物料为基准进行计算,称为作业回收率,一般用大写字母 $E(\%)$ 表示,对于多作业流程,以入选原矿为基准进行计算,称为流程回收率,用 $\varepsilon(\%)$ 表示。

理论回收率 ε 的计算。单金属两种产物的选别作业精矿金属回收率 ε_k:

$$\varepsilon_k = \frac{\beta(\alpha - \theta)}{\alpha(\beta - \theta)} \times 100\% \tag{4-34}$$

式中 α, β, θ——分别为原矿、精矿、尾矿的品位,%。

在实验室中:

$$\varepsilon_k = \gamma_k \frac{\beta}{\alpha} \times 100\% \tag{4-35}$$

式中 γ_k——精矿产率,%, $\gamma_k = \dfrac{Q_k}{Q_k + Q_\theta} \times 100\%$;

Q_k——精矿产量, kg;

Q_θ——尾矿产量, kg。

单金属三种产物的选别作业精矿金属回收率 ε_k:

$$\varepsilon_k = \frac{\beta}{\alpha}\left(\frac{100(\alpha - \theta) - \gamma_m(\beta_m - \theta)}{\beta - \theta}\right) \times 100\%$$

$$= \frac{\beta}{\alpha}\left(\frac{\gamma_\theta(\beta_m - \theta) - 100(\beta_m - \alpha)}{\beta - \beta_m}\right) \times 100\% \tag{4-36}$$

式中 α, β, β_m, θ——分别为原矿、精矿、中矿、尾矿的品位,%;

γ_m, γ_θ——分别为中矿、尾矿的产率,%。

单金属四种产物的选别作业:

$$\varepsilon_k = \frac{\beta}{\alpha}\left(\frac{100(\alpha - \beta_T) + \gamma_m(\beta_T - \beta_m) + \gamma_\theta(\beta_T - \theta)}{\alpha - \beta_T}\right) \times 100\% \tag{4-37}$$

$$= \frac{\beta}{\alpha}\left(\frac{100(\alpha - \beta_m) - \gamma_T(\beta_T - \beta_m) - \gamma_\theta(\theta - \beta_m)}{\alpha - \beta_m}\right) \times 100\% \tag{4-38}$$

$$= \frac{\beta}{\alpha}\left(\frac{100(\alpha - \theta) - \gamma_T(\beta_T - \theta) - \gamma_m(\beta_m - \theta)}{\beta - \theta}\right) \times 100\% \tag{4-39}$$

式中 α、β、β_T、β_m、θ——原矿、精矿、富中矿、中矿、尾矿的品位,%;

γ_T, γ_m, γ_θ——富中矿、中矿、尾矿的产率,%。

4.4.2 数质量流程计算

4.4.2.1 原矿（干矿）处理量 $Q_原$

可由球磨机给矿皮带秤读出，或由皮带上截取 1m 长之矿量并称量计算，可按式（4-40）计算原矿处理量。

$$Q_原 = \frac{3600 \times qv}{1000} \tag{4-40}$$

式中 $Q_原$——球磨机干矿给矿量，t/h；

q——每米皮带上干矿质量，kg/m；

v——皮带速度，m/s。

4.4.2.2 单金属两产物作业计算

以下公式中字母 Q_n、γ_n、β_n 分别代表矿量（t/h）、产率（%）、品位（%），下标 n 为作业产物编号，$n = 0$ 时，即 Q_0 为流程原矿处理量（t/h）。

如图 4-6 所示选别作业，根据平衡关系可列出：

矿量平衡式：

$$Q_1 = Q_2 + Q_3 \tag{4-41}$$

产率平衡式：

$$\gamma_1 = \gamma_2 + \gamma_3 \tag{4-42}$$

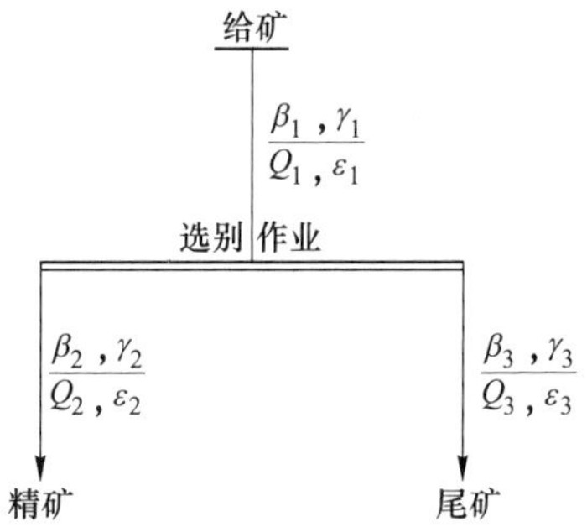

金属率平衡式：

图 4-6 两产物作业

$$\gamma_1\beta_1 = \gamma_2\beta_2 + \gamma_3\beta_3 \tag{4-43}$$

利用产率平衡式和金属率平衡式联立，已知四个指标，即可算出另外的两个指标。在具体计算中会遇到如下三种情况：

（1）已知所有的品位和作业给矿的产率（β_1、β_2、β_3、γ_1）可解出：

$$\gamma_2 = \gamma_1 \frac{\beta_1 - \beta_3}{\beta_2 - \beta_3} \tag{4-44}$$

$$\gamma_3 = \gamma_1 - \gamma_2 \tag{4-45}$$

（2）已知所有的品位和一种产物的产率（β_1，β_2，β_3，γ_2）将前式变换可得出：

$$\gamma_1 = \gamma_2 \frac{\beta_2 - \beta_3}{\beta_1 - \beta_3} \tag{4-46}$$

$$\gamma_3 = \gamma_1 - \gamma_2 \tag{4-47}$$

（3）已知作业给矿和一种产物的品位和产率（β_1、β_2、γ_1、γ_3），第二种产物的产率和品位计算如下：

$$\gamma_3 = \gamma_1 - \gamma_2 \tag{4-48}$$

$$\beta_3 = \frac{\gamma_1\beta_1 - \gamma_2\beta_2}{\gamma_3} \tag{4-49}$$

4.4.2.3 两产物合并计算

对于产物合并作业指标的计算也是流程计算中常遇到的，也必须掌握。两种或两种以上的产物的品位合并为一种作业给矿或最终产物时都用相加的方法求出总产率,用加权求出其平均品位。以两种产物合并为例,如图4-7所示。

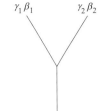

图4-7 两产物合并为一个产物

$$\gamma_3 = \gamma_1 + \gamma_2 \tag{4-50}$$

$$\beta_3 = \frac{\gamma_1\beta_1 + \gamma_2\beta_2}{\gamma_3} \tag{4-51}$$

各作业的产物中金属回收率可根据下式求出:

$$\varepsilon_n = \frac{\gamma_n\beta_n}{\gamma_0\beta_0} \times 100\% \tag{4-52}$$

式中　γ_0——流程原矿产率,%;

β_0——流程原矿品位,%。

对于整个流程而言,$\gamma_0 = 100\%$,所以各产物回收率为:

$$\varepsilon_n = \gamma_n \frac{\beta_n}{\beta_0} \times 100\% \tag{4-53}$$

最后将计算的结果填写到数质量流程图里。

对于实际生产的选矿厂流程的数质量计算,都是已知的各产物的品位β_n,再根据金属率平衡、产率平衡方程计算出产物产率$\gamma_n(\%)$及回收率$\varepsilon_n(\%)$。

待产率计算完成,再计算各产物矿量$Q_n(t/h)$:

$$Q_n = \gamma_n Q_0 \tag{4-54}$$

4.4.2.4　流程计算

在计算数质量流程前,首先需要计算和确定供流程计算用的充分而必要的原始指标数目。公式为:

$$N = c(n - a) \tag{4-55}$$

式中　N——供流程计算用的必要而充分的原始指标数目(不含已知的原矿指标);

n——流程中选别产物数目;

a——流程中选别作业数目;

c——流程中计算成分数目(c=矿石中金属种类+1,或终精矿数目加终尾矿数目)。

然后在流程各产物化验指标里选取N个指标进行流程计算。为什么指标要选N个呢?这是因为少了不够用,使流程计算进行不到底;多了也是不必要的,还会使平衡方程出现不唯一解,使流程上下作业计算出现不平衡。

现在以某磁选厂进行的一次流程考查为例,计算数质量流程(仅计算选别流程)。

流程图见图4-8,各产物化验结果见表4-2,计算步骤如下。

(1)画出流程图,并对各作业各产物进行编号,确定计算区域。一般把有中间产物返回联系的几个作业作为一个计算区域,或按最终精矿、最终尾矿及原矿把整个流程作为一个计算区域;可先计算出最终精、尾矿的指标,再推算到的中间产物的指标。图4-8中虚线圈定区域就是一个计算区域实例,按编号,进口为产物1,出口为产物4和6,首先根据整个区域平衡关系,解决编号1、4、6产物的数质量关系,再计算内部产物的数质量指标。

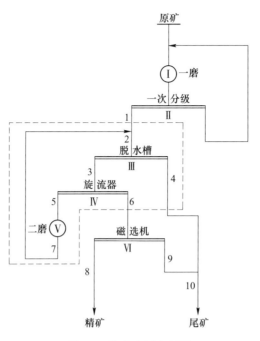

图 4-8　某磁选厂流程图

表 4-2　各产物的化学分析结果（包括原矿）

产物编号	1	2	3	4	5
铁品位/%	30. 84	42. 72	52. 68	9. 75	52. 78

产物编号	6	7	8	9	10
铁品位/%	52. 47	52. 78	62. 36	10. 42	9. 85

根据公式（4-55），确定供流程计算用的充分而必要的原始指标数目，由图 4-8 流程图可看出 $n=6$，$a=3$，$c=2$，则 $N=c(n-a)=2\times(6-3)=6$。

除原矿品位和产率两指标外，尚需选 6 个指标。选定的原始指标应当是生产中较稳定，影响较大而且必须控制的指标。对于实际生产厂流程计算指标一般首先选各选别作业的精矿品位，其次再选一部分需要控制的尾矿品位。

（2）流程计算方法。计算图 4-8 数质量流程，若选定如下原始指标 β_3、β_4、β_5、β_6、β_7、β_8、β_9，再加上 γ_1、β_1，计算方法如下：

1）把Ⅲ，Ⅳ两个作业作为一个计算区域，它的原矿 $\beta_1=30.84\%$，精矿 $\beta_6=52.47\%$，尾矿 $\beta_4=9.75\%$，各指标计算如下：

$$\gamma_6=\frac{\gamma_1(\beta_1-\beta_4)}{\beta_6-\beta_4}=\frac{100\%(30.84\%-9.75\%)}{52.47\%-9.75\%}=49.37\%$$

$$\gamma_4=\gamma_1-\gamma_6=100\%-49.37\%=50.63\%$$

$$\varepsilon_6=\gamma_6\frac{\beta_6}{\beta_1}=49.37\%\times\frac{52.47\%}{30.84\%}=84.00\%$$

$$\varepsilon_4=\varepsilon_1-\varepsilon_6=100\%-84.00\%=16.00\%$$

计算产物 3、5 的产率及回收率：

$$\gamma_3 \beta_3 = \gamma_5 \beta_5 + \gamma_6 \beta_6$$

$$\gamma_3 = \gamma_5 + \gamma_6$$

$$\gamma_5 \beta_3 + \gamma_6 \beta_3 = \gamma_5 \beta_5 + \gamma_6 \beta_6$$

三个方程联立解出：

$$\gamma_5 = \frac{\gamma_6 (\beta_3 - \beta_6)}{\beta_5 - \beta_3} = \frac{49.37\% \times (52.68\% - 52.47\%)}{52.78\% - 52.68\%} = 103.68\%$$

$$\gamma_3 = \gamma_5 + \gamma_6 = 103.68\% + 49.37\% = 153.05\%$$

$$\varepsilon_3 = \gamma_3 \frac{\beta_3}{\beta_1} = 153.05\% \times \frac{52.68\%}{30.84\%} = 201.44\%$$

$$\varepsilon_5 = \varepsilon_3 - \varepsilon_6 = 261.44\% - 84.00\% = 177.44\%$$

$$\gamma_7 = \gamma_5 = 103.68\%$$

$$\varepsilon_7 = \varepsilon_5 = 177.44\%$$

计算混合产物 2 的产率、品位、回收率：

$$\gamma_2 = \gamma_1 + \gamma_5 = 100\% + 103.68\% = 203.68\%$$

$$\gamma_2 \beta_2 = \gamma_1 \beta_1 + \gamma_5 \beta_5$$

$$\beta_2 = \frac{\gamma_1 \beta_1 + \gamma_5 \beta_5}{\gamma_2} = \frac{100\% \times 30.84\% + 103.63\% \times 52.78\%}{203.68\%} = 42.01\%$$

$$\varepsilon_2 = \varepsilon_1 + \varepsilon_5 = 100\% + 177.44\% = 277.44\%$$

计算作业 VI 各指标：

$$\gamma_8 = \frac{\gamma_6 (\beta_6 - \beta_9)}{\beta_8 - \beta_9} = \frac{49.37\% \times (52.47\% - 10.42\%)}{62.36\% - 10.42\%} = 39.97\%$$

$$\varepsilon_8 = \gamma_8 \frac{\beta_8}{\beta_1} = 39.97\% \times \frac{62.36\%}{30.84\%} = 80.82\%$$

$$\gamma_9 = \gamma_6 - \gamma_8 = 49.37\% - 39.97\% = 9.40\%$$

$$\varepsilon_9 = \varepsilon_6 - \varepsilon_8 = 84.00\% - 80.82\% = 3.18\%$$

2）合并产物 10 的产率、品位、回收率的计算。

$$\gamma_{10} = \gamma_4 + \gamma_9 = 50.63\% + 9.40\% = 60.03\%$$

$$\beta_{10} = \frac{\gamma_4 \beta_4 + \gamma_9 \beta_9}{\gamma_{10}} = \frac{50.63\% \times 9.75\% + 9.40\% \times 10.42\%}{60.03\%} = 9.85\%$$

$$\varepsilon_{10} = \varepsilon_4 + \varepsilon_9 = 16.00\% + 3.18\% = 19.18\%$$

验算：$\varepsilon_{10} = \varepsilon_1 - \varepsilon_8 = 100\% - 80.82\% = 19.18\%$

3）计算各产物矿量 Q_n。利用各产物产率 γ_n 和原矿小时处理量 Q_1 相乘即可算出，过程略。

4）列计算结果表，绘制数质量流程图。

数质量流程计算结果见表 4-3，数质量流程图见图 4-9。

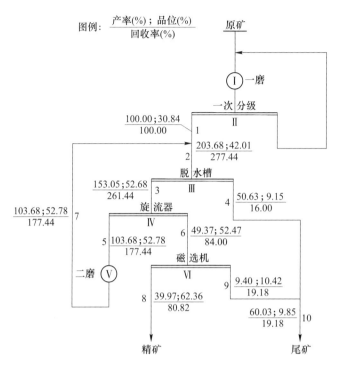

图 4-9　数质量流程图

表 4-3　数质量流程计算结果

产品编号	1	2	3	4	5	6	7	8	9	10
铁品位/%	30.84	42.01	52.68	9.75	52.78	52.47	52.78	62.36	10.42	9.85
产率 γ/%	100.00	203.68	153.05	50.63	103.68	44.37	103.68	39.97	9.40	60.03
铁回收率 ε/%	100.00	277.44	261.44	16.00	177.44	84.00	177.44	80.82	3.18	19.18
矿量 Q/t·h^{-1}	64.00	130.36	97.95	32.40	66.36	28.40	66.36	25.58	6.02	38.42

　　在进行流程计算时，必须使全流程图各作业上下的矿量、产率、回收率保持平衡，进入某作业的矿量、产率、回收率应当等于由该作业产出的各产物的矿量、产率及回收率总和。手工计算常存在计算累积误差，需进行微调，实现全部平衡。

4.5　矿浆流程计算

　　矿浆流程计算的目的。是计算出湿式磨矿和选别流程作业中，各作业、各产物的用水量，含水量和各作业的矿浆体积。为供水、脱水、排水、扬送和分级的分析计算及设备选择是否合适提供依据。

　　矿浆流程计算同样是根据各作业的产物平衡进行的。即进入作业的水量之和应等于该作业排出的水量之和，以及进入该作业的矿浆量（体积）之和应等于该作业排出的矿浆量（体积）之和。在计算中通常对机械损失或少量流失忽略不计。

4.5.1　原始指标的确定

矿浆流程计算需要一定的原始指标。原始指标的数据是从流程考查中选定某些作业或产品进行测定的。这些作业或产品的选择应选在那些在操作过程中最稳定和必须加以控制的指标。这样的作业和产品指标可分为如下三类：

（1）最适宜的作业浓度和产物浓度（指质量分数）。对于许多作业来说，为了保证生产操作的正常进行，必须保持一个最适宜的作业浓度。如磨矿浓度、浮选、湿式磁选、某些重选以及过滤干燥等。同样，某些产物也应具有必要的适宜浓度值，如机械分级或水力旋流器的溢流浓度。所有这些浓度均要求在生产操作过程中予以保证。

（2）含水量稳定的产物浓度。这些产物浓度通常都是不可调节的，如机械分级机的返砂浓度、浮选泡沫浓度、重选及磁选精矿浓度等。尽管这些作业的给水量可能有某些变化，但对其产物浓度影响很小。

（3）生产过程中各作业的补加水。如跳汰机补加的上升水、摇床的冲洗水、选矿的冲洗水和浮选精矿（泡沫产品）的补加水等，都是生产过程中必需的用水。这些水量按单位量计算的数值是比较稳定的。

在上述三类指标都可以在流程考查中进行测定以作为计算的原始指标。表4-4列举了某些作业和产物适宜的浓度范围，表4-5列举了某些作业必要的补加水定额，生产中各作业和产物的实际数值（包括测量和计算得出的）可用表4-4，表4-5，进行比较，看看他们浓度值是否适宜。

4.5.2　作业或产物浓度的测定方法

矿浆浓度是指矿浆中固体颗粒的含量。矿浆浓度通常有三种表示方法：

（1）固体含量的分数。固体含量分数有体积分数和质量分数两种表示方法。

矿物颗粒在流体介质中动力学分析常用体积分数，即矿浆中固体颗粒体积占矿浆总体积的分数，一般常使用小数，以字母 λ 表示。

质量分数即矿浆中固体质量占矿浆总质量的分数，一般使用百分数（%），常以字母 C 或 K 表示，称为质量分数，生产现场一般就简称为浓度。常见作业和产物浓度（质量分数）范围见表4-4。

表4-4　某些作业和产物浓度范围

作业及产物名称		作业浓度/%	产物浓度/%
棒磨机、球磨机磨矿		65~80	
自磨机磨矿		80~85	
分级机溢流	0.3mm 以下		28~50
	0.2mm 以下		25~45
	0.15mm 以下		20~35
	0.10mm 以下		15~30
螺旋分级机返砂			80~85

作业及产物名称	作业浓度/%	产物浓度/%
水力旋流器：		
ϕ500mm：给矿（分离粒度-0.074mm）		15~20
沉砂		50~75
ϕ250mm：给矿（分离粒度-0.037mm）		10~15
沉砂		40~60
ϕ125mm：给矿（分离粒度-0.019mm）		5~10
沉砂		35~50
ϕ75mm：给矿（分离粒度-0.010mm）		3~8
沉砂		30~50
浮选：		
粗选作业	25~45	
精选作业	10~25	
扫选作业	20~35	
粗选精矿		20~50
扫选精矿		20~35
精选精矿		30~50
跳汰作业：给矿	15~30	
精矿		30~50
摇床：给矿	25~30	
精矿		40~60
中矿		30~45
水力分级作业：给矿	30~50	
沉砂		20~50
离心选矿机给矿	15~25	
磁选机：给矿	15~20	
精矿		50~70
磁力脱水槽：给矿	20~35	
精矿		50~70
浓缩机：给矿	15~35	
排矿		45~70
过滤机：给矿	50~70	
排矿		85~90
浸出作业	30~50	

表 4-5 某些作业必要的补加水定额（单台计）

作业名称		补加水定额	作业名称		补加水定额
浮选泡沫溜槽冲洗水		$0.8m^3/t_{矿}$	摇矿冲洗水（单台计）		$50 \sim 60m^3/d$
圆筒筛洗矿		$3 \sim 10m^3/t_{矿}$	摇床处理锡矿（单台计）	第一段	$40 \sim 50m^3/d$
圆筒擦洗机洗矿		$4 \sim 6m^3/t_{矿}$		第二段	$25 \sim 30m^3/d$
在固定筛上冲洗脉矿		$1m^3/t_{矿}$		第三段	$25 \sim 30m^3/d$
在固定筛上冲洗砂矿		$1 \sim 2m^3/t_{砂矿}$		一次复选	$60 \sim 70m^3/d$
在振动筛上冲洗脉矿		$1 \sim 2m^3/t_{矿}$		二次复选	$50 \sim 55m^3/d$
在振动筛上冲洗砂矿		$2.5m^3/t_{砂矿}$		中矿复选	$35 \sim 40m^3/d$
水力洗矿床冲洗砾石		$0.7 \sim 0.8m^3/t_{矿}$		泥矿	$20 \sim 25m^3/d$
云锡式多室水力分级箱上升水（每箱）	第一段	$50 \sim 60m^3/d$	跳汰机上升水	粗级别 76~12mm	$4m^3/t_{矿}$
	第二段	$45 \sim 50m^3/d$		中级别 6~12mm	$3m^3/t_{矿}$
	第三段	$30 \sim 35m^3/d$		细级别<3mm	$2.5 \sim 3m^3/t_{矿}$
摇床处理钨矿	2~0.5mm	$2 \sim 4m^3/t_{矿}$	四室水力分级机上升水		$0.5 \sim 3.0m^3/h$
	0.5~0.2mm	$1.2 \sim 1.8m^3/t_{矿}$	螺旋选矿机冲洗水（单台计）		$0.5 \sim 1.5m^3/t_{矿}$
	-0.2mm	$0.8m^3/t_{矿}$	双层筛湿式筛分		$1 \sim 2.5m^3/t_{矿}$

质量分数 C 的测定计算：

$$C = \frac{Q}{Q + W} \times 100\% = \frac{Q}{G} \times 100\% \tag{4-56}$$

式中 C——固体质量分数,%；

Q——矿浆中固体质量，kg；

W——矿浆中液体（水）的质量，kg；

G——矿浆质量，kg。

对待测作业或产物进行取样，称出其矿浆质量 G，然后澄清干燥称出固体的质量 Q，代入上式计算即可。另外质量分数 C 还可由下式计算：

$$C = \frac{\delta(\rho - 1000)}{\rho(\delta - 1000)} \times 100\% \tag{4-57}$$

式中 δ——矿石密度，kg/m^3；

ρ——矿浆密度，kg/m^3。

因而也可以通过测量矿石和矿浆的密度利用上式计算。密度测定可用密度瓶法（密度瓶现场叫做比重瓶，比重是非国际单位，指物质密度与水的比值，已废弃不用）。

（2）液固比 R，表示矿浆中液体与固体质量（或体积）之比，液固比也可称为稀释度；

（3）固液比（也叫矿浆稠度），表示矿浆中固体与液体质量（或体积）之比。固液比与液固比为倒数关系，流程计算一般不用这种浓度表示方法。

4.5.3 矿浆流程计算步骤

矿浆流程计算是在选别流程计算之后进行的。利用流程中各产物的矿量 Q_n 和浓度来求水量 W_n 和矿浆体积 V_n。

计算时根据流程考查测得的原始指标值（作业和产物的浓度 C_n 或液固比 R_n），按下列步骤计算。

（1）利用已测得的作业或产物的液固比 R_n 值计算作业或产物的水量 $W_n(\text{t/h})$ 计算公式为：

$$W_n = Q_n \times R_n \tag{4-58}$$

式中液固比 R_n 与质量分数 C_n 关系为：

$$R_n = \frac{1 - C_n}{C_n} \quad 或 \quad C_n = \frac{1}{R_n + 1} \tag{4-59}$$

（2）按平衡方程计算作业和产物的水量 W_n 及作业补加水 L_n 值。

有些作业和产物水量不必通过原始指标进行计算，用已经计算出来的已知作业和产物的水量，根据平衡关系可推算出来。计算时要注意，如果这样的指标通过考查的作业和产物浓度进行计算，会导致流程的水量计算不平衡。

作业补加水 $L_n(\text{t/h})$ 通过作业水量减去给矿水量或作业产物中水量减去作业给矿水量进行计算。即：

$$L_n = W_n - W_{n-1} \quad 或 \quad L_n = \sum W_n - W_{n-1} \tag{4-60}$$

式中 W_{n-1}——作业给矿水量，t/h；

      $\sum W_n$——作业产物水量之和，t/h。

（3）计算作业或产物矿浆体积 $V_n(\text{m}^3/\text{h})$ 值，矿浆体积由矿石体积和介质体积构成，计算公式：

$$V_n = Q_n \cdot \left(R_n + \frac{1}{\delta_n} \right) \tag{4-61}$$

     或

$$V_n = Q_n \cdot \left(\frac{1 - C_n}{C_n} + \frac{1}{\delta_n} \right) \tag{4-62}$$

式中 δ_n——矿石密度，kg/m^3；其他字母意义同上。

矿石密度随品位变化而不同，品位越高矿石密度越大，可按产物品位进行调整，达到矿浆体积更为精准的目的，对于鞍山地区的石英岩型铁矿石，编者统计，在品位大于等于50%时，分选作业中产物密度随品位变化规律按式（4-63）计算较准确，品位小于50%时可按梅西公式（4-64）计算较准确。

$$\delta_n = 6280\beta_n^2 - 551\beta_n + 2800 \tag{4-63}$$

$$\delta_n = \frac{100}{38.5 - 26.6\beta_n} \tag{4-64}$$

式中 β_n——编号 n 产物的铁品位，%。

矿浆流程的计算结果可以用表格表示，如表 4-6 所示形式。

表4-6 矿浆流程计算结果表

编号	作业或产物名称	产率 γ /%	矿量 Q /t·h^{-1}	浓度 C /%	液固比 R	水量 W /t·h^{-1}	矿浆量 V /m^3·h^{-1}
1							
2							
…							

（4）计算总补加水及水单耗。根据矿浆流程图可计算出选矿厂的工艺总补加水和选矿厂总耗水量。选矿厂常见作业补加水定额见表4-7。

表4-7 某些作业必要的补加水定额（单台计）

作业名称		补加水定额	作业名称		补加水定额
浮选泡沫溜槽冲洗水		0.8m^3/t$_{矿}$	摇床冲洗水（单台计）		50~60m^3/d
圆筒筛洗矿		3~10m^3/t$_{矿}$	摇床处理	第一段	40~50m^3/d
圆筒擦洗机洗矿		4~6m^3/t$_{矿}$		第二段	25~30m^3/d
在固定筛上冲洗脉矿		1m^3/t$_{矿}$		第三段	25~30m^3/d
在固定筛上冲洗砂矿		1~2m^3/t$_{矿}$	锡矿（单台计）	一次复洗	60~70m^3/d
在振动筛上冲洗脉矿		1~2m^3/t$_{矿}$		二次复洗	50~55m^3/d
在振动筛上冲洗砂矿		2.5m^3/t$_{矿}$		中矿复洗	35~40m^3/d
水力洗矿床冲洗砾石		0.7~0.8m^3/t$_{矿}$		泥矿	20~25m^3/d
云锡式多室水力分级箱上升水（每箱）	第一段	50~60m^3/d	跳汰机上升水	粗级别76~12mm	4m^3/t 矿
	第二段	45~50m^3/d		中级别6~12mm	3m^3/t 矿
	第三段	30~35m^3/d		细级别<3mm	2.5~3m^3/t 矿
摇床处理钨矿	2~0.5mm	2~4m^3/t$_{矿}$	四室水力分级机上升水		0.5~1.5m^3/t 矿
	0.5~0.2mm	1.2~1.8m^3/t$_{矿}$	螺旋选矿机冲洗水（单台计）		0.5~3.0m^3/h
	-0.2mm	0.8m^3/t$_{矿}$	双层筛湿式筛分		1~2.5m^3/t 矿

流程的水量平衡有如下关系式：

工艺总补加水 $L_{总}$(t/h)，即各作业补加水之和，可通过各作业补加水累加得出：

$$L_{总} = \sum L_n \tag{4-65}$$

也可通过全流程进出口水平衡计算得到，全流程的出口，即最终精矿、最终尾矿，有的还存在过滤水、浓缩机溢流水等出口，则水量平衡关系为：

$$W_0 + L_{总} = \sum W_k \tag{4-66}$$

式中　W_0——原矿带入选别流程的水量，t/h；

　　　$L_{总}$——工艺总补加水量，t/h；

　　　$\sum W_k$——最终产物（包括精矿、尾矿、溢流等）排出的总水量，t/h。

由上式可知，选矿厂总的工艺耗水量为：

$$L_总 = \sum W_k - W_0 \tag{4-67}$$

如果选矿厂利用部分回水，则需要补加水中新水量为：

$$L_新 = L_总 - \sum W' \tag{4-68}$$

式中 $L_新$——补加的新水量，t/h；

     $\sum W'$——利用回水的总量，t/h。

式（4-65）、式（4-67）计算的结果只是生产工艺总用水量，其他用水量未计算在内，如设备冷却水、冲洗水、泵水封水及卫生等用水。这些水量一般估计为选矿工艺用水的 10% ~ 15%，所以选矿厂的总耗水量 $\sum L$ 为：

$$\sum L = (1.1 ~ 1.15)L_总 \tag{4-69}$$

处理单位矿石的耗水量为：

$$W_g = \frac{\sum L}{Q_0} \tag{4-70}$$

式中 W_g——处理每吨矿石的耗水量，t/t$_矿$；

     $\sum L$——选矿厂总耗水量，t/h；

     Q_0——选矿厂处理的原矿干矿量，t/h。

（5）绘制数质量矿浆流程图。在流程图中分别注明各作业和产物的矿量 Q(t/h)、质量分数 C(%) 或液固比 R（由于液固比不直观，不推荐用液固比）、水量 W(t/h)、矿浆体积 V(m³/h) 及作业补加水 L(t/h) 等值，这样的流程叫矿浆流程图。有时把矿浆流程图与数质量流程图合并为一张图，叫做数质量矿浆流程图，如图 4-10 所示。

4.5.4 计算实例

以某磁选厂部分流程为例，流程见图 4-11，计算步骤为：

（1）画出流程图，并对各作业各产物进行编号。

（2）确定供流程计算所需的充分必要的原始指标数目 N。由图 4-11 可知，选别产物为 8 个，即共有 8 个未知数。选别作业数为 4，通过作业前后的水量平衡关系，可得到 4 个平衡方程。利用这四个方程式可解出 4 个未知数，另外 4 个未知数得事先确定。即原始指标数为 4（不包括原始指标）。另外，流程中每增加一个需补加水的作业点，则要多加一个原始指标。原始指标数 N 计算公式如下：

$$N = n - a + b \tag{4-71}$$

式中 N——计算所需的充分必要的原始指标数；

     n——流程中分选或分离产物数；

     a——流程中分选或分离作业数；

     b——流程中需补加水的作业数。

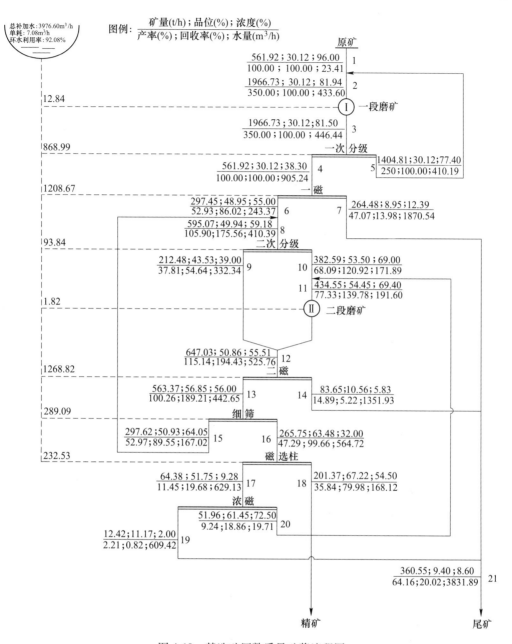

图 4-10　某选矿厂数质量矿浆流程图

图 4-11 所示流程中需补加水的作业有一次球磨，一次分级机脱水槽，磁选机，则原始指标数：

$$N = 8 - 4 + 4 = 8$$

（3）按照原始指标确定原则选定作业点或产品进行浓度测定。选定的点及测定结果如下：

$C_1 = 97\%$；　$Q_1 = 64\text{t/h}$；　$C_2 = 80\%$；　$C_3 = 20\%$；　$C_4 = 85\%$；　$C_7 = 11\%$；　$C_8 = 20\%$；　$C_9 = 70\%$；　$C_{11} = 40\%$；　$C_{12} = 3.5\%$。

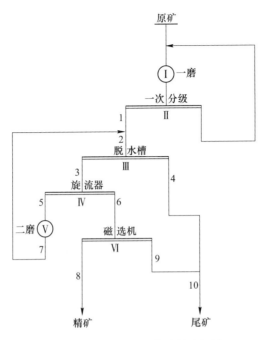

图 4-11 某磁选厂矿浆计算流程图

（4）已测得浓度 C_n 的作业或产物的水量，利用公式 $W_n = Q_n(1 - C_n)/C_n$ 或利用质量百分数浓度 C 首先计算液固，然后按 $W_n = Q_n R_n$ 计算水量。矿量利用 $Q_n = \gamma_n \cdot Q_1$ 计算，各作业的产率值见表 4-3，则已测得浓度的作业或产物水量为：

$W_1 = 64 \times 100\% \times (1 - 97\%)/97\% = 1.98(\text{t/h})$

$W_2 = 64 \times 400\% \times (1 - 80\%)/80\% = 64.00(\text{t/h})$

$W_3 = 64 \times 100\% \times (1 - 20\%)/20\% = 256.00(\text{t/h})$

$W_4 = 64 \times 300\% \times (1 - 85\%)/85\% = 33.88(\text{t/h})$

$W_7 = 64 \times 50.63\% \times (1 - 11\%)/11\% = 262.17(\text{t/h})$

$W_8 = 64 \times 49.31\% \times (1 - 20\%)/20\% = 126.38(\text{t/h})$

$W_9 = 64 \times 103.68\% \times (1 - 70\%)/70\% = 28.44(\text{t/h})$

$W_{10} = W_9 = 28.44(\text{t/h})$

$W_{11} = 64 \times 39.91\% \times (1 - 40\%)/40\% = 38.37(\text{t/h})$

$W_{12} = 64 \times 9.4\% \times (1 - 3.5\%)/3.5\% = 165.87(\text{t/h})$

计算时，可利用计算机编程或 Excel 表格进行批量处理。

（5）按水量平衡关系计算各作业和各产物的水量、浓度及补加水。二次球磨处理中矿，给矿为旋流器沉砂，浓度不用调整，可不再添加补加水，则产物 5 水量可由产物 3 和产物 10（水量与产物 9 相同）合并计算而来，因此不能作为原始指标使用考查样浓度进行计算。产物 5 水量为：

$W_5 = W_3 + W_{10} = 256 + 28.44 = 284.44(\text{t/h})$

产物 5 的浓度利用产物 5 水量 W_5 和矿量计算：

$$C_5 = \frac{Q_5}{Q_5 + W_5} = \frac{2.0368 \times 64}{2.0368 \times 284.44} = 31.43\%$$

本例中，旋流器没有补加水，因此旋流器作业给矿产物 6 的水量可由产物 8 水量和产物 9 水量计算：

$$W_6 = W_8 + W_9 = 126.38 + 28.44 = 154.82(\text{t/h})$$

进而得到产物 6 浓度：

$$C_6 = \frac{Q_6}{Q_6 + W_6} = \frac{1.5305 \times 64}{1.5305 \times 64 + 154.82} = 38.75\%$$

同理，

$$W_{13} = W_{12} + W_8 = 105.87 + 262.17 = 428.04(\text{t/h});$$

$$C_{13} = \frac{Q_{13}}{Q_{10} + W_{13}} = \frac{0.6003 \times 64}{0.6003 \times 64 + 428.04} = 8.24\% \, 。$$

作业补加水：

一次球磨补加水：$L_{\text{I}} = W_2 - W_1 - W_6 = 64 - 1.98 - 33.88 = 28.14(\text{t/h})$

一次分级补加水：$L_{\text{II}} = W_3 + W_4 - W_2 = 256 + 33.88 - 64 = 225.88(\text{t/h})$

脱水槽补加水：$L_{\text{III}} = W_6 + W_7 - W_5 = 154.82 + 262.17 - 284.44 = 132.55(\text{t/h})$

旋流器补加水：$L_{\text{IV}} = 0(\text{t/h})$

二次球磨机补加水：$L_{\text{V}} = 0(\text{t/h})$

磁选机补加水：$L_{\text{VI}} = W_{11} + W_{22} - W_8 = 38.37 + 105.87 - 126.38 = 77.86(\text{t/h})$

（6）计算各作业或产物的体积。利用公式 $V_n = Q_n \cdot \left(\dfrac{1 - C_n}{C_n} + \dfrac{1}{\delta_n} \right)$ 或 $V_n = \dfrac{Q_n}{\delta_n} + \dfrac{W_n}{\rho}$ 计算矿浆体积，式中 δ、ρ 分别为矿石和水的密度。水的密度为 1000kg/m³，矿石的平均密度按 4000kg/m³，则有：

$$V_1 = \frac{Q_1}{\delta} + \frac{W_1}{\rho} = \frac{64}{4} + \frac{1.98}{1} = 17.98 \ (\text{m}^3/\text{h})$$

同理：$V_2 = \dfrac{64 \times 4}{4} + 64 = 128.00 \ (\text{m}^3/\text{h})$

$$V_3 = \frac{64}{4} + 256 = 272.00 \ (\text{m}^3/\text{h})$$

$$V_4 = \frac{64 \times 3}{4} + 33.88 = 81.88 \ (\text{m}^3/\text{h})$$

$$V_5 = \frac{64 \times 2.0318}{4} + 284.44 = 316.95 \ (\text{m}^3/\text{h})$$

$$V_6 = \frac{64 \times 1.5505}{4} + 154.82 = 179.31 \ (\text{m}^3/\text{h})$$

$$V_7 = \frac{64 \times 0.5063}{4} + 202.17 = 270.27 \ (\text{m}^3/\text{h})$$

$$V_8 = \frac{64 \times 0.4937}{4} + 126.38 = 134.28 \ (\text{m}^3/\text{h})$$

$$V_9 = \frac{64 \times 1.0368}{4} + 28.44 = 45.03 \ (\text{m}^3/\text{h})$$

$$V_{10} = V_9 = 45.03 \ (\text{m}^3/\text{h})$$

$$V_{11} = \frac{64 \times 0.3997}{4} + 38.37 = 44.77 \ (\text{m}^3/\text{h})$$

$$V_{12} = \frac{64 \times 0.094}{4} + 165.87 = 167.37 \ (\text{m}^3/\text{h})$$

$$V_{13} = V_{12} + V_7 = 437.64 \ (\text{m}^3/\text{h})$$

（7）计算结果列表、绘制矿浆流程图。矿浆流程计算结果见表4-8，数质量矿浆流程图略。

表 4-8 矿浆流程计算结果表

编号	作业或产物名称	产率 γ/%	浓度 C/%	水量 $W/\text{t} \cdot \text{h}^{-1}$	矿浆体积 $V/\text{m}^3 \cdot \text{h}^{-1}$
1	原矿	100.00	97.00	1.98	17.98
2	一次球磨排矿	400.00	80.00	64.00	128.00
3	一次分级溢流	100.00	20.00	256.00	272.00
4	一次分级沉砂	300.00	85.00	33.88	81.88
5	脱水槽给矿	203.68	31.43	284.44	316.95
6	脱水槽底流	153.05	38.75	154.82	179.31
7	脱水槽溢流	50.63	11.00	262.17	270.27
8	旋流器溢流	49.37	20.00	126.38	134.28
9	旋流器沉砂	103.68	70.00	28.44	45.03
10	二次球磨排矿	103.68	70.00	28.44	45.03
11	磁选精矿（终精）	39.97	40.00	38.37	44.77
12	磁选尾矿	9.40	3.50	165.87	167.37
13	终尾	60.03	8.24	428.04	437.64
L_I	一次磨机补加水			28.14	
L_{II}	一次分级补加水			225.88	
L_{III}	脱水槽补加水			132.55	
L_{VI}	磁选机补加水			77.86	

4.6 作业（设备）考查

4.6.1 破碎与筛分

4.6.1.1 破碎机的负荷率

破碎机的负荷率（也叫负荷系数）是衡量破碎机生产能力是否足够和确保设备安全运转的重要指标，也是合理调整平衡各段破碎机负荷量和选择破碎设备的依据。负荷率由下式计算：

$$\eta = \frac{KQ}{nQ_\delta} \times 100\% \tag{4-72}$$

式中　η——破碎机负荷率,%；一般 $\eta \leqslant 75\%$，粗碎可稍大，细碎取小值；

$\quad$ K——给矿不均匀系数，一般为 1.1~1.2，对粗碎取上限，细碎取下限；

$\quad$ Q——实际破碎的矿量，t/h；

$\quad$ Q_δ——从产品目录上查出的破碎机在某个排矿口下的生产能力，t/h；

$\quad$ n——运转设备台数。

4.6.1.2　设备作业率与运转率

某设备全年实际开动的台时数，与年日历时数之比，称为设备运转率，作业率与车间工作制度相关。其计算式为：

$$\eta = \frac{t}{T} \times 100\% \tag{4-73}$$

式中　η——设备运作业率,%；

$\quad$ t——某设备实际开动时间，h；

$\quad$ T——全年日历时间，8760h。

某设备实际开动的台时数，与设备计划开动的台时数之比，称为设备运转率。其计算式为：

$$\eta = \frac{t}{T_0} \times 100\% \tag{4-74}$$

式中　η——设备运转率,%；

$\quad$ t——某设备实际开动时间，h；

$\quad$ T_0——某设备计划开动时间，h。

4.6.1.3　各段破碎比和总破碎比

（1）各段破碎比 i。

$$i = \frac{D_{\max}}{d_{\max}} \tag{4-75}$$

式中　$D_{\max}$，$d_{\max}$——分别为破碎前和后产物中的用方筛孔过筛，筛下量为 95% 时，筛孔的尺寸，即破碎前后产物最大粒度，mm。

（2）总破碎比 $i_\text{总}$。

$$i_\text{总} = i_1 \times i_2 \times i_3 \cdots \times i_n = \frac{D_{\max}}{d_{\max}} \tag{4-76}$$

式中　i_1，i_2，i_3，$\cdots$，i_n——分别为各段破碎比；

$\quad$ $D_{\max}$，$d_{\max}$——分别为粗碎给矿最大粒度及最终破碎产物的最大粒度，mm。

4.6.1.4　各段破碎机排矿口的测定

各段破碎产物中过大颗粒含量 β(%) 及最大颗粒粒度与排矿尺寸的比值 Z 列于表4-9。

表 4-9　破碎产物过大颗粒含量 β 与相对过大粒度系数 Z 的关系

矿石可碎性	旋回破碎机		颚式破碎机		标准圆锥破碎机		短头圆锥破碎机	
	$\beta/\%$	Z	$\beta/\%$	Z	$\beta/\%$	Z	$\beta/\%$	Z^{*}
难碎性矿石	35	1.65	38	1.75	53	2.4	75	2.9~3.0
中等可碎性矿石	20	1.45	25	1.60	35	1.90	60	2.2~2.7
易碎性矿石	12	1.25	13	1.40	22	1.60	38	1.8~2.2

注：Z^{*} 闭路时取最小，开路时取最大。

破碎机排矿最大粒度与排矿口关系为：

$$D_{max} = e \cdot Z \tag{4-77}$$

式中　D_{max}——破碎机排矿中最大粒度，mm；

　　　　e——破碎机排矿口尺寸，也叫最小排口或紧边排矿口，mm；

　　　　Z——相对过大粒度系数，即产物最大粒度和排矿口尺寸的比值。

检查排矿口的方法：常用铅矿（柱、块）测定。即将铅矿铸成球或柱，为了测定时手拿方便，将铁丝铸在球（柱）内，以便用手提着进行测定。对圆锥破碎机和旋回破碎机而言，为了较准确地检查排矿口，测定时应从破碎机互成 90° 的四个方向，同时向破碎腔内投入铅球，待其动、定锥对铅球咬合后，再将其从破碎腔内拉出，用游标卡尺度量铅球被挤压后的厚度，此厚度即为该点排矿口宽度。然后将四点测量的结果取平均值，即为该破碎机的排矿口宽度。测定的排矿口宽度如与工艺要求的宽度不符时，应进行调整。测定排矿口时，应在空负荷下进行。

4.6.1.5　筛分效率

筛分效率有质效率、量效率两种。

（1）筛分质效率（又称筛分总效率），计算公式为：

$$E = \frac{(\alpha - \theta)(\beta - \alpha) \times 100}{\alpha(\beta - \theta)(100 - \alpha)} \times 100\% \tag{4-78}$$

式中　　E——筛分质效率，%；

α，β，θ——分别为筛分机给矿、筛下、筛上产物中小于筛孔尺寸的百分含量，其数值由对上述各产物进行筛分计算所得，%。

（2）筛分量效率。筛分量效率指实际得到的筛下产物中小于某一粒级的质量与入料中小于某一粒级物料的质量比，计算公式为：

$$E = \frac{Q_1 \beta}{Q \alpha} \times 100\% \tag{4-79}$$

式中　α，β——分别为筛分机给矿、筛下产物中小于筛孔尺寸的百分含量，%。

Q_1，Q——分别为筛分机给矿、筛下矿量，t/h。

或

$$E = \frac{\beta(\alpha - \theta)}{\alpha(\beta - \theta)} \times 100\% \tag{4-80}$$

式中　　E——筛分量效率，%；

α，β，θ——分别为筛分机给矿、筛下、筛上产物中小于筛孔尺寸的百分含量，%。

上述三种筛分效率公式根据需要选用，也可以分别测定计算进行相互对比分析。公式（4-78）算法是筛分量效率定义式，可按数质量流程矿量计算。另外两种算法可不测定矿量进行计算，较为方便。质效率反映筛分作业工作状态更为科学准确，较量效率计算结果要低，但量效率计算方便，比较直观，现场应用更普遍。

4.6.2 磨矿与分级

（1）磨矿机台时能力计算。球磨机每小时处理原矿（干矿）能力，可由球磨机给矿电子皮带秤读出或由皮带机给矿量测量获得。从皮带机上截取一米或半米长之矿量称量，并按下述两式计算磨矿机台时能力：

当截取长度为 1m 时：

$$Q_{原} = \frac{3600qv}{1000} = 3.6qv \tag{4-81}$$

式中　$Q_{原}$——球磨每小时处理原矿量，t/h；

　　　q——每米长皮带上平均矿量，kg/m；

　　　v——皮带速度，m/s。

当截取长度为 0.5m 时：

$$Q_{原} = 7.2qv \tag{4-82}$$

式中　q——半米长皮带上平均矿量，kg/m。

（2）磨机转速率。磨机转速率影响磨机磨矿介质钢球的运动状态，由下式计算：

$$\varphi = \frac{n_{实}}{n_{临}} \times 100\% \tag{4-83}$$

式中　φ——磨机转速率，%；

　　　$n_{实}$——磨机实际转数，r/min；

　　　$n_{临}$——磨机临界转数，$n_{临} = \dfrac{42.4}{\sqrt{D}}$；

　　　D——磨机内径，m。

测量时观察人孔等明显特征处，用秒表配合，读取 30~60s 时间，记录运转圈数。一般磨机转速率在 76%~88% 范围为磨矿介质处于泻落运动状态。

（3）介质充填率（球荷）由下式计算：

$$\psi = \frac{V_{球}}{V_{机}} \times 100\% \tag{4-84}$$

式中　ψ——介质充填率（球荷），%；

　　　$V_{球}$，$V_{机}$——分别为包括空隙在内的球的容积及磨机的有效容积，m³。

球的容积 $V_{球}$ 实际测试中按（4-85）式计算：

$$V_{球} = \left(\frac{1}{2}R^2\theta - b\sqrt{R^2 - b^2} \right) \times l \tag{4-85}$$

式中　b——钢球面到球磨机中心的高度，m；

　　　R——球磨机内半径，m；

　　　θ——球磨机介质静止状态弓形中心角，rad；

l——磨机筒长，m。

球磨机介质充填率（球荷）测量方法见图 4-12。测量时钢球面到球磨机中心的高度 b，可由钢球面到磨机内最高点距离 H 减去半径获得。由于球磨机介质静止状态弓形中心角 θ 与钢球面到球磨机中心的高度 b 和磨机内半径 R 相关，因此，代入式（4-85），充填率（球荷）ψ 计算式近似简化为：

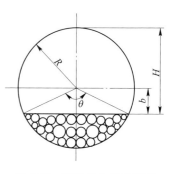

$$\psi = 50 - 127\frac{b}{D} \qquad (4\text{-}86)$$

图 4-12　球磨机介质充填率
（球荷）测量图

式中　D——球磨机内直径，m；其他字母意义同上。

也可以直接利用钢球面到磨机内最高点距离 H 进行计算：

$$\psi = 113.5 - 127\frac{H}{D} \qquad (4\text{-}87)$$

介质面到磨机内最高点距离 H 及介质面到球磨机中心的高度 b 与球磨机介质充填率（球荷）关系见表 4-10。

表 4-10　球磨机介质充填率（球荷）与介质面高度 H、b 关系

项目	对应关系值									
H/D	0.72	0.71	0.70	0.69	0.68	0.67	0.66	0.65	0.64	0.63
b/D	0.22	0.21	0.20	0.19	0.18	0.17	0.16	0.15	0.14	0.13
$\psi/\%$	22.06	23.33	24.6	25.87	27.14	28.41	29.68	30.95	32.22	33.49
H/D	0.62	0.61	0.60	0.59	0.58	0.57	0.56	0.55	0.54	0.53
b/D	0.12	0.11	0.10	0.09	0.08	0.07	0.06	0.05	0.04	0.03
$\psi/\%$	34.76	36.03	37.3	38.57	39.84	41.11	42.38	43.65	44.92	46.19

（4）球磨机利用系数。球磨利用系数有两种：

1）按原矿计的球磨利用系数。按原矿计的球磨利用系数指单位时间球磨机单位容积处理的干矿量，也叫磨机的通过率。

$$K = \frac{Q_{原}}{V_{有}} \qquad (4\text{-}88)$$

式中　K——按原矿计的球磨利用系数，t/(m^3·h)；

$\quad$ $Q_{原}$——球磨小时处理原矿量，t/h；

$\quad$ $V_{有}$——球磨机的有效容积，m^3。

2）按新生成粒级（一般按-0.074mm 计）的球磨利用系数：

$$q = \frac{Q_{新}(\beta - \alpha)}{V_{有}} \qquad (4\text{-}89)$$

式中　q——球磨机按新生成粒度级计的利用系数，t/(m^3·h)；

$\quad$ $Q_{新}$——球磨机新给矿量（不计入分级返砂循环量），t/h；

$\quad$ β——分级机（旋流器）溢流中小于计算级别的含量，%；

α——球磨机给矿中小于计算级别的含量，%；

$V_{有}$——球磨机有效容积，m^3。

（5）球磨机通过量。球磨机通过量（通过率）指球磨机每小时、每立方米容积排出的矿量，一般为 $12t/(m^3 \cdot h)$ 以下为合适。

$$T = \frac{Q_{给}}{V_{有}} = \frac{Q_{新}(1 + C)}{V_{有}} \tag{4-90}$$

式中　T——球磨机通过量（通过率），$t/(m^3 \cdot h)$；

　　$Q_{给}$——磨机实际入磨矿量，t/h；

　　$Q_{新}$——球磨机新给矿量（不计入分级返砂循环量），t/h；

　　C——分级作业返砂比（或循环负荷，%）；

　　$V_{有}$——球磨机有效容积，m^3。

（6）磨矿机作业率。球磨机作业率指磨机实际工作小时数与日历小时数之比。用车间同作业磨机统计计算。

$$\eta = \frac{各台(磨矿机(台) \times 作业小时数)之和}{各台(磨矿机(台) \times 日历小时数)之和} \times 100\% \tag{4-91}$$

他是反映磨矿机时间利用程度的指标，也是衡定矿山供矿量是否充足。选矿厂开车是否正常的一个综合性指标。磨机作业率越高，说明矿山供矿充足，选矿设备完好率高，生产管理水平高。

（7）分级效率。与筛分效率概念意义相同，有量效率、质效率等多种表达方式，是反映分级作业工作状态的重要指标之一。

1）量效率

$$E = \frac{\beta(\alpha - \theta)}{\alpha(\beta - \theta)} \times 100\% \tag{4-92}$$

式中　　E——分级量效率，%；

　α, β, θ——分别代表给矿、分级机（旋流器）溢流，分级机（旋流器）返砂中小于特定级别（如 $-0.074mm$）的百分含量，%。

量效率公式只反映了分级过程中的数量变化情况，没有顾及分级溢流的质量情况，因而具有片面性，此式用于二段磨矿的控制分级还比较准确。

2）金氏分级质效率：

$$E = \frac{\beta(\alpha - \theta)}{\alpha(\beta - \theta)} \times 100\% \tag{4-93}$$

$$E = \frac{(\alpha - \theta)(\beta - \alpha) \times 100}{\alpha(\beta - \theta)(100 - \alpha)} \times 100\% \tag{4-94}$$

式中各符号意义同前，该式考虑了分级过程中数量和质量的变化情况，但该式假定分级溢流中，未得到分级的细粒和粗粒组成粒度特性与给矿相同与实际情况不完全一致，因而也不尽合理。

3）李氏分级质效率：

$$E = \frac{\beta(\alpha - \theta)(\beta - \alpha)}{\alpha(\beta - \theta)(100 - \alpha)} \times 100\% \tag{4-95}$$

式中各符号意义同前，该式兼顾了量效率又考虑了质效率，因而李氏分机效率认为更加准确。

（8）返砂比。返砂比指磨机分级返砂量与磨机给矿量之比，也叫磨机循环负荷。写成磨机循环负荷时用百分数表示，即返砂比乘以 100%，返砂比公式为：

$$C = \frac{Q_H}{Q_m} = \frac{Q_X - Q_m}{Q_m} \tag{4-96}$$

式中　C——返砂比，以小数表示；

　　Q_m——磨机新给矿量，t/h；

　　Q_H——配合磨机的分级作业不合格产品（返砂）返回量，t/h；

　　Q_X——磨机总给矿量（排矿量或分级作业给矿量），t/h。

返砂比可用两种方法进行计算，一种是筛析（粒度）法，一种是浓度法。

1）粒度法。用某种特定粒度（如 -0.074mm）平衡的办法来计算返砂比的方法。带检查分级的磨矿流程，见图 4-13，返砂比按下式计算：

$$C = \frac{c - a}{a - b} \tag{4-97}$$

式中　a，b，c——分别为球磨机的排矿、分级机返砂、溢流产物中某特性粒级的含量，%。

带预先分级和检查分级磨矿流程，见图 4-14。返砂比按下式计算：

$$C = \frac{d - a}{c - b} \tag{4-98}$$

式中　a，b，c，d——分别为分级给矿、返砂、磨机排矿及分级溢流中某特性粒级的含量，%。

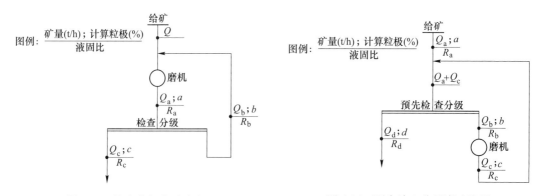

图 4-13　检查分级磨矿流程　　　　　图 4-14　预先检查分级磨矿流程

2）浓度法。用矿浆平衡的办法来计算返砂比，称为浓度法，对检查分级，如图 4-13 所示。

用 R_a、R_b、R_c 分别表示磨机排矿、分级返砂、分级溢流的固液比。按浓度（水量）平衡，当没有分级补加水情况下（如中矿分级）则根据分级作业水量平衡、矿量平衡有：

$$Q_a R_a = Q_c R_c + Q_b R_b ; \quad Q_a = Q_c + Q_b ; \quad Q_c = Q$$

所以：　　　　　　　　　　$(Q + Q_b) R_a = Q R_c + Q_b R_b$

可导出：

$$C = \frac{Q_b}{Q} = \frac{R_c - R_a}{R_a - R_b} \tag{4-99}$$

对预先和检查分级，见图 4-14，按水量平衡有：

$$Q_a R_a + Q_c R_c = Q_d R_d + Q_b R_b$$

可得：

$$C = \frac{Q_b}{Q_a} = \frac{R_a - R_d}{R_b - R_c} \tag{4-100}$$

需注意，预先检查分级的返砂比与循环负荷有区别，预先检查分级的循环负荷用真正的循环矿量与磨机新给矿量之比计算，需将预先检查分级作业拆分为一个预先分级和一个检查分级的等效流程进行计算，循环负荷用百分数表示。

（9）磨矿比。磨矿比与破碎比含义相同，即磨矿前给矿最大粒度与磨矿后产品最大粒度之比值，称为磨矿比。

$$i = \frac{D_{max}}{d_{max}} = \frac{D_{av}}{d_{av}} \tag{4-101}$$

式中　D_{max}，d_{max}——分别为磨矿机给矿和排矿的粒级中，95% 为筛下产物的筛孔尺寸，mm；

　　　　D_{av}，d_{av}——分别为磨机给矿和排矿产物的平均粒度，mm。

4.6.3　选别设备考查

4.6.3.1　螺旋溜槽

影响螺旋溜槽选分的因素主要有三个方面：结构参数，工艺参数，矿石性质。

（1）结构参数。包括螺旋直径，断面形状，螺距，圈数，纵、横向倾角及槽面粗糙度等。这些因素一般在设备制造安装时已经确定，但使用一段时间以后由于各种原因也可能有所改变，也应当间隔一定时间给予检查，发现有问题，也应及时给予调整。

（2）工艺参数。包括给矿浓度、给矿体积截取产品的滑块位置。可以通过取单台小样测定其给矿浓度，给矿体积大小，测定各滑块所确定各截取带宽度是否在规定范围内，如不在范围之内应及时给予调整。

（3）矿石性质。包括入选矿石粒度及粒度组成和颗粒形状，矿物密度及品位等。

1）给矿粒度及粒度组成特性是影响螺旋溜槽选别指标的重要因素，螺旋溜槽适宜的选别粒度范围为 0.03~0.2mm。给矿粒度太粗容易在槽面上沉淀堆积破坏选分过程；给矿粒度太细精矿产率低、尾矿高，分带不清楚。鞍山地区重选处理粗细分级沉砂，即粗粒部分，要求一次磨矿粒度控制在 -0.074mm 含量为（55±3）% 范围较好。

2）给矿品位。螺旋溜槽富集比不太大，入选品位太低会导致精矿品位上不去。在操作过程中应适当减少粗细边尾量，增加扫螺尾的排出量，提高循环中矿的品位，从而提高旋流器给矿和沉砂的品位，即螺旋溜槽给矿品位。

4.6.3.2　弱磁机

现场所用的弱磁机均为永磁筒式磁选机，该种磁选机检查调整的主要项目是：

（1）磁场强度与磁场特性。决定磁选机磁场力的大小，对粗选要求磁场强度高一些，对精选应低一些。弱磁机筒皮表面磁场磁感应强度在 80~150mT。

磁选机的磁场强度、磁场特性可用特斯拉计（高斯计）进行测定，然后绘制出磁场特性曲线，分析是否满足要求。一般在筒长方向取三个断面（磁系长度中间为一断面，另两个断面取在离磁系两端面内侧 200mm 处），沿圆周方向及不同高度处测其磁场强度。三个断面之平均值是否符合规定要求，参见图 4-15。

图 4-16 是某厂 $\phi770mm\times1800mm$ 湿式永磁筒式磁选机磁场特性曲线。图中标出沿筒表圆周方向及不同高度 h（筒表面法线方向）的磁场强度变化情况。其筒表场强约 160mT。

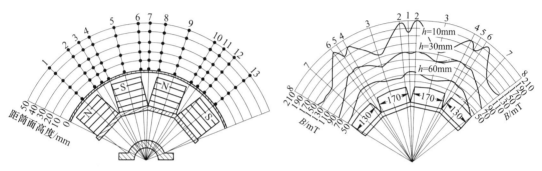

图 4-15　筒式磁选机磁选测量方法　　　　图 4-16　筒式磁选机磁场分布

特斯拉计（高斯计）使用方法：

HT20A 型特斯拉计为数显方式，使用较为简单，但精度稍低，见图 4-17。注意使用时必须防止探针受压、挤、碰、撞、扭、弯等，以免探针损坏。

1）在远离磁场位置，先将电源开关置于"开"，观察显示器，若不为 0.00，用调节仪表中心的机械调零旋钮，使显示屏数值显示为零。

2）接通电源，预热 5min，做校准线调节。

3）"零调"调节。

4）测量。测量时如不知被测磁场强度的大小，先用大量程，找出被测磁场范围后，再调整适合的量程，测量时轻轻缓慢的转动变送器，使元件与磁通垂直，使指示最大值。

指针式特斯拉计精度好于数显型特斯拉计，使用方法较复杂。操作时也要注意防止变送器探针受压、挤、碰、撞、扭、弯等。以 PG-5A 特斯拉计为例，见图 4-18，操作说明：

1）先将面板旋钮指示置于"关"，旋动调节仪表中心凹槽的机械调零器，使指针准确指示到仪表 0 线，再将变送器旋入变送器孔中（此步骤在通电前仔细调准，才能保证测量精度）。

2）粗校。将下首旋钮指示"粗校"，3~4min 后，调节校准旋钮，使指针准指校准线。

3）零位调节。由两只旋钮组成，一是调相位，一是调幅度，先将上首旋钮指示需要的测量范围，下首旋钮指示"测量"，可先调节任一个调零旋钮，使指针接近零。注意，在测低量限时，应仔细调 0，否则误差增加；当外界有磁场存在时，为使仪器准指 0 线，应将变送插入"0"高斯孔中，再调 0。

图 4-17 HT20A 特斯拉计

图 4-18 PG-5A 特斯拉计

4）校准。调零后，将上首旋钮指示"校准"，下首旋钮仍指示"测量"，再将变送器插入"校准磁场"孔底，轻轻旋动变送器，使指针指示最大值，再从"校准磁场"孔中抽出变送器，旋转 180°后，再插入孔底轻轻旋动变送器指针最大值，然后调节"校准"旋钮，使两次读数的平均值在校准线上。

注意上述步骤系考核本仪器精度关键，在要求最高的测量及周围温度变化最大的场合下测量，必须用此步骤，并反复上述步骤"2、3"，用电磁电源必须有此步骤。

5）测量。把上首旋钮指示到待测磁场范围量程（可从大到小试探）。下首旋钮指示"测量"档，当发现仪表指示不到 0 位范围时，应重复"调零"步骤（即换挡需重新调零）。

测直流磁场时，将变送器放到被测磁场中，并缓慢转动变送器，使指针指最大值，记下读数，之后，旋转 180°再读最大值，两次平均值，即该磁场之大小。

测交变磁场时，只需读取一次最大值。

测低磁场时，还需注意，探针不能碰到磁体或紧贴磁体，以防损坏探针，或使误差增大。

6）磁场极性的辨别。把上、下首旋钮同时转到"极性"档，此时若指针不在标尺中心线，需用"调零"旋钮，使指针处于中心，之后将探针由远而近靠近磁体，如指针偏向 N 极，则探头上"N"字同侧者为 N 极，反之为 S 极。

测试完，一定要将上下旋钮指示"断"与"关"，扭下变送器、断掉电源。

（2）磁系偏角。大小直接影响其选分指标及选分过程是否顺行。磁系偏角较大，选别带相应变短，等于缩短了选别时间，尾矿易跑高，降低回收率；磁系偏角过大时（太偏向于精矿卸矿端），会造成卸矿困难，滚筒带黑，结果是精矿品位低、尾矿品位高。此时应调至合适角度。

磁系偏角小，即磁系偏向尾矿端，会造成精矿提不上来，尾矿跑高，此时应适当加大磁系偏角。

通常弱磁机的适宜磁偏角为 15°～20°；中磁机为 11°～15°。

磁系偏角的调节方法：在筒式磁选机非传动端有一个装在轴上的杠杆，该杠杆角度可以通过拉杆螺丝来调节，从而带动磁系偏角变化。偏角大小由刻度盘上示出。

（3）选分间隙。即圆筒与底箱堰板间的距离，一般距离为 25～40mm。其大小根据磁选机场强，规格，处理量而定。一般场强高，处理量大，规格大，可大些；反之则应小些，其大小通过底箱下加减垫的厚度加以调节。

（4）卸矿堰板间隙。即选箱卸精矿边沿与筒皮间的距离。该距离因不同作业、不同磁选机而异。一般范围为 15～25mm，通常受给矿中强磁性矿物含量及磁选机给矿量的影响；给矿中强磁性矿物含量多，给矿量大时，间隙应当大一些，反之应小一些。

其他方面还有要求磁选机底箱安装应呈水平，圆筒与堰板距离在轴向上应各处一致，筒皮表面耐磨衬层应平整光滑等。

4.6.3.3 中磁机、强磁机

中磁机、强磁机在流程中起的作用是扫选，抛弃合格尾矿，提高中矿品位，即抛弃一定产率、品位合格的尾矿，提高中矿入选品位。检查强磁机有两个方面，一是设备方面，一是工艺条件方面。

（1）设备方面。包括机械系统和润滑系统，冷却系统。保证设备处于完好状态。

（2）工艺方面。

1）磁系统。包括励磁线圈，磁轭、转盘、磁介质（齿板）安装间隙及磁场强度。

2）给矿情况。包括除渣要净，强磁性矿物含量应小于3%、浓度、矿量、矿石粒度等。

3）精矿、中矿冲洗水压力等。

除此而外，必要的话还应测其背景磁场强度。

4.6.3.4 浮选机

选矿厂浮选所用的浮选机为机械搅拌式浮选机和充气搅拌浮选机。一般由两个槽子构成一个机组，第一槽为带有进浆管的吸入槽，第二槽（无进浆管）为直流槽，第一组的第二槽与第二组的第一槽间有中间室，可通过中间室的溢流闸门控制进浆量而调节两槽矿浆水平。

混合磁选精矿经过浮选前浓缩机浓缩，其底流经渣浆泵给入浮选粗选作业，粗选作业精矿给入精选作业，粗选作业尾矿经一扫选、二扫选、三扫选作业选别产出浮选尾矿。

（1）浮选机易磨损部件的检修更换。机械搅拌式浮选机主体是主轴充气器组合件，它由叶轮旋转形成的真空吸浆气及矿浆的上下循环组成。叶轮、盖板及槽中稳流板是易磨损部件，磨到一定程度，会导致矿浆面不稳乃至翻花。翻花严重时应停机更换备好的主轴部件，或补焊稳流板。

（2）浮选机充气量的测定。浮选机中上浮矿物是靠于矿浆中充空气，弥散成小气泡，目的矿物附于气泡上浮到矿浆面形成泡沫而达分选的。因此充气量应进行控制。因而也需要测定，以便定量地掌握其规律。

浮选过程充气的程度可用系数 K（充气系数）表示，即充入矿浆的空气数量与浮选机中矿浆及空气总体积之比，可用下式表示：

$$K = \frac{Q_A}{Q_A + Q_n} \tag{4-102}$$

式中 Q_A——充入浮选机（柱）中的总空气量，m^3/min；

$\quad\quad Q_n$——给入浮选机（柱）中的总矿浆量，m^3/min。

根据多数选矿厂的统计，浮选机（柱）适宜充气系数为 $K = 0.2 \sim 0.35$。

测定浮选机（柱）充气量常用的方法有：量筒测定法、日光灯管法、风速表法。

1）量筒测定法是最简单的方法，它适用于粗略的测定矿浆中气体充入量。测定的具体过程是：取一个1000mL量筒，将量筒洗净充满水，然后用一张白纸将量筒口盖住，用手掌托住所盖的白纸，将量筒翻倒过来放入矿浆中，手掌和白纸同时离开量筒的下端，用秒表开始记录时间，此时量筒中的水逐步被进入的气体排走，待量筒中的水全部被气体所排净时，停掉秒表。浮选机（柱）中的充气量，可用下式进行计算：

$$Q_B = \frac{60V}{St} \tag{4-103}$$

式中　Q_B——浮选机（柱）中的充气量，$m^3/(m^2 \cdot min)$；

　　　V——量筒容积，m^3；

　　　S——量筒截面积，m^2；

　　　t——气体充满量筒所用的时间，s。

为了使测定的结果较为准确，近于符合实际充气量，每次测定时，应在浮选机的每个槽的不同位置测量3~4次，然后取其算术平均值。

2）日光灯管法同量筒法，所不同的是其管径较量筒小（类似日光灯管），而高度大，易堵，适于泡沫层厚的浮选作业充气量的测定，测量与计算同量筒法。

3）风速表法测定浮选机（柱）中的充气量，其计算公式为：

$$Q_B = \frac{vA}{S} \tag{4-104}$$

式中　Q_B——浮选机（柱）中的充气量，$m^3/(m^2 \cdot min)$；

　　　v——风速表在矿浆中指示的风速，m/min；

　　　A——风速表环形面积，m^2；

　　　S——浮选机（柱）截面积，m^2。

此外还有浮选药用量、添加制度的检验，矿浆 pH 值、浮选温度，浮选速度与浮选时间的检验等，详情请参考相关文献。

4.6.4 各选别作业选别效果的检查

衡量总体选别效果及个别作业的选别效果，一般可由精矿品位、尾矿品位、回收率选矿比、富集比及选矿效率加以表示，但也和矿石可选性好坏密切相关。一般好选的磨矿容易单体解离，精矿品位高，回收率也高，而尾矿品位却低；反之则亦相反。在详细考查时需进行不同粒级回收率的计算，以求得影响金属流失的是粗粒级还是细粒级，以及由什么作业引起的损失最大，以采取相应的解决措施。

4.6.4.1　选矿比、富集比（富矿比）

选矿比，其数值表示选出一吨精矿需要投入多少吨原矿，为精矿产率的倒数。

富集比（富矿比），最终精矿与原矿品位之比，或作业的精矿与给矿品位之比。它表明经选别富集的程度。

4.6.4.2　粒级回收率

在选矿试验或选矿厂技术管理中，为了分析回收率高低的原因，从中找出提高的途径，往往需要对精矿中各个粒级的回收情况进行查定，因此就要计算各粒级的回收率。

所谓粒级回收率，是指在产出的精矿中，某一特定粒级之金属含量与给入物料中同粒级金属含量的百分比，粒级回收率的含义与回收率完全相同，只不过是精矿与原矿的中各个粒度级别金属量之比。

（1）利用筛析的各粒级品位和产率计算粒级回收率。根据回收率定义，计算式为：

$$\varepsilon_{d} = \gamma_{i} \cdot \frac{\beta_{d} \cdot \gamma_{d}}{\sum \beta \cdot \gamma} \tag{4-105}$$

式中　ε_{d}——粒级相对产物的回收率，%；

　　　γ_{i}——该产物的作业产率，%；

　　　β_{d}——某粒级品位，%；

　　　γ_{d}——某粒级产率，%；

$\sum \beta \cdot \gamma$——该产物总金属率，%%（选矿产物的金属率为其品位与产率的乘积，单位用%%表示）。

（2）利用品位计算粒级回收率。若计算某一特定粒级的回收率，可利用该粒级在原、精、尾矿中的品位来计算。设 α_{d}、β_{d}、θ_{d} 分别为某一粒级在原、精、尾矿中的品位，ε_{d} 为粒级回收率，则

$$\varepsilon_{d} = \frac{\beta_{d}(\alpha_{d} - \theta_{d})}{\alpha_{d}(\beta_{d} - \theta_{d})} \tag{4-106}$$

（3）利用金属量计算粒级回收率：

$$\varepsilon_{xd} = \frac{\varepsilon_{k} \cdot \varepsilon_{kxd}}{\varepsilon_{axd}} \times 100\% \tag{4-107}$$

式中　ε_{xd}——任一级别的回收率，%；

　　　ε_{k}——作业精矿或总精矿回收率，%；

ε_{axd}，ε_{kxd}——分别表示原矿及精矿中任一特定级金属分布率，%。

若已知精矿的 $\varepsilon_{k} \cdot \varepsilon_{kxd}$ 及尾矿的 $\varepsilon_{\theta xd}$，则：

$$\varepsilon_{xd} = \frac{\varepsilon_{k} \cdot \varepsilon_{kxd}}{\varepsilon_{k} \cdot \varepsilon_{kxd} + (1 - \varepsilon_{k}) \cdot \varepsilon_{\theta xd}} \times 100\% \tag{4-108}$$

式中　$\varepsilon_{\theta xd}$——某特定粒级在尾矿中的金属分布率，%。

（4）利用精矿中和尾矿中某特定粒级的金属量，合成原矿中该特定粒级的金属量，来计算粒级回收率。

选矿厂计算粒级回收率的目的，主要是查明尾矿和中矿中各粒级金属损失的情况，以便采取措施加以回收。通常分为 $+74\mu m$、$-74 +37\mu m$、$-37 +19\mu m$、$-19 +10\mu m$、$-10\mu m$ 五个级别，一般通过筛水析分离出各个级别的产品。

选矿厂的选别作业往往处理的不是直接的原矿，而是有中矿返回的产物，于是不能由原矿直接筛水析得到入选物料的各粒级，而只能由精矿及尾矿合成入选原矿的各粒级。分别计算出原矿相应粒级的产率和品位，从而计算出各粒级的回收率。

例如，已知某有色选矿厂精矿产率为3.49%，精矿和尾矿中各粒级分析如表4-11所示。试计算原矿中各粒级的产率，金属量和品位。

表 4-11　某选矿厂精矿和尾矿中各粒级分析结果

粒级/μm	+74	−74 +37	−37 +19	−19 +10	−10	合计
精矿粒级品位/%	12.88	28.92	28.09	17.94	4.77	14.91
精矿粒级产率/%	3.30	16.59	17.53	13.46	49.12	100.00
尾矿粒级品位/%	0.38	0.27	0.24	0.32	0.57	0.36
尾矿粒级产率/%	33.44	22.06	17.78	8.47	18.25	100.00

计算步骤：

1）表 4-11 所列的精矿各粒级产率是相对整个精矿而言的，而精矿的总产率只占原矿的 3.49%，因此把表中各粒级的产率分别乘以 3.49%，即得各粒级相对原矿的产率；同理把表中各尾矿产率分别乘以尾矿占原矿的总产率 96.51%，即得各粒级相对原矿的产率。

2）把精、尾矿中，同一粒级相对原矿的产率相加，即得原矿中该粒级的产率。

3）精矿、尾矿中相对原矿的粒级产率以该粒级的品位，即得该粒级相对原矿的金属率；同理，精、尾矿中同一粒级相对原矿的金属率相加，即得原矿中该粒级的金属率。

4）原矿中同一粒级的金属率被产率相除，其商即为该粒级的品位。粒级分析计算表见表 4-12。

表 4-12　粒级分析计算表

产物	粒级/μm	+74	−74 +37	−37 +19	−19 +10	−10	合计
原矿	产率/%	32.40	21.87	17.77	8.64	19.32	100.00
	品位/%	0.42	1.03	1.20	1.28	0.94	0.87
	金属率/%%	13.75	22.49	21.30	11.04	18.22	86.78
精矿	品位/%	12.88	28.92	28.09	17.94	4.77	14.91
	相对原矿产率/%	0.12	0.58	0.61	0.47	1.71	3.49
	相对原矿金属率/%%	1.48	16.74	17.19	8.43	8.18	52.04
	粒级回收率/%	10.79	74.44	80.67	76.31	44.89	59.96
尾矿	品位/%	0.38	0.27	0.24	0.32	0.57	0.36
	相对原矿产率/%	32.28	21.29	17.16	8.17	17.61	96.51
	相对原矿金属率/%%	12.26	5.75	4.12	2.62	10.04	34.74
	粒级损失率/%	89.21	25.56	19.33	23.69	55.11	40.04

（5）以精、尾矿中+74μm 粒级为例，说明其具体计算过程。

1）精矿中+74μm 粒级相对原矿的产率为：$3.30 \times 3.49\% = 0.115\%$；

则相对原矿的金属率为：$0.115\% \times 12.88\% = 1.483\%\%$；

2）尾矿中+74μm 粒级相对原矿的产率为：$33.44 \times 96.51\% = 32.273\%$；

相对原矿的金属率为：$32.273\% \times 0.38\% = 12.264\%\%$；

3）原矿中+74μm 粒级的产率为：$0.115\% + 32.273\% = 32.388\%$

原矿金属率为：$1.483\%\% + 12.264\%\% = 13.747\%\%$；

原矿品位为：$13.747\%\% \div 32.388\% = 0.424\%$

4）精矿中+74μm 粒级的回收率为：$(1.483\%\% \div 13.747\%\%) \times 100 = 10.791\%$。

其他粒级的计算，同+74μm粒级，各粒级计算结果见表4-11，计算时为保证计算精度取三位小数，最后结果再保留两位小数。

4.6.4.3 选矿效率

选矿效率又称为分选效率，是评价选矿过程好坏的一个综合性技术指标。

根据 T·O·契乔特的观点，选矿效率定义为：在选矿过程中，精矿中有用矿物或金属的增长量与假想的最佳条件下增长量之比。据此他提出如下计算选矿效率 $E(\%)$ 公式：

$$E = \frac{\varepsilon - \gamma_k}{100 - \gamma_0} \times 100\% \tag{4-109}$$

式中　ε，γ_k——分别为精矿回收率和产率，%；

　　　γ_0——原矿中有用矿物的质量百分数，%。

而 $\gamma_0 = \dfrac{\alpha}{\beta_{max}} \times 100\%$，代入式（4-109）得：

$$E = \frac{(\varepsilon - \gamma_k)\beta_{max}}{\beta_{max} - \alpha} \tag{4-110}$$

式中　E——有用矿物的理论品位，%；

　　　α——原矿中有用矿物的品位，%。

该式适用于当矿石中伴生矿物中，不含有和它结合成化合物的金属，且这种金属不必回收时，才具有选矿效率的概念，若选别由磁铁矿、黄铁矿和石英组成的铁矿石，仅以磁铁矿分选为精矿，而黄铁矿和石英分选为尾矿，如果磁铁矿部分地进入尾矿，就会相应增大按磁铁矿计算的数值之间的差额，计算的数值不能反映出对磁铁矿的真实情况。此时常按道格拉斯选矿效率公式计算：

$$E = \frac{\gamma_k(\beta - \alpha)(\beta_{max} - \theta_0)}{(\beta_{max} - \alpha)(\alpha - \theta_0)} \times 100\% \tag{4-111}$$

式中　θ_0——与伴生矿物结合成化合物的该金属的品位，%。

式（4-110）与式（4-111）的区别在于，式（4-110）计算的是全部该种金属；而式（4-111）计算时是从全部金属中去掉该方法不能回收的其他矿物中的该金属的含量。若回收的金属没有与伴生矿物结合成化合物时，即 $\theta_0 = 0$，则式（4-110）可改为：

$$E = \frac{\gamma_k \beta_{max}(\beta - \alpha)}{\alpha(\beta_{max} - \alpha)} \times 100\% \tag{4-112}$$

因为 $\gamma_k = \dfrac{\alpha - \theta}{\beta - \theta}$，代入上式，得：

$$E = \frac{\beta_{max}(\alpha - \theta)(\beta - \alpha)}{\alpha(\beta - \theta)(\beta_{max} - \alpha)} \times 100\% \tag{4-113}$$

式中　α，β，θ——分别为作业的给矿、精矿、尾矿的品位，%。

计算出的选矿效率值与矿石标准实验值及历次生产考查值比较，可看出是否有变化，及差值多大，分析出现的问题，找出提高选矿效率的措施。

4.7 产 品 分 析

产品分析是流程考查中比较重要的组成部分。通过产品分析能够深入地揭露生产工艺中的内在矛盾，从而为解决问题，提高工艺生产指标提供依据。选矿厂产品分析内容包括破碎，筛分，磨矿分级，各选别作业，脱水作业，脱水作业所需要的粒度分析，磁性分析（对磁性矿物），重液或小型重选分析，可浮性分析，显微镜分析等。根据检查内容的需要，可以做原矿（如分级溢流），最终精矿及尾矿的产品分析，或为检查某一作业之原、精、尾矿的产品分析，以考查整个工艺过程的指标情况或某个个别作业的工业指标情况。在进行产品分析时，往往需要这些分析方法互相结合起来，才能得以顺利进行。因此我们这里首先介绍一下有关的产品分析内容及方法，然后部分的举例加以说明。

4.7.1 粒度分析

粒度分析是将不同的产物用套筛进行筛析，筛成不同的级别，称量计算不同级别的产率，对于选别作业产品还要化验其品位并计算金属分布。

对于粒度大于 6mm 的破碎产品，通常用自行制作的非标准筛进行筛分，筛孔系列一般 为 150mm、120mm、100mm、80mm、70mm、50mm、25mm、15mm、12mm、6mm、3mm、2mm、1mm。进行筛分时，称出式样总重，再用振筛器或人工进行各级别筛分，筛好后将各层筛上的物料分别进行称量，计算出各级别的产率。

根据筛析的结果，可以做出原矿、破碎产品和磨矿产品的粒度特性曲线。粒度特性曲线表示产率和物料粒度之间的关系。粒度特性曲线绘制方法很多，随研究的目的而定。通常以直角坐标的横轴表示筛孔尺寸与原矿最大粒度之比，或者是筛孔尺寸与排矿口尺寸之比，或者是筛孔尺寸与磨碎产品的最大粒度之比；纵轴表示每一层筛上量累积产率。

选别作业产品通常采用 0.25mm、0.15mm、0.10mm、0.074mm、0.045mm、0.038mm 等系列标准套筛进行，然后将所得数据填在表 4-13 的表格中，并进行分析。从粒度分析结果可以看出不同级别金属分布情况。原、精、尾矿的粒度分析结合起来可以看出不同级别金属回收及金属损失情况。

表 4-13 粒级分析表

级别/mm	产率/%		品位/%		金属率/%%	铁分布率/%	
	个别	累积	个别	累积		粒级铁分布率	累积铁分布率

4.7.2 磁性分析

用磁性分析的方法可以确定原矿及选矿产品中磁性产品与非磁性产品的含量及磁性产品磁性情况。从而为检验磁选设备效能及选矿厂的工作情况及时的定性和定量地确定磁选尾矿中金属流失量、查明原因、改善工艺过程提供根据。

4.7.2.1 矿物磁性测定

矿物磁性的测量方法有三大类：质动力法、感应法和间接法。选矿中常用的是质动力法。对一般情况，采用磁力天平就可以满足要求。质动力法可分成古依（Gouy）法和法拉第（Faraday）法。

（1）古依法测定矿物的比磁化率。此法适用于强磁性矿物和弱磁性矿物的比磁化率测定。测量装置如图 4-19 所示。主要由分析天平、薄壁玻璃管、多层螺管线圈、直流安培表、电阻器和开关组成。

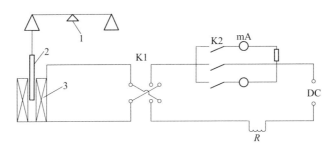

图 4-19　测定矿物比磁化率用的装置线路图
1—分析天平；2—薄壁玻璃管；3—多层螺旋线圈

测量原理参阅相关磁测量书籍。测定时按下述顺序进行：

1）首先称量空玻璃管的质量，并记录。

2）将样品装入玻管中并捣固，直至所需长度为止，记录试样长度。

3）将装试样的玻璃管，上部悬挂于天平左盘下之小钩，调整使其下端位于螺管线圈中心，并在不给磁场情况下，称量样品和玻管的质量并记录。

4）将线圈接通电流，调至所需磁场的电流，测其所受磁力大小（由天平磁力增量给出虚拟质量增量）。

5）将测得的有关数据代入公式（4-114）和式（4-115），求出相应场强下的比磁化率 χ_0 和比磁化强度 J 值。

$$\chi_0 = \frac{2lg\Delta m}{\mu_0 m H_1^2} \tag{4-114}$$

$$J = \chi_0 H_1 = \frac{2lg\Delta m}{\mu_0 m H_1} \tag{4-115}$$

式中　χ_0——试样物体比磁化率，当样 l 足够长，截面积很小时，趋近于试样的物质比磁化率 χ，m^3/kg；

　　l——试样长度，m；

　　g——重力加速度，m/s^2；

　　Δm——试样磁力增量带来的虚拟质量增量，kg；

　　μ_0——真空磁导率，$T \cdot m/A$；

　　m——试样质量，kg；

　　H_1——试样下端磁场强度，A/m；

　　J——试样在磁场强度为 H_1 时的比磁化强度，$A \cdot m^2/kg$。

6）根据所得数据绘制 $\chi = f(H)$ 及 $J = f(H)$ 曲线，并加以分析。

当测的试样为弱磁性矿物时，因此比磁化率较小，玻璃管本身的磁性对其有显著影响，为消除此影响，可将玻璃管制成 $2l$ 长，中间封口，在玻璃管的上半部装样，可抵消玻璃磁性的影响。

（2）法拉第法测定矿物的比磁化率。此法适于试样量少，而磁性弱的矿物比磁化率的测定。因样品体积很小，可认为样品所在空间内磁场力是个恒量。测定原理是在预先已知的磁场力（$H\mathrm{grad}H$）的不均匀磁场中测定矿物所受的磁力，然后按下式求出样品的比磁

化率值，即

$$\chi = \frac{f_{磁}}{\mu_0 H \mathrm{grad} H} \qquad (4\text{-}116)$$

式中　$f_{磁}$——作用在单位质量颗粒上的磁力，N（kg）；

　　　H——磁场强度，A/m；

　　$\mathrm{grad} H$——磁场梯度，A/m²。

假如 $\mathrm{grad} H$ 值是未知数，可利用与已知比磁化率的标准试样比较的方法来求出测定试样的比磁化率。有：

$$\frac{f_{磁 1}}{f_{磁 2}} = \frac{\mu_0 \chi_1 H \mathrm{grad} H}{\mu_0 \chi_2 H \mathrm{grad} H} = \frac{\chi_1}{\chi_2}$$

所以：

$$\chi_2 = \frac{f_{磁 2}}{f_{磁 1}} \chi_1 \qquad (4\text{-}117)$$

式中　χ_1——标准试样（焦锰矿，$MnPO_4$）的比磁化率，m³/kg；

　　　χ_2——待测试样的比磁化率，m³/kg；

　　$f_{磁 1}$——标准试样所受磁力，N；

　　$f_{磁 2}$——待测试样所受磁力，N。

测量磁力可用磁力天平，也可以是扭力天平，磁系最好为等磁力磁极对。中国部分强磁性矿物的比磁化率见表 4-14。

表 4-14　中国部分强磁性矿物的比磁化率

序号	样品名称	磁化磁场强度 H/kA·m⁻¹				剩磁 J_r /kA·(m·kg)⁻¹	矫顽力 H_c /kA·m⁻¹
		40	80	120	160		
		物质比磁化率（×10⁻⁶）/m³·kg⁻¹					
1	眼前山磁铁矿（品位68%，粒度-0.2mm）	1671	1212	945	779	786	4.63
2	东鞍山焙烧磁铁矿（品位68%，粒度-0.074mm）	823	661	572	496	1160	10.93
3	齐大山焙烧磁铁矿（品位70.6%，粒度-0.2mm）	999	881	724	603	1760	12.91
4	弓长岭磁铁矿（品位70.9%，粒度-0.2mm）	1802	1387	1035	874	360	1.69
5	南芬磁铁矿（品位68.9%，粒度-0.15mm）	1755	1317	1026	820	640	2.30
6	歪头山磁铁矿（品位67.6%，粒度-0.2mm）	1236	946	787	662	1200	7.45
7	北京铁矿磁铁矿（品位67.6%，粒度-0.2mm）	1143	883	716	617	760	6.58
8	邯郸磁铁矿（品位67.6%，粒度-0.4mm）	515	443	377	334	600	7.16
9	北台子磁铁矿（品位71.2%，粒度-0.2mm）	1910	1381	1062	854	800	3.6

序号	样品名称	磁化磁场强度 H/kA·m^{-1}				剩磁 J_r /kA·m^{-1}·kg^{-1}	矫顽力 H_c /kA·m^{-1}
		40	80	120	160		
		物质比磁化率（×10^{-6}）/m^3·kg^{-1}					
10	南山磁铁矿（品位 69.3%，粒度 -0.15mm）	1734	1213	942	760	1480	6.76
11	包钢磁铁矿（品位 67.3%，粒度 -0.15mm）	955	729	594	503	1400	7.56

注：表中品位指 TFe 质量分数；磁场强度 1kA/m，在空气介质中，相当于磁感应强度 1.257mT。

4.7.2.2　磁性矿物含量测定

在实验室中常用磁选管、磁力分析仪、感应辊式磁力分离机或相类的小型强磁场磁选机，如盘式，以齿板为介质小型强磁机中进行磁力分离，来分析矿石中磁性矿物的含量，确定矿石磁选可选性指标对矿床进行工艺评价，检查磁选机的工作情况。

在磁选厂特别需要对原矿和选矿产品进行磁性分析，查明尾矿中金属损失量及原因，以改善工艺过程和磁选指标。同时上述磁力分析仪器常用做提纯各种单矿物，以进行物质组成、矿物性质、可选性研究等方面的工作。这些仪器设备结构及使用方法详见《磁电选矿》。

本节主要介绍采用磁选管进行矿石中强磁性矿物分析。

磁选管是用于湿式分析矿物中强磁性矿物含量的磁分析设备，他主要由电磁铁和电磁铁工作间隙内可移动的玻璃管组成，其结构如图 4-20 所示。其中给水管 6，一般接在高位恒压水箱上，有阀门控制出水量，恒压水箱连接自来水管，有阀门控制给水。

混合物料进入磁选管后，因磁选管置于磁场中，物料受磁力和各种机械力的作用，磁性较强的矿粒所受的磁力大于与磁力方向相反的机械力的合力，因而被吸引到管壁内侧的两边，非磁性矿粒不受磁力的作用，随磁选管转动和介质一并流入非磁性产品中，成为尾矿。待矿物分选完毕后，断磁，将管壁内侧的磁性矿物用水冲干净，即为精矿。

除了分析矿石中磁性矿物含量外，在流程考查时常用磁选管分析选矿作业的工作状态，预测入选物料的磁选技术指标。

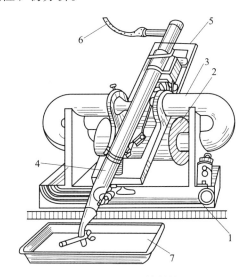

图 4-20　磁选管结构
1—机架；2—线圈；3—框架铁芯；4—可动玻璃管；
5—传动机构；6—给水管；7—收矿槽

磁选管分析操作步骤：

（1）称样。将烘干（烘干时温度不得超过 100℃）的试样缩取，1 份试样质量 15～20g，精度在 ±20mg，根据需要量样品份数备好待用。

（2）打开水龙头，往恒压水箱内注水，并保持恒压水箱内的水压恒定。

（3）将恒压水箱的水注入磁选管内，使磁选管内的水面保持在磁极位置以上 40mm

处，并保持磁选管内进水量和出水量平衡。

（4）接通电源总开关，再启动磁选管转动。

1）首先检查电源是否正常，接线是否正确，玻璃管位置是否合适；手动盘车，确保设备运行正常，检查玻璃管是否与磁极、机架有碰撞或摩擦，如有则应及时处理。

2）检查电机及电磁铁开关是否位于关闭位置，如不在关闭位置则应关闭；检查电铁磁电流调节旋钮是否回到零位，如不在零位则应调节到零位。

3）将试样装入一个容积为 1000mL 的烧杯中，加入适量酒精和约 500mL 水，搅匀并静置约 5min，搅拌时要确保颗粒充分地湿润。

（5）启动激磁电源开关，调节励磁电流至一定值，并在排矿端放好接矿容器。

一切无误后，接通 380V 电源，将"电源启动"开关拨至"1"，调节"电流调节"旋钮（顺时针为电流增大方向），调至所需电流值。此时，磁极两端达到了所需磁场磁感应强度。

磁场磁感应强度是根据磁性矿物磁性强弱及现场对磁性矿物要求来调节的，一般所取试样含磁性物 15~20g 较为合适。如果试样中磁性矿物很少或磁性矿物磁性较弱，磁场场磁感应强度应提高。也可根据现场对磁性矿物磁性要求来确定磁场磁感应强度。一般实验室磁选管的磁场磁感应强度（mT）与励磁电流强度（A）有明确的关系，如某型号磁选管分选区磁感应强度（mT）与励磁电流强度（A）关系见图 4-21。

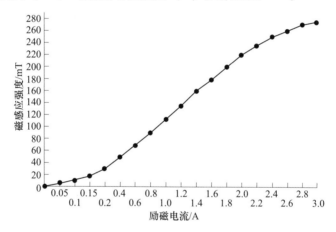

图 4-21　磁选管分选区磁感应强度（mT）与励磁电流强度（A）关系

1）将"电机启动"开关拨至"1"。此时电机带动传动机构及玻璃管开始工作。

2）用管夹夹紧玻璃管下端出口软管，先往玻璃管中加入清水，直到水面高于两磁极约 50mm 处（确保下一步所加磁性物悬浮于水中）。

（6）给矿。用玻璃棒边搅拌边将磁性物混合液体缓缓倒入漏斗，给矿应均匀给入，要注意玻璃管中液面不得太高，距漏斗处约 50mm，避免矿浆从玻璃管上口溢出；同时打开玻璃管下部管夹，使液体缓缓流入容积为 2500mL 或更大的容器中。

（7）给矿完毕后，玻璃管及其中液体在运动过程中，继续缓缓加入清水（确保磁性物悬浮于水中），非磁性物质随水流下沉直至排出管外，磁性物颗粒在磁力作用下附着于管壁两磁极处，直至排出液体不再含杂质，此时磁选管内的水是清净的（这一步骤可反复多次进行，以增加实验精度）。

（8）停止给水，夹紧下端软管，不再排水。再将排矿端容器移开，换上另一个容器，先切断磁选管转动电源，尔后切断激磁电源（此时玻璃管内充满水）。再次开启转动电源，2~3s后关闭，使磁性矿从磁系尖端脱离，然后打开下端软管放矿，再用清水冲洗干净管壁内的磁性产品，排出物即为非磁性产品。

按以上步骤，调节场强为不同水平值，再做分选试验。

（9）实验完毕，关闭总电源。

（10）将产品分别抽水，烘干，称重。将磁铁矿和石英分别称重，将结果填入记录表中。

（11）数据处理。按下列各式分别计算各产品的产率、品位和回收率：

$$产率 = \frac{磁性产品（或非磁性产品）质量}{磁铁矿质量 + 石英矿质量} \times 100\% \qquad (4\text{-}118)$$

$$品位 = \frac{产品中纯磁铁矿质量}{磁性物（或非磁性物）质量} \times 100\% \qquad (4\text{-}119)$$

$$回收率 = \frac{产品中纯磁铁矿质量}{原矿中纯磁铁矿质量} \times 100\% \qquad (4\text{-}120)$$

绘制出场强对品位和回收率的关系曲线，并分析曲线的准确性。

如某磁铁矿与赤铁矿混合矿原矿不同磨矿细度下的磁选管分析，结果见表4-15。

表4-15　某磁铁矿与赤铁矿混合矿原矿不同磨矿细度下的磁选管分析结果（120mT）

磨矿细度 -0.074mm/%	产物名称	产率/%	品位/%	回收率/%
41.12	精矿	46.70	58.79	68.26
	尾矿	53.30	23.95	31.74
	原矿	100.00	40.22	100.00
61.58	精矿	40.10	65.07	65.21
	尾矿	59.90	23.81	34.79
	原矿	100.00	41.01	100.00
72.22	精矿	38.10	67.00	63.19
	尾矿	61.90	24.09	36.86
	原矿	100.00	40.45	100.00
81.71	精矿	37.11	67.72	62.11
	尾矿	62.89	24.38	37.89
	原矿	100.00	40.46	100.00
87.10	精矿	35.71	69.26	61.02
	尾矿	64.29	24.58	38.98
	原矿	100.00	40.53	100.00
98.80	精矿	34.54	69.78	60.38
	尾矿	65.46	24.17	39.62
	原矿	100.00	39.92	100.00

由表 4-15 分析可得如下结论：

磨矿细度粗、细对尾矿品位变化不大，粗磨下可丢掉大量尾矿（对强磁性矿物而言）。

随着磨矿细度提高，精矿品位不断提高，但回收率下降。兼顾品位和回收率两个方面对强磁性矿物部分，磨矿细度以-0.074mm 占 72.2%为宜。

再如某厂赤铁矿矿石曾用强磁设备处理，指标不理想，为分析原因，对此矿石进行了不同磁场强度下的磁力分析，其分析结果见表 4-16。

表 4-16 某赤铁矿矿石不同磁场强度下的磁力分析结果

磁感应强度 /mT	产率 /%	品位 /%	回收率 /%	累计产率 /%	累计品位 /%	累计回收率 /%
120	0.9	50.69	1.81	0.9	50.69	1.81
165	1.0	39.39	1.57	1.9	44.74	3.38
300	20.9	31.83	26.47	22.8	32.91	29.85
600	15.5	34.20	21.09	38.3	33.43	50.94
1200	2.5	38.25	3.80	40.8	33.73	54.74
1500	7.0	32.11	8.94	47.8	33.49	63.68
1700	16.0	25.83	16.44	63.8	31.57	80.13
非磁性部分	36.2	13.80	19.87	100.0	25.14	100.0
原矿	100.0	25.14	100.0	—	—	—

由结果分析可得如下结论：

该矿石中强磁性矿物含量很少，而且品位不高，显微镜下观察知单体解离度不高所致；

弱磁性部分存在着不同磁性成分，各不同场强下分离出来的产物品位均不高，经显微镜观察知道，这是由于磁性部分夹杂了一部分磁性相近性的贫连生体所致。1200mT 以上的强磁场，可以有效回收弱磁性的赤铁矿，但品位也较低，配合镜下检查，说明原矿单体解离情况不好，要想提高磁选产物品位，应提高磨矿细度。

4.7.2.3 磁性铁回收率

有磁选工艺的铁矿石应进行磁性铁回收情况的考查，包括对整个分选工艺磁性铁回收率及对每个磁选作业的磁性铁回收率的考查。考查的目的在于通过了解每个磁选作业及整个磁选工艺对原矿（或作业给矿）中磁性铁回收的百分率，确定整个磁选过程及各个磁选作业对磁性铁综合回收情况，查明磁性铁主要流失于哪个作业环节，以采取改进措施。

磁性铁回收率可由下式定义出：

$$\varepsilon_m = \frac{Q_{km}}{Q_{om}} \times 100\% \quad (4-121)$$

式中　ε_m——磁性铁回收率，%；

Q_{km}——精矿中回收的磁性铁量，kg；

Q_{om}——原矿中磁性铁的量，kg。

由式（4-120）定义出发可导出以下两类计算磁性铁回收率的公式：

（1）用产率及产物的磁性铁品位计算磁性铁回收率。

$$\varepsilon_{\mathrm{m}} = \frac{\gamma_{\mathrm{k}} \gamma_{\mathrm{km}} \beta_{\mathrm{km}}}{\gamma_{\mathrm{om}} \beta_{\mathrm{om}}} \times 100\% \qquad (4\text{-}122)$$

或

$$\varepsilon_{\mathrm{m}} = \frac{\gamma_{\mathrm{k}} \gamma_{\mathrm{km}} \beta_{\mathrm{km}}}{\gamma_{\mathrm{k}} \gamma_{\mathrm{km}} \beta_{\mathrm{km}} + \gamma_{\theta} \gamma_{\theta\mathrm{m}} \beta_{\theta\mathrm{m}}} \times 100\% \qquad (4\text{-}123)$$

式中　γ_{k}, γ_{θ}——现场磁选机精矿产率与尾矿产率,%;

γ_{km}, β_{km}——现场磁选机精矿磁选管分析所得精矿产率及品位,%;

γ_{om}, β_{om}——现场磁选机给矿磁选管分析所得精矿产率及品位,%;

$\gamma_{\theta\mathrm{m}}$, $\beta_{\theta\mathrm{m}}$——现场磁选机尾矿磁选管分析所得精矿产率及品位,%。

（2）用金属量（回收率）计算磁性铁回收率。

$$\varepsilon_{\mathrm{m}} = \frac{\varepsilon_{\mathrm{k}} \varepsilon_{\mathrm{km}}}{\varepsilon_{\mathrm{o}} \varepsilon_{\mathrm{om}}} \times 100\% \qquad (4\text{-}124)$$

或

$$\varepsilon_{\mathrm{m}} = \frac{\varepsilon_{\mathrm{k}} \varepsilon_{\mathrm{km}}}{\varepsilon_{\mathrm{k}} \varepsilon_{\mathrm{km}} + \varepsilon_{\theta} \varepsilon_{\theta\mathrm{m}}} \times 100\% \qquad (4\text{-}125)$$

式中　ε_{k}——现场磁选作业理论回收率,或流程中该产物回收率,%;

$\varepsilon_{\mathrm{km}}$——现场磁选精矿磁选管分析所得理论回收率,%;

ε_{o}——现场磁选流程中给矿回收率,%, 当 ε_{k} 采用作业回收率时 $\varepsilon_{\mathrm{o}} = 100\%$;

$\varepsilon_{\mathrm{om}}$——现场原矿磁选管分析所得磁性铁回收率,%;

ε_{θ}——现场磁选尾矿作业或流程回收率,%;

$\varepsilon_{\theta\mathrm{m}}$——现场磁选尾矿磁选管分析所得磁性铁回收率,%。

用金属量（回收率）计算磁性铁回收率方法，需要首先对现场磁选作业的给矿、精矿、尾矿三种产物进行磁选管分析试验，如果单体解离高度不够还应对他们进行适当的研磨。进行磁选管分选，取样量为 10~20g，分选产物分别进行脱水、称量、化验铁品位，记录上述数据，计算各产物磁性铁回收率。

如某磁选厂现场三磁给矿、精矿、尾矿、作业及流程的指标及三种产物磁选管试验结果列于表 4-17 及表 4-18，计算其磁性铁回收率。

表 4-17　某选矿厂三磁作业指标

项目	产物	品位/%	产率/%	回收率/%
作业指标	精矿	66.81	97.76	99.52
	尾矿	13.68	2.24	0.47
	原矿	65.62	100.00	100.00
流程指标	精矿	66.81	110.52	113.60
	尾矿	13.68	3.21	0.67
	原矿	65.62	113.73	114.27

表 4-18　现场三磁磁选管分析结果

三磁产物	分选产物	产率/%	品位/%	回收率/%
精矿	精矿	97.80	69.39	99.65
	尾矿	2.20	10.54	0.25
	原矿	100.00	68.10	100.00
尾矿	精矿	3.25	59.62	13.81
	尾矿	96.75	12.50	86.19
	原矿	100.00	14.03	100.00
原矿	精矿	95.50	69.22	99.34
	尾矿	4.50	11.31	0.76
	原矿	100.00	66.61	100.00

计算过程：

1）用产率及磁性铁品位计算。

$$\varepsilon_m = \frac{\gamma_k \gamma_{km} \beta_{km}}{\gamma_{om} \beta_{om}} \times 100\%$$

$$= \frac{97.76 \times 97.80 \times 69.39}{95.91 \times 69.22} \times 100\%$$

$$= 99.93\%$$

或　　　　$$\varepsilon_m = \frac{\gamma_k \gamma_{km} \beta_{km}}{\gamma_k \gamma_{km} \beta_{km} + \gamma_\theta \gamma_{\theta m} \beta_{\theta m}} \times 100\%$$

$$= \frac{97.76 \times 97.80 \times 69.39}{97.76 \times 97.80 \times 69.39 + 2.24 \times 3.25 \times 59.62} \times 100\%$$

$$= 99.93\%$$

2）用金属量（回收率）计算。

按作业数据计算：

用精矿中和原矿矿中磁性精矿回收率计算：

$$\varepsilon_m = \frac{\varepsilon_k \varepsilon_{km}}{\varepsilon_o \varepsilon_{om}} \times 100\%$$

$$= \frac{99.53 \times 99.65}{100 \times 99.24} \times 100\%$$

$$= 99.94\%$$

或用精矿和尾矿的磁性精矿回收率计算：

$$\varepsilon_m = \frac{\varepsilon_k \varepsilon_{km}}{\varepsilon_k \varepsilon_{km} + \varepsilon_\theta \varepsilon_{\theta m}} \times 100\%$$

$$= \frac{99.53 \times 99.65}{99.53 \times 99.65 + 0.47 \times 13.81} \times 100\%$$

$$= 99.93\%$$

3）按数质量流程中数据计算。

用原矿及精矿中磁性铁回收率计算：

$$\varepsilon_m = \frac{113.6 \times 99.65}{114.27 \times 99.24} \times 100\%$$

$$= 99.82\%$$

或用精矿及尾矿中磁性铁回收率计算：

$$\varepsilon_m = \frac{113.6 \times 99.65}{113.6 \times 99.65 + 0.67 \times 13.81} \times 100\%$$

$$= 99.92\%$$

一般筒式磁选机磁性铁回收率要求在98%以上。通常粗选作业低一些，精选作业高一些。

如果磁性铁回收率偏低，就得研究是否磁机磁场（力）强度偏低或是操作条件不当所致或因铁矿物严重过磨所致，采取相应措施解决。

如果全铁回收率太低，可能是原矿中强磁性矿物含量少，此时可进行磁选管试验，化验FeO含量进行分析判断。详查时可进行铁矿物物相组成的鉴定，方法见工艺矿物学有关部分。

再与生产中相应产品指标进行比较，其数质流程图如图4-22所示。

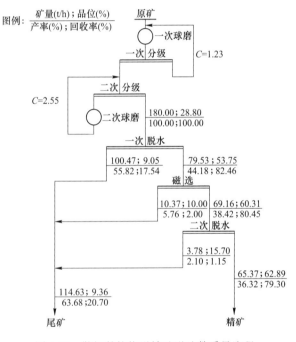

图4-22　鞍钢某焙烧磁铁矿磁选数质量流程

由表4-19粒度分析结果可看出粗粒级+0.074mm，特别是+0.10mm回收率低，而且即使回收到精矿产品中，其精矿品位也较低，相反-0.074mm粒级精矿品位也高，回收率也高。从表4-20磁性分析可看出，原矿磁性部分品位58.49%，较流程指标62.89%低4.40%，但回收率却高1.89%，这可能是试验时磁选管的磁场选择偏高，使相当部分连生体矿粒进入磁性部分的结果；而流程中连生体矿粒则与上相反，大部分进入尾矿的结果。表4-19试样粒度栏，原矿粒度-0.074mm占71.3%，磨矿粒度较粗，这从尾矿的再磨再选可以看出没再磨前进行磁选管分析，磁性部分品位仅 23.70%，与合格品位相差甚大，回收率 11.48%，再磨再选后磁性部分品位 58.07%，接近合格品位，回收率 12.23%。如果把尾矿再磨选后的精矿回收率换算为按原矿计的回收率相当于 20.69%（流程中尾矿回收率）×12.2%=2.5%，也就是说如果对流程中尾矿进行再磨再磁选管再选可得到精矿品位为 58.07%，回收率占总回收率的 2.5% 细磨对精矿回收率、品位的提高有好处。如精矿再磨再选其精矿品位可提高到 69.94%。从原矿再磨再选磁选管分析可看出回收率从 81.74% 提高到 82.91%，提高了 1.17%，同时精矿品位也从 58.49% 提高到 61.15% 提高了 2.66%。

表 4-19　分级机溢流、精矿及尾矿粒度分析结果

粒级/mm	原矿/%			精矿/%			尾矿/%			级别回收率%
	产率/%	品位/%	铁分布率/%	产率/%	品位/%	铁分布率/%	产率/%	品位/%	铁分布率/%	
+0.25	0.2	6.54	0.05	—	—	—	—	—	—	—
−0.25 +0.15	3.1	7.69	0.82	1.6	26.75	0.68	7.6	4.95	3.99	39.35
−0.15 +0.10	14.2	10.11	4.96	6.4	59.47	6.01	18.5	7.84	15.38	59.95
−0.10 +0.074	11.2	21.08	8.16	8.1	60.40	7.73	16.8	10.10	17.99	62.19
−0.074	71.3	34.91	86.01	83.9	64.55	85.58	57.1	10.35	62.65	83.94
合计	100	28.94	100.00	100.0	63.28	100.00	100.0	9.43	100.00	79.28

表 4-20　原矿、精矿、尾矿磁选管磁性分析结果

试样	品位/%	磁性部分			非磁性部分			试样粒度 −0.074mm/%
		品位/%	产率/%	回收率/%	品位/%	产率/%	回收率/%	
原矿	31.20	58.49	43.6	81.74	9.40	56.4	18.26	70.0
原矿再磨	31.20	61.15	42.3	82.91	9.30	57.7	17.09	81.0
精矿	62.89	63.24	91.4	91.91	22.35	8.6	8.09	66.4
精矿再磨	62.89	69.94	88.4	98.31	10.10	11.6	1.69	99.2
尾矿	9.50	23.70	4.6	11.48	8.40	95.4	88.52	68.5
尾矿再磨	9.50	58.07	2.0	12.23	8.80	98	87.77	99.7

4.7.3　显微镜分析

　　显微镜分析的内容，包括磨矿产品各筛级中单体分离度的测定、选矿产品（中矿、精矿、尾矿）的矿物组成，连生体的连晶特征等进行定性和定量的检查。通过上述标查进一步了解精矿质量不高、尾矿中金属流失的情况，查明其原因是没将有用矿物分离出来，还是磨矿过细，还是由于选矿方法或流程有问题，或者是设备及操作不当等问题或其他原因。

　　显微镜分析步骤：首先在送化学分析的各筛级样品中取出部分样品，把样品均匀分散的撒在玻璃片上或制成团块后放在显微镜下观察，先将团块全面观察一下，再选择三条有代表性的观察线段；逐个进行测定，采用过尺法或数粒法进行。一般观察颗粒的总数可定为 500 粒，其中连生体的统计按有用矿物在连生体中占的比例（如 3/4、1/2、1/4、1/8、1/16）来划分，但是否要这样划分应依据具体情况而定。

　　如某磁选厂细筛上产品单体解离度测定结果，见表 4-21。

表 4-21 细筛上产品的岩矿鉴定

粒级/mm	产率/%	化验品位/%	铁矿物相对含量 铁矿物/%	脉石矿物/%	铁矿物单体解离度/%	脉石单体解离度/%	粒级铁含量/%	铁分布率/%	单体铁矿物占有率/%	脉石矿物含量/%	脉石分布率/%	单体脉石的占有率/%
+0.25	5.55	25.80	34.62	65.38	41.71	32.88	1.39	25.0	1.03	3.63	15.18	4.99
−0.25 +0.15	16.81	34.40	46.64	53.36	79.47	56.64	5.68	10.31	8.19	8.94	37.52	21.25
−0.15 +0.10	28.85	56.20	76.06	23.94	85.47	58.53	15.89	28.83	24.64	6.91	28.90	16.92
−0.10 +0.074	12.71	63.80	87.21	12.79	90.02	63.86	8.03	14.57	13.12	1.63	6.82	4.63
−0.074 +0.045	16.85	66.80	91.39	8.61	97.85	87.72	11.15	20.27	19.80	1.45	6.06	5.32
−0.045 +0.038	5.11	67.00	92.37	7.63	98.92	89.13	3.42	6.21	6.14	0.39	1.63	1.45
−0.038	14.12	67.60	93.40	6.60	0.00	0.00	9.55	17.33	17.35	0.93	3.89	3.89
合计	100	55.80	75.46	24.54	86.79	56.74	55.11	100	86.79	24.54	100	56.74

从表 4-21 中可以看出细筛上产品的粒度分布情况，各粒级品位、铁分布情况，特别是各粒级铁矿物及脉石的单体解离情况，细筛上产物铁矿物及脉石矿物的单体解离度分别为 86.79%、56.74%。粗粒级单体解离度低，铁矿物单体解离度在 85% 以下的产物产率为 23.36% 以上，脉石矿物单体解离度低于 85% 的占产率的 64.92% 以上。

−0.045mm 粒级品位在 67% ~ 67.60% 的产率占 19.23%，−0.074mm 粒级品位在 66.8% ~ 67.60%，产率占 36.08%。

据上结果可以认为：

（1）细筛分级效率不高，应该过筛的还有 36.08% 未通过；

（2）粗粒级铁矿物及脉石矿物单体解离度不高，应返回二次磨机再磨；

（3）既然细筛上产物总体铁矿物单体解离度高达 86.79%，应当采用一种有效的设备与连生体进行分离，可得出相当部分最终精矿，不用返回再磨。

4.8 流程考查报告内容

流程考查报告是考查工作的总结，要将收集到的资料和考查的结果、计算和分析意见系统地编写出来。报告中，除正文外，有些图表如筛析、水析结果、粒度特性曲线和数质量流程图等，要以附表和附图形式附在正文后面。考查报告编写的格式和内容，没有严格的规定，一般包含五部分，有前言、考查结果、流程分析、作业分析、结论。

（1）前言。说明选矿厂基本概况，包括选矿厂历史、流程沿革、生产现状、主要技术经济指标等。交代考查时间、进度及日程，车间，系统；考查目的，考查简况；查定内容，主要方法和过程（取样点布置、取样时间及时间间隔，批次、试样加工方法）等。

（2）考查结果。矿石性质，考查期间矿石来源，不同来源的矿量比例，工艺矿物学分析（岩矿鉴定）结果。考查取得的工艺参数，技术条件、技术指标及其对考查结果的计算。绘制数质量矿浆流程图。考查结果的计算包括作业回收率的计算，主要设备作业效率和负荷率的计算等。

（3）流程分析。考查结果分析、结论和建议。查定结果及简要分析（数质流程，矿浆流程，粒度分析，磁性分析，重液（选）分析，可浮性分析，各种效率计算等）。对照历史资料和现场生产情况，看现行流程的生产技术指标是否技术先进，经济上合理，同时，应对伴生有用矿物在选矿过程中是否被综合回收、回收效果任何进行分析。通过数质量流程的计算分析，看产品的产率是否分配合理，金属的嵌布形态如何，如果多为连生体、包裹体且产率较大，则应考虑中矿再磨。若再磨后不宜返回原流程中，则应考虑用其他选别方法单独处理。

（4）作业分析。将生产流程中主要作业（破碎、筛分、磨矿分级、选别脱水），有重点地进行解剖分析，与历年指标进行对比，找出高低的原因，提出改进措施。

根据设备性能和矿石特性，研究矿量在各设备上的负荷分配情况，并根据矿石的性质、筛析、化验结果，研究各主要设备和主要辅助设备的效率及其对选别过程的影响。

将考查期间的操作情况与平时的操作情况对照，并将相应的原矿和产品指标加以比较，从中分析出现行操作条件（如操作方法、药剂制度、磨矿细度、浮选浓度等）是否适应矿石性质的要求，设备是否处于正常的工作状态。

（5）结语。指出考查中发现的主要问题及其原因，提出改进措施或进一步考查的意见。考查单位、人员及分工，插图及插表说明等。

报告撰写结构多样，根据需要和内容逻辑关系自行设计。一般应包括流程考查目的、内容，取样点设计，数质量流程计算，考查结果分析等。

（6）流程考查报告实例。考查对象为某磁铁矿选矿厂，时间有限仅进行了较粗的工作，作为样例抛砖引玉。见附录。

附录

流程考查报告实例

前 言

为强化内部生产管理，提高生产技术指标，降低成本，保证生产的正常运行，对某磁铁矿矿选矿厂进行了全流程考查。目的是对流程做全面考查和诊断，对设备性能进行诊断分析，为进一步优化选矿生产流程，提高工艺指标，降低成本、挖掘生产潜力，提供技术改造依据。

在现场的配合下，共取了30多个样品，对每一个样品进行了浓度、品位测定、粒度分析，计算粒级金属量分布率。为考查磁选作业效果，对相关样品进行了磁选管分析试验。

1 流程考查目的与内容

1.1 流程考查目的

通过对流程结构合理性的考查、分析，找出磨矿、选别工艺流程在生产运行中存在的问题，为生产流程能够在合理、高效的条件下运行提供可靠依据。

1.2 流程考查内容

对流程中各作业产品进行取样、测定浓度、筛析、化验，并对整个生产的各作业产品的质量、水量进行平衡计算。通过对一、二段、三段球磨给矿、排矿、一段分级设备的溢流、返砂、二段分级设备细筛筛上、筛下产品进行取样、筛析、化验，计算出磨矿效率、分级效率、返砂比，提出提高生产效率的措施。考查内容：

（1）全部作业点产品进行浓度测定。全部样品进行浓度测定。对流程进行数量平衡计算，分析了原矿计吨矿耗水量。

（2）全部作业点产品进行粒级筛析。对所取样品全部进行缩分取样、筛析、化验，考查金属分布率情况。

（3）全部取样矿样进行品位分析。全部按品位进行计算，即"全品位法"。通过对各作业点生产产品的取样、化验、进行作业回收率的计算，对流程进行矿量平衡计算，提出提高回收率及产品品质的措施，同时对流程的合理性进行探讨和分析。

（4）全部样品进行磁选管选别试验。通过对各产品进行磁选管试验，考查选别流程的合理性及选别设备的工艺参数是否合理，设备性能是否处于良好状态。

2　取样点设计

2.1　取样点数目的确定

数质量流程计算用原始指标数计算：

$N = ($产品总数 $-$ 作业次数$) \times$ 最终产品数，即 $N = c(a-p)$，得：

本流程中：$N = 2 \times (25-14) = 22$ 个

由于流程有些作业是平行作业，且加上原矿，故设计布置取样点为 27 个。

2.2　取样时间

为缩减取样工作量并保证试样的代表性，从磨机开始，按矿浆走向关系，依次间隔 10min 取样。每个取样点 20min 取样 1 次，共进行 4h，共取样 12 次。

2.3　考查期间现场情况

流程考查期间现场生产情况正常，记录显示单台一次磨机小时处理量为 36t，终精品位为 65.68%。

2.4　取样点布置

取样布点图略。

3　数质量流程计算

数质量流程计算的目的是了解流程中各产物质量和数量的分配情况，它可以为调整生产和考查设备工作状况提供分析数据。根据取样测定浓度与品位，选取可靠性较高的产物作为计算指标。取样记录表见附表 3-1。

附表 3-1　取样原始记录表

样品编号	地点	毛重/kg	净重/kg	浓度/%	品位/%
1	一磨机给	4.88	4.74	97.13	24.40
2	一磨排矿	19.945	13.15	67.44	23.59
3	分级溢流	19.76	11.55	60.10	24.40
4	分级返砂	14.93	12.65	87.15	25.33
5	粗磁精	14.2	9.58	69.67	37.26
6	粗磁尾	8.84	1.87	22.33	18.5
7	二磨排矿	15.6	9.48	62.59	37.53
8	二磁精	19.03	11.97	64.27	38.07
9	二磁尾	9.34	1.20	13.51	15.82
10	单层筛筛下	9.37	4.02	45.41	48.25

样品编号	地点	毛重/kg	净重/kg	浓度/%	品位/%
11	单层筛筛上	12.66	6.91	56.84	36.73
12-1	三磁精	13.09	5.96	47.09	56.03
12-2	三磁精	7.01	3.51	53.28	53.75
13-1	三磁尾	9.73	0.24	2.57	15.01
13-2	三磁尾	10.31	1.15	11.64	13.94
14	磁选柱精一	12.36	5.14	43.09	63.53
15	磁选柱尾一	10.19	0.22	2.24	17.16
17	磁选柱尾二	15.42	0.20	1.31	34.58
18	浓缩磁选精	15.68	7.45	48.78	36.06
19	浓缩磁选尾	14.64	6.62	46.51	36.06
20	三段磨排矿	16.08	9.09	58.13	36.73
21	四磁精	16.05	8.85	57.27	38.34
22	四次磁尾	13.87	5.70	42.38	35.65
23	尾矿回收机给矿	8.6	0.90	11.04	28.68
24	尾矿回收机精矿	9.31	3.46	38.38	41.02
25	总尾矿	11.62	0.79	6.97	15.01
30	总精矿	9.55	8.34	90.19	66.48

注：一次磨机给矿为 0.5m 长皮带样。

流程计算用原始指标数：$N=2(18-9)=18$ 个。选取原始指标见附表 3-2。

附表 3-2　流程计算原始指标　　　　　　　　　　　　（%）

原始指标	终精品位	终尾品位	粗磁精矿	粗磁尾	浓磁精矿	浓磁尾
数值	66.48	15.46	37.26	18.50	36.46	36.06
原始指标	回收机给	回收机精	三磁给/筛下	二磁精	二磁尾矿	四磁精
数值	28.68	41.02	45.00	38.07	15.82	38.34
原始指标	三磁精	三磁尾矿	磁选柱一精	一次柱尾	二次柱尾	四磁尾
数值	53.75	13.94	63.53	17.16	34.58	38.70

计算过程略，数质量矿浆流程图见附图 3-1。流程中矿量为单台一段磨机处理量。

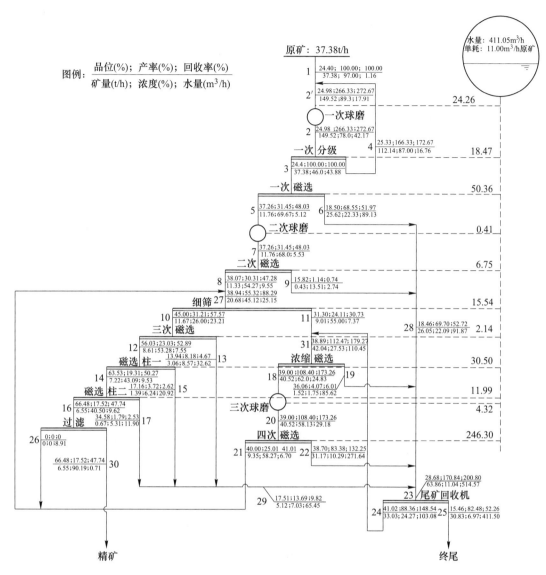

附图 3-1　数质量矿浆流程图

4　技术指标分析

4.1　各产物粒级筛分结果分析及相关技术指标的计算分析

4.1.1　一段球磨、分级流程产品分析

一段磨矿设备为 MQG2436 格子型球磨机，磨机给矿取自给矿皮带，取样段长度 0.5m，矿样质量为 4.74kg，给矿皮带总长 11.5m，皮带运行一周时间 10.5s，计算磨机台时处理能力为：

$$Q = q \cdot v = 4.74 \times 11.5/0.5/10.5 \times 3.6 = 37.38\text{t/h}$$

略高于中控室电子秤计量 36t/h 的结果。

球磨机给矿、排矿，分级产品粒级筛析及金属分布率的计算结果见附表 4-1~附表 4-3，分级机返砂粒级筛析见附表 4-4。

4.1.1.1　球磨机给矿粒级筛析结果

附表 4-1　一段球磨给矿粒级筛析结果

粒级/mm	质量/g	产率/%	负累积/%	备　注
+30	200.00	3.64	100.00	
−30 +20	460.00	8.36	96.36	
−20 +10	3100.00	56.37	88.00	
−10 +8	800.00	14.55	31.63	
−8 +5	150.00	2.73	17.09	计算磨机效率用，不化验粒级品位。原样铁品位为 24.40%
−5 +2	200.00	3.64	14.36	
−2 +0.074	160.00	2.91	10.72	
−0.074 +0.040	34.81	0.63	7.81	
−0.040	395.00	7.18	7.18	
合计	5499.81	100.00		

从一磨给矿筛析结果可以看，原矿给矿粒级主要集中在 8~20mm 区间，累计产率达 70.82%；而在 −0.074mm 粒级较少，产率仅占 7.81%。按 D_{95} 计算的给矿粒度为 28mm，与常见给矿粒度 12mm 比较，明显给矿粒度过大。如果改造破碎流程和设备，将给矿粒度控制在 0~12mm 水平，磨机处理量与 −0.074mm 粒级的生产效率预计都会明显提高。

4.1.1.2　球磨排矿粒级筛析及金属分布率计算结果分析

附表 4-2　一段球磨排矿粒级筛析及金属分布率计算结果

粒级/网目	质量/g	产率/%	产率负累积/%	品位/%	金属率/%%	分布率/%
+60	51.00	51.31	100.00	22.40	1149.296	46.80
−60 +100	5.50	5.53	48.69	22.79	126.1016	5.13
−100 +120	10.00	10.06	43.16	23.19	233.2998	9.50
−120 +160	8.10	8.15	33.10	23.86	194.4326	7.92
−160 +200	2.10	2.11	24.95	26.42	55.8169	2.27
−200 +360	7.30	7.34	22.84	30.43	223.4799	9.10
360	15.40	15.49	15.49	30.56	473.4648	19.28
合计	99.40	100.00		24.56	2455.891	100.00

一段球磨排矿的 +60 目（0.25mm）粒级产率为 51.31%，金属分布占 46.80%；而 −200 目（0.074mm）粒级中，产率仅有 22.84%，金属含量占总含量的 28.38%，磨机排矿粒度明显偏粗。从排矿产品品位看，随着细度的增加，品位逐步提高，金属量分布呈现两头大，中间小的局势，而粗粒级金属分布率大是由于产率高的原因，细粒级则因为品位提高而分布率高。一段磨机排矿细度较粗，与给矿粒度过大有直接关系。

4.1.1.3　分级溢流级筛析及金属分布率计算结果分析

附表4-3　分级溢流粒级筛析及金属分布率计算结果

粒级/网目	质量/g	产率/%	产率负累积/%	品位/%	金属率/%%	分布率/%
+60	21.20	21.35	100.00	20.43	436.17	17.78
-60 +100	9.20	9.26	78.65	21.21	196.51	8.01
-100 +120	7.00	7.05	69.39	21.98	154.94	6.32
-120 +160	6.50	6.55	62.34	23.05	150.88	6.15
-160 +200	5.30	5.34	55.79	21.04	112.30	4.58
-200 +360	14.60	14.70	50.45	28.9	424.91	17.32
-360	35.50	35.75	35.75	27.34	977.41	39.84
合计	99.30	100.00		24.53	2453.13	100.00

分级溢流产品+60目（0.25mm）产率为21.35%，金属分布占17.78%；-200目粒级中，产率为50.45%，金属含量占总含量的57.16%，分级溢流产品品位看，随着细度的增加，品位逐步提高。-120目（0.125mm）级产率达到了62.34%，累积品位为26.71%，金属分布率达到了67.89%，说明通过一段磨矿，大部分金属已经富集到-120目（0.125mm）的粒级中。

4.1.1.4　分级返砂筛析及金属分布率计算分析

附表4-4　一段分级返砂粒级筛析及金属分布率计算结果

粒级/网目	质量/g	产率/%	产率负累积/%	品位/%	金属率/%%	分布率/%
+6	61.50	12.33	100.00	25.76	317.5466	12.45
-6 +10	61.40	12.31	87.67	24.4	300.2926	11.78
-10 +16	51.50	10.32	75.37	25.44	262.6097	10.30
-16 +24	85.20	17.08	65.04	23.89	407.9832	16.00
-24 +30	49.10	9.84	47.97	24.4	240.1363	9.42
-30 +60	94.30	18.90	38.12	24.93	471.2165	18.48
-60 +100	21.60	4.33	19.22	24.42	105.727	4.15
-100 +120	10.00	2.00	14.89	26.27	52.66	2.06
-120 +160	7.20	1.44	12.89	28.68	41.39	1.62
-160 +200	5.80	1.16	11.45	32.71	38.03	1.49
-200 +360	15.30	3.07	10.28	32.79	100.56	3.94
-360	36.00	7.22	7.22	29.35	211.79	8.31
合计	498.90	100.00		25.50	2549.93	100.00

由上表中可见，-120目（-0.25mm）部分产率为12.89%，大部分为粗颗粒，适于返回磨机。

4.1.1.5　设备技术指标的计算与分析

入磨原矿-0.074mm含量为$\beta_1 = 7.81\%$。一次磨矿分级流程的返砂、球排、溢流浓度分别为：87.15%（未加水前），67.44%，60.10%；−0.074mm 含量分别为：$\beta_4 = 10.28\%$，$\beta_2 = 22.84\%$，$\beta_3 = 50.45\%$。从结果看磨矿浓度 67.44% 显得稍低，溢流−0.074mm 粒度含量占 50.45% 较适当。

以−0.074mm 计算一段磨机利用系数：

$$q_1 = Q(\beta_3 - \beta_1)/V = 37.38 \times (50.45\% - 7.81\%)/14 = 1.14 t/(m^3 \cdot h)$$

一段磨机−200 目利用系数 q_1 为 1.14$t/(m^3 \cdot h)$，较鞍山地区的一段磨机利用系数（$q_1 = 1.3t/(m^3 \cdot h)$ 左右）略低，与入磨原矿粒度较大有关。

流程计算得到球磨机返砂比：$C = 166\%$。

球磨机返砂比一般在 150%~250% 之间，现场返砂比 166%，较合适。

磨机最大通过量：$Q' = Q \times (1+C)/V = 37.38 \times (1+166\%)/14 = 7.10 t/(m^3 \cdot h)$。

通过量低于 12$t/(m^3 \cdot h)$，较为合适。

一磨分级量效率为：

$$E = \frac{\beta_3(\beta_2 - \beta_4)}{\beta_2(\beta_3 - \beta_4)} \times 100\% = (50.45 \times (22.84-10.28))/(22.84 \times (50.45-10.28)) \times 100\%$$
$$= 69.06\%。$$

式中　　　E——筛分效率，%；

β_1，β_2，β_3——分别为分级机给矿、溢流、返砂产物中−0.074mm 粒级百分含量。

分级质效率为：

$$E = \frac{\beta_3(\beta_2 - \beta_4)(\beta_3 - \beta_2)}{\beta_2(\beta_3 - \beta_4)(100 - \beta_2)} \times 100\%$$
$$= \left[50.45 \times (22.84 - 10.28) \times (50.45 - 50.45) \times 100\right]/\left[22.84 \times (50.45 - 10.28) \times (100 - 22.84)\right]$$
$$= 35.96\%$$

结果表明筛分效率在合理范围内。

通过以上指标的计算分析，除磨矿浓度稍低外，一段磨矿分级设备运行状态良好。但明显入磨粒度（D_{95} 为−28mm）较大，与目前−12mm 入磨粒度比差距较大，影响磨机利用系数。

4.1.2　二段球磨给、排矿产品分析

4.1.2.1　二段球磨给矿

二段磨机给矿为一次磁选精矿，粒度分析见附表 4-5。

附表 4-5　二段球磨给矿（即一次磁精）粒级筛析及金属分布率计算结果

粒级/网目	质量/g	产率/%	产率负累积/%	品位/%	金属率/%%	分布率/%
+60	6.90	6.95	100.00	22.36	155.37	4.14
−60 +100	7.70	7.75	93.05	23.11	179.20	4.78
−100 +120	9.60	9.67	85.30	25.23	243.92	6.50
−120 +160	10.90	10.98	75.63	29.41	322.83	8.61
−160 +200	11.70	11.78	64.65	33.05	389.41	10.38
−200 +360	21.70	21.85	52.87	40.9	893.79	23.83
−360	30.80	31.02	31.02	50.47	1565.43	41.75
合计	99.30	100.00		37.50	3749.95	100.00

一次磁精矿-200目（-0.074mm）产率达到了52.87%，金属占有率达到了65.58%。-360目（-0.038mm）产率31.02%，品位50.47%，金属分布率41.75%，说明该矿物细粒级单体状态较好，也反映出铁矿物结晶粒度较细。

4.1.2.2　二段球磨排矿

二段球磨排矿粒级筛析及金属分布率计算结果见附表4-6。

附表 4-6　二段球磨排矿粒级筛析及金属分布率计算结果

粒级/网目	质量/g	产率/%	产率负累积/%	品位/%	金属率/%%	分布率/%
+60	5.20	5.24	100.00	22.04	115.42	3.05
−60 +100	7.10	7.15	94.76	23.05	164.81	4.35
−100 +120	8.70	8.76	87.61	24.96	218.68	5.78
−120 +160	9.40	9.47	78.85	28.15	266.48	7.04
−160 +200	11.30	11.38	69.39	35.57	404.77	10.70
−200 +360	22.30	22.46	58.01	40.34	905.92	23.94
−360	35.30	35.55	35.55	48.06	1708.48	45.14
合计	99.30	100.00		37.85	3784.56	100.00

二段球磨排矿-0.074mm产率为58.01%，金属占有率为69.08%。

二次磨矿分级流程的入磨、排矿浓度分别为：69.67%，62.59%；-0.074mm分别为：$\beta_5 = 52.87\%$，$\beta_7 = 58.01\%$。从结果看磨矿浓度62.59%偏低，排矿-0.074mm粒度58.01%较给矿提高不明显。

计算二段磨机-0.074mm利用系数：

$$q_2 = Q(\beta_7 - \beta_5)/V = 11.76 \times (58.01\% - 33.16\%)/14.76 = 0.198 t/(m^3 \cdot h)$$

从两段球磨机利用系数计算结果可以看出，二段球磨机生产效率极低，应适当提高二段磨机利用率。但取样的代表性毕竟有局限性，建议根据现场情况，可否考虑对二段球磨机使用参数进行重新考查和调整，如对钢球充填率、钢球大小配比、磨矿浓度等进行调整。

4.1.3　单层细筛的筛分效率

4.1.3.1　细筛给矿筛析

细筛给矿由筛下、筛上计算而得，计算结果见附表4-7。

附表 4-7　细筛给矿粒级筛析及金属分布率计算结果（筛下、筛上合成）

粒级/网目	质量/g	产率/%	产率负累积/%	品位/%	金属率/%%	分布率/%
+60	1.86	1.88	100.00	21.68	40.78	0.95
−60 +100	3.02	3.06	98.12	22.62	69.28	1.61
−100 +120	5.00	5.07	95.06	24.36	123.41	2.86
−120 +160	5.72	5.79	89.99	27.58	159.77	3.70
−160 +200	7.81	7.91	84.20	34.90	276.11	6.40
−200 +360	21.00	21.29	76.29	40.85	869.55	20.16
−360	54.26	55.00	55.00	50.43	2773.55	64.31
合计	98.65	100.00		43.12	4312.45	100.00

4.1.3.2　筛下产品

筛下产品筛析及金属分布率计算结果分析见附表4-8。

附表4-8　筛下产品粒级筛析及金属分布率计算结果

粒级/网目	质量/g	产率/%	产率负累积/%	品位/%	金属率/%%	分布率/%
-100 +120	1.20	1.21	100.00	25.2	30.55	0.64
-120 +160	1.40	1.41	98.79	22.12	31.28	0.65
-160 +200	5.00	5.05	97.37	36.62	184.95	3.86
-200 +360	20.70	20.91	92.32	42.76	894.07	18.64
-360	70.70	71.41	71.41	51.2	3656.40	76.22
合计	99.00	100.00		47.97	4797.25	100.00

4.1.3.3　筛上产品

筛上产品筛析及金属分布率计算结果分析见附表4-9。

附表4-9　筛上产品粒级筛析及金属分布率计算结果

粒级/网目	质量/g	产率/%	产率负累积/%	品位/%	金属率/%%	分布率/%
+60	4.30	4.38	100.00	21.58	94.49	2.57
-60 +100	7.00	7.13	95.62	22.52	160.53	4.37
-100 +120	10.00	10.18	88.49	24.13	245.72	6.69
-120 +160	11.40	11.61	78.31	28.34	329.00	8.95
-160 +200	11.50	11.71	66.70	33.83	396.18	10.78
-200 +360	21.40	21.79	54.99	38.42	837.26	22.79
-360	32.60	33.20	33.20	48.52	1610.75	43.84
合计	98.20	100.00		36.74	3673.93	100.00

4.1.3.4　细筛筛分效率计算

以-0.074mm为计算级别，筛给、筛下、筛上-0.074mm分别为：$\beta_{27} = 76.29\%$，$\beta_{10} = 92.32\%$，$\beta_{11} = 54.99\%$。

筛分效率计算：

$$E = \frac{\beta_{10}(\beta_{27} - \beta_{11})(\beta_{10} - \beta_{27})}{\beta_{27}(\beta_{10} - \beta_{11})(100 - \beta_{27})} \times 100\%$$

$$= [92.32 \times (76.29 - 54.99) \times (92.32 - 76.29) \times 100\%] / [76.29 \times (92.32 - 54.99) \times (100 - 76.29)]$$

$$= 46.68\%$$

4.1.4　三段球磨产品指标计算分析

三球给矿即浓缩磁选精矿产品，粒级筛析及金属分布率计算结果见附表4-10，三球排矿即浓缩磁选精矿产品，粒级筛析及金属分布率计算结果见附表4-11。

三段球磨机利用系数：

$$q_3 = Q_3(\beta_{20} - \beta_{18})/V = 3 \times 40.27 \times (60.31\% - 59.86\%)/8.34 = 0.065\text{t}/(\text{m}^3 \cdot \text{h})$$

从计算结果可以看出，三段球磨机生产效率极低，也许取样的代表性有局限性，建议根据现场情况，对三段球磨机重新考查。另外从浓度考查结果看，三次磨机的作业浓度只有 58.13%，正常再磨机的浓度一般控制在 65% 左右。建议对钢球充填率、钢球大小配比、磨矿浓度等进行调整。

附表 4-10　浓缩磁选精矿产品粒级筛析及金属分布率计算结果

粒级/网目	质量/g	产率/%	产率负累积/%	品位/%	金属率/%%	分布率/%
+60	4.00	4.02	100.00	21.88	88.05	2.40
-60 +100	6.90	6.94	95.98	23.24	161.32	4.40
-100 +120	9.60	9.66	89.03	24.8	239.52	6.54
-120 +160	10.50	10.56	79.38	28.18	297.68	8.13
-160 +200	8.90	8.95	68.81	33.03	295.74	8.07
-200 +360	22.70	22.84	59.86	37.8	863.24	23.57
-360	36.80	37.02	37.02	46.38	1717.09	46.88
合计	99.40	100.00		36.63	3662.63	100.00

附表 4-11　球磨排矿产品粒级筛析及金属分布率计算结果

粒级/网目	质量/g	产率/%	产率负累积/%	品位/%	金属率/%%	分布率/%
+60	2.92	2.95	100.00	22.23	65.56	1.83
-60 +100	6.32	6.37	97.05	22.73	144.81	4.04
-100 +120	9.18	9.26	90.68	23.58	218.28	6.09
-120 +160	10.79	10.89	81.42	29.77	324.09	9.04
-160 +200	10.13	10.22	70.53	28.24	288.60	8.05
-200 +360	22.75	22.96	60.31	36.42	836.00	23.31
-360	37.03	37.36	37.36	45.76	1709.67	47.66
合计	99.12	100.00		35.87	3587.00	100.00

4.2　对各作业产品指标与试验指标进行分析对比

4.2.1　分级溢流分析

选别试验与实际指标对比结果见附表 4-12。

附表 4-12　分级溢流选别与实际指标对比结果

产物名称	产率/%	品位/%	回收率/%	备　注
精矿	51.01	36.62	78.37	试验指标
尾矿	48.99	13.26	21.63	(分选区磁感应
原矿	100.00	23.77	100.00	强度 160mT)
精矿	31.45	37.26	48.03	一次磁选
尾矿	68.55	18.50	51.97	生产实际指标
原矿	100.00	24.40	100.00	

一次磁选试验结果与生产指标相比，回收率比实际生产指标高30%以上，精矿品位较生产指标低0.64%，尾矿品位低5.24%，鉴于是初选作业，实际生产回收率，产率偏低，尾矿品位偏高，所以应当测试设备技术性能，适当调整作业条件，减少金属流失。

4.2.2　二次磁选作业分析

选别试验与实际指标对比结果见附表4-13。

附表4-13　二次磁选选别指标与实际指标对比结果

产物名称	产率/%	品位/%	作业回收率/%	备　注
精矿	84.50	42.28	93.99	试验指标 （磁场220mT）
尾矿	15.50	14.74	6.01	
原矿	100.00	38.01	100.00	
精矿	96.38	38.07	98.46	生产实际指标
尾矿	3.62	15.82	1.54	
原矿	100.00	37.26	100	

二次磁选产率、回收率都高于试验结果，但精矿品位较试验结果偏低4.21%，尾矿品位高1.06%。从实验结果看，正常的选别结果应该精矿品位在40%以上，尾矿品位在15%左右，尾矿产率15%左右，现场二磁作业的尾矿产率太低，作业产率3.62%，仅占流程产率的1.14%。

4.2.3　三次磁选作业分析

选别试验与实际指标对比结果见附表4-14。

附表4-14　三次磁选选别指标与实际指标对比结果

产物名称	产率/%	品位/%	作业回收率/%	备　注
精矿	75.00	59.13	93.30	试验指标 （磁场220mT）
尾矿	25.00	12.73	6.70	
原矿	100.00	47.53	100.00	
精矿	78.03	53.75	93.19	生产实际指标
尾矿	21.97	13.94	6.81	
原矿	100.00	45.00	100.00	

三次磁选实际生产指标与试验指标相比，精矿品位低5.28%，回收率指标相近。说明三次磁选作业效果良好。

4.2.4　四次磁选作业分析

选别试验与选指标对比，见附表4-15。

附表4-15　四次磁选选别指标与实际指标对比结果

产物名称	产率/%	品位/%	作业回收率/%	备　注
精矿	81.68	42.42	94.00	试验指标 （磁场178mT）
尾矿	18.32	12.06	6.00	
原矿	100.00	36.86	100.00	

产物名称	产率/%	品位/%	作业回收率/%	备　注
精矿	23.07	40.00	23.67	
尾矿	76.93	38.70	76.33	生产实际指标
原矿	100.00	39.00	100.00	

四次磁选效果不理想，这可能与三磨磨矿效率低，连生体未达到单体解离，以及四次磁选机能力不足等相关。另外四磁作业尾矿太高，导致回收机精矿循环量太大，建议采取增加台数及提高场强等措施降低排尾品位到 15% 以下。

四磁尾品位高达 38.70%，明显不合理，经磁选管处理，见附表 4-16。实验结果显示四磁尾中强磁性矿物占 77.08%，选出品位 41.64%，如果四次作业能达到这样的效果，则四磁尾可降低到 15% 以下。

附表 4-16　四磁尾磁选管选别结果

产物名称	质量/g	产率/%	品位/%	金属率/%%	回收率/%	磁场/mT
精矿	14.80	77.08	41.64	3209.75	91.34	220
尾矿	4.40	22.92	13.28	304.33	8.66	
原矿	19.20	100.00	35.14	3514.08	100.00	

4.2.5　尾矿回收机作业分析

选别试验与选别指标对比，见附表 4-17。

附表 4-17　尾矿回收机磁选指标与实际指标对比结果

产物名称	产率/%	品位/%	作业回收率/%	备　注
精矿	59.59	37.46	79.69	
尾矿	40.41	14.08	20.31	试验指标
原矿	100.00	28.01	100.00	（磁场 220mT）
精矿	51.72	41.02	73.97	
尾矿	48.28	15.46	26.03	生产实际指标
原矿	100.00	28.68	100.00	

尾矿回收机选别效果好，有效地减少了金属流失，但从流程计算结果看，进入尾矿回收机的量达到 170.84%，尾矿回收机精矿产率达到 88.36%，这说明中间循环量过大。

4.2.6　磁选柱作业分析

从流程计算结果看，一段磁选柱提高品位幅度为 7%~10%，溢流品位 13.94%，从表象上看，提高品位幅度大，尾矿品位低，效果好；但这更进一步说明上一步的选别效果不是特别理想，还有已经单体解离的没被选别出去，而磁选柱的主要作用应该放到选别连生体矿物上。

二段磁选柱提高品位幅度为 3% 左右，溢流品位 34.58% 较高，产率较小，对循环量影响不大。附表 4-18 是二次磁选柱溢流产品筛析及金属分布率计算结果。

附表 4-18　二次磁选柱溢流产品筛析及金属分布率计算结果

粒级/网目	质量/g	产率/%	产率负累积/%	品位/%	金属率/%%	分布率/%
−60 +100	1.30	2.61	100.00	19.84	51.79	1.51
−100 +120	2.90	5.82	97.39	24.66	143.60	4.19
−120 +160	5.80	11.65	91.57	28.07	326.92	9.53
−160 +200	2.50	5.02	79.92	23.59	118.42	3.45
−200 +360	17.60	35.34	74.90	28.55	1009.00	29.42
−360	19.70	39.56	39.56	44.98	1779.33	51.89
合计	49.80	100.00		34.29	3429.06	100.00

表中数据显示金属量集中在 −0.074mm 以下，说明二段磁选柱对细粒级回收效果较差，同时也表明有用矿物存在过磨现象。

采用中等场强磁选管处理二段磁选柱溢流结果见附表 4-19。

附表 4-19　二段磁选柱溢流磁选管选别结果

产物名称	质量/g	产率/%	品位/%	金属率/%%	回收率/%	备注
精矿	18.30	94.82	36.32	3443.81	98.08	试验指标（磁场 220mT）
尾矿	1.00	5.18	13.00	67.36	1.92	
原矿	19.30	100.00	35.11	3511.17	100.00	

实验结果表明二段磁选柱溢流中的金属主要是磁性铁（回收率达 98.08%），如果有效回收，溢流品位应在 13.00%，考虑现场与实验室差别，溢流品位控制在 15% 较合适。

4.3　尾矿分析

终尾产品粒级筛析及金属分布率计算结果见附表 4-20。

附表 4-20　终尾产品粒级筛析及金属分布率计算结果

粒级/网目	质量/g	产率/%	产率负累积/%	品位/%	金属率/%%	分布率/%
+60	1.90	1.91	100.00	12.33	23.54	1.63
−60 +100	4.50	4.52	98.09	13.14	59.43	4.11
−100 +120	7.70	7.74	93.57	13.67	105.79	7.32
−120 +160	10.90	10.95	85.83	13.67	149.75	10.36
−160 +200	11.60	11.66	74.87	13.43	156.57	10.83
−200 +360	31.10	31.26	63.22	13.4	418.83	28.98
−360	31.80	31.96	31.96	16.62	531.17	36.76
合计	99.50	100.00		14.45	1445.09	100.00

表中可见，-0.074mm 及以下流失的金属量较高，为验证流失金属是否为前磁性矿物，做了磁选管分析，数据见附表 4-21 和附表 4-22。

附表 4-21　终尾磁选管选别结果

产物名称	质量/g	产率/%	品位/%	金属率/%%	回收率/%	备注
精矿	7.30	37.63	17.55	660.39	43.67	试验指标 （磁场 220mT）
尾矿	12.10	62.37	13.66	851.99	56.33	
原矿	19.40	100.00	15.12	1512.38	100.00	

附表 4-22　尾矿库样品磁选管选别结果

产物名称	产率/%	品位/%	回收率/%	备注
精矿	17.90	33.24	36.01	永磁磁块手选 （磁场 100mT）
尾矿	82.10	12.87	63.99	
原矿	100.00	16.52	100.00	

上述结果显示，尾矿中有部分强磁性矿物流失，占尾矿中总金属量的 35% 以上，如果能加强回收，可回收约产率 12%，品位 30% 以上的中矿。

5　结　　语

（1）从整个流程看，生产流程偏复杂，有必要进行简化改造，具体改造方案需进行试验研究。

（2）原矿粒度大，适当降低入磨粒度可提高磨机利用率。

（3）一段磨矿分级设备运行良好，计算的技术指标基本在较佳范围。

（4）二磨、三磨磨矿效率低，建议重新对两段磨机进行考查，如果情况确实如本次考查情况，则需要对这两段磨机参数进行适当调整，发挥其应有的作用。

（5）二磁作业分选效率低，精矿提高幅度低，基本没有作用，可能与二次磨矿效率低有关系，另外，二磁设备场强可能偏大，建议实测考查。

（6）高频细筛分级效率 46.68%，有些偏低，建议加强操作管理。

（7）考查显示四次磁选作业选别效果差，与磁选管实验结果相比，精矿品位低，尾矿品位高。导致尾矿回收机循环量太大，尾矿回收机给矿约 50% 以上的量来自四次磁选尾矿。其原因可能是四磁设备场强偏低或能力不足，以及三次磨矿效率低有关。

（8）一段磁选柱选别效果良好，但溢流品位控制得偏低，易造成二段磁选柱压力大；二段磁选柱溢流品位略高。

（9）尾矿回收机配置能力大，选别效果好，产率、回收率均较高。

6 流程考查附表

附表 6-1 筛析记录

编号	样品名称	粒级/网目	质量/g	产率/%	产率负累积/%	品位/%	金属率/%%	分布率/%
1	一磨给矿	+30	200.00	3.64	100.00			
		−30 +20	460.00	8.36	96.36			
		−20 +10	3100.00	56.37	88.00			
		−10 +8	800.00	14.55	31.63			
		−8 +5	150.00	2.73	17.09			
		−5 +2	200.00	3.64	14.36			
		−2 +0.074	160.00	2.91	10.72			
		−0.074 +0.040	34.81	0.63	7.81			
		−0.040	395.00	7.18	7.18			
		合计	5499.81	100.00				
2	一磨排矿	+60	51.00	51.31	100.00	22.40	1149.30	46.80
		−60 +100	5.50	5.53	48.69	22.79	126.10	5.13
		−100 +120	10.00	10.06	43.16	23.19	233.30	9.50
		−120 +160	8.10	8.15	33.10	23.86	194.43	7.92
		−160 +200	2.10	2.11	24.95	26.42	55.82	2.27
		−200 +360	7.30	7.34	22.84	30.43	223.48	9.10
		−360	15.40	15.49	15.49	30.56	473.47	19.28
		合计	99.40	100.00		24.56	2455.90	100.00
3	分级溢流	+60	21.20	21.35	100.00	20.43	436.17	17.78
		−60 +100	9.20	9.26	78.65	21.21	196.51	8.01
		−100 +120	7.00	7.05	69.39	21.98	154.94	6.32
		−120 +160	6.50	6.55	62.34	23.05	150.88	6.15
		−160 +200	5.30	5.34	55.79	21.04	112.30	4.58
		−200 +360	14.60	14.70	50.45	28.9	424.91	17.32
		−360	35.50	35.75	35.75	27.34	977.41	39.84
		合计	99.30	100.00		24.53	2453.13	100.00
4	分级机返砂	+6	61.50	12.33	100.00	25.76	317.55	12.45
		−6 +10	61.40	12.31	87.67	24.4	300.29	11.78
		−10 +16	51.50	10.32	75.37	25.44	262.61	10.30
		−16 +24	85.20	17.08	65.04	23.89	407.98	16.00
		−24 +30	49.10	9.84	47.97	24.4	240.14	9.42
		−30 +60	94.30	18.90	38.12	24.93	471.22	18.48

编号	样品名称	粒级/网目	质量/g	产率/%	产率负累积/%	品位/%	金属率/%%	分布率/%
4	分级机返砂	−60 +100	21.60	4.33	19.22	24.42	105.73	4.15
		−100 +120	10.00	2.00	14.89	26.27	52.66	2.06
		−120 +160	7.20	1.44	12.89	28.68	41.39	1.62
		−160 +200	5.80	1.16	11.45	32.71	38.03	1.49
		−200 +360	15.30	3.07	10.28	32.79	100.56	3.94
		−360	36.00	7.22	7.22	29.35	211.79	8.31
		合计	498.90	100.00		25.50	2549.93	100.00
5	粗磁精矿	+60	6.90	6.95	100.00	22.36	155.37	4.14
		−60 +100	7.70	7.75	93.05	23.11	179.20	4.78
		−100 +120	9.60	9.67	85.30	25.23	243.92	6.50
		−120 +160	10.90	10.98	75.63	29.41	322.83	8.61
		−160 +200	11.70	11.78	64.65	33.05	389.41	10.38
		−200 +360	21.70	21.85	52.87	40.9	893.79	23.83
		−360	30.80	31.02	31.02	50.47	1565.43	41.75
		合计	99.30	100.00		37.50	3749.95	100.00
6	粗磁尾矿	+60	4.60	4.62	100.00	16.08	74.34	4.14
		−60 +100	5.80	5.83	95.38	16.08	93.73	5.22
		−100 +120	5.20	5.23	89.55	16.49	86.18	4.80
		−120 +160	8.70	8.74	84.32	17.93	156.77	8.73
		−160 +200	7.90	7.94	75.58	19.27	153.00	8.52
		−200 +360	16.40	16.48	67.64	19.03	313.66	17.46
		−360	50.90	51.16	51.16	17.96	918.76	51.14
		合计	99.50	100.00		17.96	1796.44	100.00
7	二磨排矿	+60	5.20	5.24	100.00	22.04	115.42	3.05
		−60 +100	7.10	7.15	94.76	23.05	164.81	4.35
		−100 +120	8.70	8.76	87.61	24.96	218.68	5.78
		−120 +160	9.40	9.47	78.85	28.15	266.48	7.04
		−160 +200	11.30	11.38	69.39	35.57	404.77	10.70
		−200 +360	22.30	22.46	58.01	40.34	905.92	23.94
		−360	35.30	35.55	35.55	48.06	1708.48	45.14
		合计	99.30	100.00		37.85	3784.56	100.00
8	二磁精	+60	5.20	5.22	100.00	22.38	116.84	3.06
		−60 +100	7.20	7.23	94.78	23.05	166.63	4.36
		−100 +120	9.20	9.24	87.55	24.66	227.78	5.96
		−120 +160	10.20	10.24	78.31	28.95	296.48	7.76

编号	样品名称	粒级/网目	质量/g	产率/%	产率负累积/%	品位/%	金属率/%%	分布率/%
8	二磁精	−160 +200	10.40	10.44	68.07	33.54	350.22	9.16
		−200 +360	20.50	20.58	57.63	39.19	806.62	21.11
		−360	36.90	37.05	37.05	50.13	1857.23	48.60
		合计	99.60	100.00		38.22	3821.79	100.00
9	二磁尾	+60	2.10	2.11	100.00	14.21	29.99	2.00
		−60 +100	3.80	3.82	97.89	14.2	54.23	3.61
		−100 +120	8.40	8.44	94.07	14.42	121.74	8.10
		−120 +160	12.50	12.56	85.63	15.23	191.33	12.73
		−160 +200	5.20	5.23	73.07	14.18	74.11	4.93
		−200 +360	14.90	14.97	67.84	15.04	225.22	14.99
		−360	52.60	52.86	52.86	15.25	806.18	53.65
		合计	99.50	100.00		15.03	1502.80	100.00
10	单层筛筛下	+60						
		−60 +100						
		−100 +120	1.20	1.21	100.00	25.2	30.55	0.64
		−120 +160	1.40	1.41	98.79	22.12	31.28	0.65
		−160 +200	5.00	5.05	97.37	36.62	184.95	3.86
		−200 +360	20.70	20.91	92.32	42.76	894.07	18.64
		−360	70.70	71.41	71.41	51.2	3656.40	76.22
		合计	99.00	100.00		47.97	4797.25	100.00
11	单层筛筛上	+60	4.30	4.38	100.00	21.58	94.49	2.57
		−60 +100	7.00	7.13	95.62	22.52	160.53	4.37
		−100 +120	10.00	10.18	88.49	24.13	245.72	6.69
		−120 +160	11.40	11.61	78.31	28.34	329.00	8.95
		−160 +200	11.50	11.71	66.70	33.83	396.18	10.78
		−200 +360	21.40	21.79	54.99	38.42	837.26	22.79
		−360	32.60	33.20	33.20	48.52	1610.75	43.84
		合计	98.20	100.00		36.74	3673.93	100.00
12-1	三磁精	+60						
		−60 +100	0.60	0.61	100.00	26.81	16.25	0.29
		−100 +120	6.10	6.16	99.39	40.00	246.46	4.41
		−120 +160	8.80	8.89	93.23	47.40	421.33	7.54
		−160 +200	3.00	3.03	84.34	47.75	144.70	2.59
		−200 +360	19.50	19.70	81.31	53.62	1056.15	18.90
		−360	61.00	61.62	61.62	60.10	3703.13	66.27
		合计	99.00	100.00		55.88	5588.03	100.00

编号	样品名称	粒级/网目	质量/g	产率/%	产率负累积/%	品位/%	金属率/%%	分布率/%
12-2	三磁精	+60						
		-60 +100						
		-100 +120						
		-120 +160	3.70	3.73	100.00	29.02	108.13	2.03
		-160 +200	4.50	4.53	96.27	41.07	186.12	3.50
		-200 +360	27.20	27.39	91.74	46.40	1270.98	23.90
		-360	63.90	64.35	64.35	58.33	3753.56	70.57
		合计	99.30	100.00		53.19	5318.79	100.00
13	三磁尾	+60	1.10	1.11	100.00	13.94	15.44	1.15
		-60 +100	17.40	17.52	98.89	14.2	248.82	18.50
		-100 +120	3.50	3.52	81.37	13.96	49.20	3.66
		-120 +160	4.40	4.43	77.84	13.8	61.15	4.55
		-160 +200	1.20	1.21	73.41	12.06	14.57	1.08
		-200 +360	14.20	14.30	72.21	11.47	164.02	12.20
		-360	57.50	57.91	57.91	13.67	791.57	58.86
		合计	99.30	100.00		13.45	1344.78	100.00
14	磁选柱一精矿	-100 +120	7.30	7.36	100.00	57.56	423.58	6.73
		-120 +160	7.10	7.16	92.64	61.32	438.88	6.97
		-160 +200	3.00	3.02	85.48	33.92	102.58	1.63
		-200 +360	20.30	20.46	82.46	57.7	1180.76	18.75
		-360	61.50	62.00	62.00	66.95	4150.63	65.92
		合计	99.20	100.00		62.96	6296.43	100.00
15	磁选柱一尾矿	+60						
		-60 +100						
		-100 +120	0.80	1.62	100.00	16.62	26.91	1.54
		-120 +160	1.40	2.83	98.38	16.62	47.10	2.69
		-160 +200	3.70	7.49	95.55	16.84	126.13	7.21
		-200 +360	18.80	38.06	88.06	17.12	651.53	37.24
		-360	24.70	50.00	50.00	17.96	898.00	51.32
		合计	49.40	100.00		17.50	1749.68	100.00
16	终精	-120 +160	2.40	2.41	100.00	40.88	98.70	1.49
		-160 +200	2.60	2.62	97.59	55.29	144.62	2.19
		-200 +360	21.80	21.93	94.97	64.39	1412.18	21.37
		-360	72.60	73.04	73.04	67.79	4951.26	74.94
		合计	99.40	100.00		66.07	6606.76	100.00

编号	样品名称	粒级/网目	质量/g	产率/%	产率负累积/%	品位/%	金属率/%%	分布率/%
17	磁选柱二尾矿	+60						
		−60 +100	1.30	2.61	100.00	19.84	51.79	1.51
		−100 +120	2.90	5.82	97.39	24.66	143.60	4.19
		−120 +160	5.80	11.65	91.57	28.07	326.92	9.53
		−160 +200	2.50	5.02	79.92	23.59	118.42	3.45
		−200 +360	17.60	35.34	74.90	28.55	1009.00	29.42
		−360	19.70	39.56	39.56	44.98	1779.33	51.89
		合计	49.80	100.00		34.29	3429.06	100.00
18	浓磁精矿	+60	4.00	4.02	100.00	21.88	88.05	2.40
		−60 +100	6.90	6.94	95.98	23.24	161.32	4.40
		−100 +120	9.60	9.66	89.03	24.8	239.52	6.54
		−120 +160	10.50	10.56	79.38	28.18	297.68	8.13
		−160 +200	8.90	8.95	68.81	33.03	295.74	8.07
		−200 +360	22.70	22.84	59.86	37.8	863.24	23.57
		−360	36.80	37.02	37.02	46.38	1717.09	46.88
		合计	99.40	100.00		36.63	3662.63	100.00
19	浓磁尾	+60	5.50	5.54	100.00	22.81	126.34	3.55
		−60 +100	8.70	8.76	94.46	23.86	209.05	5.87
		−100 +120	20.10	20.24	85.70	27.85	563.73	15.83
		−120 +160	17.40	17.52	65.46	35.12	615.40	17.28
		−160 +200	2.70	2.72	47.94	35.39	96.23	2.70
		−200 +360	18.10	18.23	45.22	37.16	677.34	19.02
		−360	26.80	26.99	26.99	47.16	1272.80	35.74
		合计	99.30	100.00		35.61	3560.87	100.00
20	三磨排矿	+60	2.92	2.95	100.00	22.23	65.56	1.83
		−60 +100	6.32	6.37	97.05	22.73	144.81	4.04
		−100 +120	9.18	9.26	90.68	23.58	218.28	6.09
		−120 +160	10.79	10.89	81.42	29.77	324.09	9.04
		−160 +200	10.13	10.22	70.53	28.24	288.60	8.05
		−200 +360	22.75	22.96	60.31	36.42	836.00	23.31
		−360	37.03	37.36	37.36	45.76	1709.67	47.66
		合计	99.12	100.00		35.87	3587.00	100.00
21	四磁精矿	+60	3.00	3.02	100.00	23.05	69.71	1.82
		−60 +100	6.70	6.75	96.98	22.97	155.14	4.05
		−100 +120	10.10	10.18	90.22	24.72	251.69	6.58

续附表 6-1

编号	样品名称	粒级/网目	质量/g	产率/%	产率负累积/%	品位/%	金属率/%%	分布率/%
21	四磁精矿	−120 +160	11.10	11.19	80.04	28.95	323.94	8.47
		−160 +200	11.90	12.00	68.85	33.54	402.34	10.51
		−200 +360	21.60	21.77	56.85	38.66	841.79	22.00
		−360	34.80	35.08	35.08	50.8	1782.10	46.57
		合计	99.20	100.00		38.27	3826.70	100.00
22	四磁尾矿	+60	2.90	2.93	100.00	21.98	64.32	1.83
		−60 +100	6.20	6.26	97.07	22.65	141.71	4.03
		−100 +120	8.90	8.98	90.82	23.19	208.27	5.92
		−120 +160	10.70	10.80	81.84	30.02	324.13	9.22
		−160 +200	9.60	9.69	71.04	26.27	254.48	7.24
		−200 +360	23.10	23.31	61.35	35.79	834.26	23.73
		−360	37.70	38.04	38.04	44.37	1687.94	48.02
		合计	99.10	100.00		35.15	3515.10	100.00
23	尾矿回收机给矿	+60	2.30	2.32	100.00	19.57	45.47	1.64
		−60 +100	4.40	4.44	97.68	20.11	89.38	3.23
		−100 +120	7.50	7.58	93.23	21.18	160.45	5.79
		−120 +160	8.40	8.48	85.66	23.46	199.05	7.19
		−160 +200	10.30	10.40	77.17	26.81	278.93	10.07
		−200 +360	20.10	20.30	66.77	28.68	582.29	21.03
		−360	46.00	46.46	46.46	30.42	1413.45	51.05
		合计	99.00	100.00		27.69	2769.03	100.00
24	尾矿回收机精矿	+60	2.30	2.32	100.00	23.19	53.77	1.32
		−60 +100	4.80	4.84	97.68	23.10	111.77	2.75
		−100 +120	8.40	8.47	92.84	24.80	210.00	5.16
		−120 +160	10.50	10.58	84.38	28.90	305.90	7.52
		−160 +200	10.50	10.58	73.79	33.51	354.69	8.72
		−200 +360	27.50	27.72	63.21	39.68	1100.00	27.05
		−360	35.20	35.48	35.48	54.39	1929.97	47.46
		合计	99.20	100.00		40.66	4066.10	100.00
25	终尾	+60	1.90	1.91	100.00	12.33	23.54	1.63
		−60 +100	4.50	4.52	98.09	13.14	59.43	4.11
		−100 +120	7.70	7.74	93.57	13.67	105.79	7.32
		−120 +160	10.90	10.95	85.83	13.67	149.75	10.36
		−160 +200	11.60	11.66	74.87	13.43	156.57	10.83
		−200 +360	31.10	31.26	63.22	13.4	418.83	28.98
		−360	31.80	31.96	31.96	16.62	531.17	36.76
		合计	99.50	100.00		14.45	1445.09	100.00

附表 6-2　磁选管实验记录表

编号	样品名称	产物名称	质量/g	产率/%	品位/%	金属率/%%	回收率/%	磁场/mT
3	分级溢流	精矿	12.90	64.50	28.88	1862.76	78.37	220
		尾矿	7.10	35.50	14.48	514.04	21.63	
		原矿	20.00	100.00	23.77	2376.80	100.00	
7	二磨排矿	精矿	16.90	84.50	42.28	3572.66	93.99	220
		尾矿	3.10	15.50	14.74	228.47	6.01	
		原矿	20.00	100.00	38.01	3801.13	100.00	
10	单层筛下	精矿	15.00	75.00	59.13	4434.75	93.30	220
		尾矿	5.00	25.00	12.73	318.25	6.70	
		原矿	20.00	100.00	47.53	4753.00	100.00	
11	筛上	精矿	16.00	82.47	40.41	3332.78	94.39	220
		尾矿	3.40	17.53	11.31	198.22	5.61	
		原矿	19.40	100.00	35.31	3531.00	100.00	
12 混合	三磁精	精矿	17.80	92.23	58.64	5408.25	98.31	178
		尾矿	1.50	7.77	11.93	92.72	1.69	
		原矿	19.30	100.00	55.01	5500.97	100.00	
20	三球排	精矿	15.60	81.68	42.42	3464.67	94.00	178
		尾矿	3.50	18.32	12.06	220.99	6.00	
		原矿	19.10	100.00	36.86	3685.66	100.00	
14	磁选柱精1	精矿	19.40	100.00	62.86	6286.00	100.00	178
		尾矿	0.00	0.00	0.00	0.00	0.00	
		原矿	19.40	100.00	62.86	6286.00	100.00	
6	粗磁尾	精矿	10.90	56.19	20.97	1178.21	65.22	220
		尾矿	8.50	43.81	14.34	628.30	34.78	
		原矿	19.40	100.00	18.07	1806.51	100.00	
8	二磁精	精矿	17.10	88.14	41.69	3674.74	95.86	220
		尾矿	2.30	11.86	13.40	158.87	4.14	
		原矿	19.40	100.00	38.34	3833.60	100.00	
9	二磁尾	精矿	3.80	19.69	20.36	400.87	25.40	220
		尾矿	15.50	80.31	14.66	1177.36	74.60	
		原矿	19.30	100.00	15.78	1578.23	100.00	
13	三磁尾	精矿	2.90	14.87	15.80	234.97	16.87	220
		尾矿	16.60	85.13	13.60	1157.74	83.13	
		原矿	19.50	100.00	13.93	1392.72	100.00	

编号	样品名称	产物名称	质量/g	产率/%	品位/%	金属率/%%	回收率/%	磁场/mT
15	磁选柱一尾	精矿	10.20	52.58	19.44	1022.10	60.95	220
		尾矿	9.20	47.42	13.81	654.91	39.05	
		原矿	19.40	100.00	16.77	1677.01	100.00	
17	磁选柱二尾	精矿	18.30	94.82	36.32	3443.81	98.08	220
		尾矿	1.00	5.18	13.00	67.36	1.92	
		原矿	19.30	100.00	35.11	3511.17	100.00	
19	浓磁尾	精矿	16.40	84.97	39.60	3364.97	93.58	220
		尾矿	2.90	15.03	15.37	230.95	6.42	
		原矿	19.30	100.00	35.96	3595.92	100.00	
21	四磁精	精矿	16.00	81.63	43.52	3552.65	93.23	178
		尾矿	3.60	18.37	14.04	257.88	6.77	
		原矿	19.60	100.00	38.11	3810.53	100.00	
22	四磁尾	精矿	14.80	77.08	41.64	3209.75	91.34	220
		尾矿	4.40	22.92	13.28	304.33	8.66	
		原矿	19.20	100.00	35.14	3514.08	100.00	
23	回收机给矿	精矿	11.50	59.59	37.46	2232.07	79.69	220
		尾矿	7.80	40.41	14.08	569.04	20.31	
		原矿	19.30	100.00	28.01	2801.11	100.00	
24	回收机精矿	精矿	16.90	86.67	44.83	3885.27	95.21	178
		尾矿	2.60	13.33	14.65	195.33	4.79	
		原矿	19.50	100.00	40.81	4080.60	100.00	
25	终尾	精矿	7.30	37.63	17.55	660.39	43.67	220
		尾矿	12.10	62.37	13.66	851.99	56.33	
		原矿	19.40	100.00	15.12	1512.38	100.00	

附表 6-3　一次溢流产物补充磁选管实验记录

产物名称	产率/%	品位/%	回收率/%	备　注
精矿	51.01	36.62	78.37	试验指标（磁场 160mT）
尾矿	48.99	13.26	21.63	
原矿	100.00	23.77	100.00	

参 考 文 献

[1] 刘树贻. 磁电选矿的进展 [J]. 江西有色金属, 1992 (2): 78~81.

[2] 张帆, 冯永艳. 太钢尖山铁矿阴离子反浮选提铁降硅生产实践 [A]. 山东省金属学会. 鲁冀晋琼粤川六省金属学会第十四届矿山学术交流会论文集 [C]. 山东省金属学会: 山东省科学技术协会, 2007: 3.

[3] 陈英杰, 陆显志, 等. 云南某难选菱铁矿磁化焙烧——弱磁分选试验研究 [J]. 矿冶, 2020, 29 (6): 21~25.

[4] 王英姿, 罗良飞, 等. 袁家村铁矿闪石型氧化矿选矿工艺技术研究 [J]. 矿冶工程, 2020, 40 (4): 69~74.

[5] 李家林, 陈雯, 等. 某低品位难选菱铁矿分级磁化焙烧试验研究 [J]. 矿冶工程, 2019, 39 (3): 51~54.

[6] 赵强. 菱铁矿流态化磁化焙烧强化过程基础研究 [D]. 北京: 北京科技大学, 2019.

[7] 杨晓峰, 李天舒, 等. 鞍山某难选混合铁矿石预富集精矿磁化焙烧过程物相转变研究 [J]. 金属矿山, 2021 (2): 71~76.

[8] 韩跃新, 李艳军, 等. 复杂难选铁矿石悬浮磁化焙烧-高效分选技术 [J]. 钢铁研究学报, 2019, 31 (2): 89~94.

[9] 唐晓玲, 陈毅琳, 等. 酒钢粉矿悬浮磁化焙烧扩大试验研究 [J]. 金属矿山, 2019 (2): 29~33.

[10] 余建文, 韩跃新, 等. 鞍山式赤铁矿预选粗精矿悬浮态磁化焙烧-磁选试验研究 [J]. 中南大学学报 (自然科学版), 2018, 49 (4): 771~778.

[11] 袁帅, 韩跃新, 等. 难选铁矿石悬浮磁化焙烧技术研究现状及进展 [J]. 金属矿山, 2016 (12): 9~12.

[12] 柴森茂. 袁家村铁矿微细粒尾矿堆存关键技术及生产实践 [J]. 矿业工程, 2020, 18 (4): 39~42.

[13] 衣德强. 梅山铁矿磨矿分级浮选生产实践 [J]. 梅山科技, 2019 (3): 13~16.

[14] 王志东. 峨口铁矿选矿 542 工艺生产实践 [J]. 矿业工程, 2018, 16 (6): 24~26.

[15] 王力群. 良山铁矿太平尾矿库生产管理实践 [J]. 江西冶金, 2010, 30 (4): 22~25.

[16] 胡军尚. 提升高村铁矿生产能力的实践 [J]. 现代矿业, 2010, 26 (3): 101~102.

[17] 秦同文, 王英姿. 尖山铁矿尾矿浓缩工艺研究及生产实践 [J]. 金属矿山, 2007 (7): 67~69, 79.

[18] 王宗禹. 承钢大庙铁矿的生产实践经验 [J]. 昆明工学院学报, 1984 (3): 45~54.

[19] 陈毅琳, 唐晓玲, 等. 酒钢尾矿悬浮磁化焙烧扩大连续试验研究 [J]. 金属矿山, 2020 (5): 178~184.

[20] 高业舜. 辽宁省鞍山市齐大山铁矿床地质特征及深部成矿预测 [D]. 吉林: 吉林大学, 2018.

[21] 赵瑞超. 东鞍山铁矿石磨矿特性基础研究 [D]. 辽宁: 东北大学, 2017.

[22] 姚金, 韩会丽, 等. 分散剂对东鞍山磁选混合精矿菱铁矿止浮选的影响 [J]. 金属矿山, 2016 (12): 66~70.

[23] 曹进成, 刘磊, 等. 鞍山式赤铁矿石球磨磨矿动力学研究 [J]. 东北大学学报 (自然科学版), 2016, 37 (12): 1764~1767, 1777.

[24] 唐昊. 高压辊磨-强磁预选选别混合型磁赤铁矿工艺研究 [D]. 辽宁: 辽宁科技大学, 2021.

[25] 刘贺民. 高压辊磨工艺在抚顺罕王毛公铁矿工艺设计中的应用 [J]. 现代矿业, 2015, 31 (5): 185~186, 228.

[26] 崔宝玉, 魏德洲, 等. 齐大山铁矿选矿工艺优化研究 [J]. 金属矿山, 2016 (8): 75~80.

[27] 李绍春. 某赤铁矿选矿厂工艺流程分析及改进 [D]. 辽宁：辽宁科技大学，2016.

[28] 张兆元，李艳军，等. 东鞍山贫赤铁矿石阶段磨矿-磁选-阴离子反浮选试验 [J]. 金属矿山，2015（6）：78~82.

[29] 戴兴宇，王鑫，等. 鞍山地区某矿山铁矿石选矿试验研究 [J]. 矿业工程，2015，13（3）：24~27.

[30] 陈慧钧. 辽宁眼前山铁矿床构造控矿规律研究 [D]. 辽宁：东北大学，2015.

[31] 张春浩，翁存建，等. SLon-2000型高场强磁选机在东鞍山烧结厂分选氧化铁矿中的应用 [J]. 现代矿业，2015，31（5）：177~179，203.

[32] 李文博. 聚磁介质的磁感应特性及其磁力分选行为研究 [D]. 辽宁：东北大学，2015.

[33] 李宏建，刘军. 国内赤铁矿选矿技术进展 [J]. 山东工业技术，2014（18）：62.

[34] 唐雪峰. 难处理赤铁矿选矿技术研究现状及发展趋势 [J]. 现代矿业，2014，30（3）：14~19.

[35] 李维兵. 我国贫红铁矿选矿技术进展 [J]. 有色金属（选矿部分），2013（S1）：24~27.

[36] 滕寿仁. 辽宁铁矿资源潜力分析 [J]. 地质学刊，2013，37（3）：413~418.

[37] 邵安林，韩跃新，等. 鞍山式含碳酸盐赤铁矿石高效浮选技术研究 [N]. 世界金属导报，2013-09-10（B13）.

[38] 李斌. 辽宁弓长岭沉积变质铁矿成矿控矿构造研究 [D]. 河北：石家庄经济学院，2013.

[39] 张朋，彭明生，等. 辽宁鞍本地区铁矿床地质特征及找矿标志分析 [J]. 地质与资源，2012，21（6）：516~521.

[40] 于克旭，赵磊，等. 鞍山式贫赤铁矿选别工艺研究 [N]. 世界金属导报，2012-04-17（B02）.

[41] 马金生. 司家营研山铁矿浮选车间生产调试实践 [A]. 中国金属学会. 第十八届川鲁冀晋琼粤辽七省矿业学术交流会论文集 [C]. 中国金属学会：山东省科学技术协会，2011：4.

[42] 哈力甫，康国爱. 某鞍山式磁铁矿选别工艺生产实践 [J]. 新疆有色金属，2011，34（4）：62~63.

[43] 王长艳. 鞍千公司提高选矿金属回收率的生产实践 [J]. 金属矿山，2010（11）：80~81，178.

[44] 韦锦华. "提铁降杂"选矿工艺技术研究与生产实践 [A]. 中国金属学会. 第七届（2009）中国钢铁年会论文集（上）[C]. 中国金属学会：中国金属学会，2009：8.

[45] 崔宝玉. 一种鞍山式贫赤铁矿矿石的工艺矿物学和重选分离研究 [D]. 辽宁：东北大学，2009.

[46] 唐学飞. 大孤山选矿厂分厂工艺流程优化研究 [D]. 辽宁：东北大学，2009.

[47] 栾玲，宋保莹，等. 东鞍山烧结厂选矿车间一段磨机磨矿介质优化研究与实践 [J]. 金属矿山，2009（1）：124~126.

[48] 杨晓峰，苏兴强，等. 鞍山铁尾矿特性及综合利用前景 [J]. 矿业工程，2008（5）：47~49.

[49] 杨晓峰，宋均利，等. 选别鞍山地区贫磁铁矿石的合理工艺流程研究 [J]. 矿冶工程，2008（3）：57~59.

[50] 李维兵，宋仁峰，等. 齐选厂与东烧厂二次磨矿介质消耗研究 [J]. 矿业工程，2007（6）：45~47.

[51] 张锦瑞，胡力可，等. 我国难选铁矿石的研究现状及利用途径 [J]. 金属矿山，2007（11）：6~9.

[52] 李维兵，李太瑞，等. 大孤山和东鞍山二段和三段磨矿介质消耗研究 [J]. 金属矿山，2007（11）：98~101.

[53] 邓克，王忠红，等. 鞍矿三大选矿厂工艺技术改造评述 [J]. 矿业工程，2007（1）：27~30.

[54] 张国庆，李维兵，等. 调军台选矿厂工艺流程研究及实践 [J]. 金属矿山，2006（3）：37~41.

[55] 熊大和. SLon立环脉动高梯度磁选机分选红矿的研究与应用 [J]. 金属矿山，2005（8）：24~29，72.

[56] 张国庆，李维兵，等. 齐大山铁矿连续磨矿、弱磁-强磁-阴离子反浮选工艺流程研究及实践

［A］. 中国冶金矿山企业协会 . 2004 年全国选矿新技术及其发展方向学术研讨与技术交流会论文集［C］. 中国冶金矿山企业协会：中国冶金矿山企业协会，2004：5.

［57］ 熊大和，张国庆 . SLon-2000 磁选机在调军台选矿厂的工业试验与应用［J］. 金属矿山，2003（12）：37～39，52.

［58］ 熊大和 . SLon 磁选机分选东鞍山氧化铁矿石的应用［J］. 金属矿山，2003（6）：21～24，66.

［59］ 刘慧纳 . 东鞍山难选矿选矿技术探讨［J］. 金属矿山，1995（11）：33～35，39.

［60］ 上厂铁矿赤铁矿重选生产实践［J］. 金属矿山，1977（1）：46～48.

［61］ 金阳 . 营钢低成本烧结生产实践［D］. 辽宁：辽宁科技大学，2015.

［62］ 常亮 . 链箅机 - 回转窑氧化球团生产过程控制系统的设计及应用［D］. 辽宁：辽宁科技大学，2007.

［63］ 冯天野，胡智涛 . 链箅机 - 回转窑球团法生产工艺简介［J］. 中国新技术新产品，2014（18）：94.

［64］ 黄晓毅，罗小新，等 . 选矿厂过程检测与控制技术研究进展［J］. 冶金与材料，2019，39（5）：115，117.

［65］ 李维强 . 选矿工业自动化研究及应用［J］. 科技资讯，2012（20）：101.

［66］ 李贤，罗良飞 . 袁家村铁矿选厂流程考查与分析［J］. 矿冶工程，2019，39（6）：57～61.

［67］ 杨德生，汪勇，等 . 云南某尾渣选矿流程考查及参数优化生产实践［J］. 云南冶金，2019，48（5）：24～28.

［68］ 王泰存 . 锡铁山铅锌矿选矿工艺流程考查［J］. 现代矿业，2016，32（1）：97～99.

［69］ 王丽娟，王兴荣，等 . 某铜硫矿选矿工艺流程考查［J］. 现代矿业，2014，30（10）：198～201.

［70］ 郭灵敏，刘俊，等 . 李楼镜铁矿系统磨矿分级优化试验及其考查分析［J］. 矿冶工程，2014，34（6）：22～25.

［71］ 戴惠新 . 矿物加工磁电测量技术［M］. 北京：化学工业出版社，2008.